南京水利科学研究院出版基金资助

变化环境下黄河流域水资源评价与需水演变研究关键技术

金君良　舒章康　等著

黄河水利出版社
·郑州·

内 容 提 要

本书系统介绍了变化环境下黄河流域来水和需水演变规律及预测的关键科学和技术，是编写组结合国家重点研发计划项目、国家自然科学基金项目等多年的研究成果。全书共分为7章，主要内容包括绪论、黄河流域广义水资源评价、黄河流域经济社会用水变化特征及演变规律、多因子驱动和多要素胁迫的流域经济社会需水预测、水文-环境-生态复杂作用下的黄河干流需水研究、黄河典型支流与河口生态需水研究、结论与展望等。

本书可供从事水利、水电、生态和环境等专业的规划、设计、科研、教学和管理人员借鉴和参考。

图书在版编目(CIP)数据

变化环境下黄河流域水资源评价与需水演变研究关键技术 / 金君良等著. -- 郑州 ：黄河水利出版社，2024. 9. --ISBN 978-7-5509-4052-9

Ⅰ. TV211. 1; TU991. 31

中国国家版本馆 CIP 数据核字第 2024S0S992 号

责任编辑　文云霞　　　　责任校对　周　倩
封面设计　黄瑞宁　　　　责任监制　李　鹏
出版发行　黄河水利出版社
地址：河南省郑州市顺河路 49 号　邮政编码：450003
网址：www. yrcp. com　E-mail：hhslcbs@ 126. com
发行部电话：0371-66020550
承印单位　河南匠心印刷有限公司
开　　本　787 mm×1 092 mm　1/16
印　　张　13
字　　数　308 千字
版次印次　2024 年 9 月第 1 版　　2024 年 9 月第 1 次印刷
定　　价　89. 00 元

前言

以全球变暖为主要特征的气候变化在改变水资源时空分布、影响水资源供给的同时，也使得未来需水的不确定性增加，水资源供需矛盾将发生变化。因此，研究气候变化对需水量的影响，对科学应对和制定适应对策，保障国家粮食、水资源及生态安全，促进经济社会可持续发展具有重要意义。

本书聚焦变化环境流域下流域水资源供需演变驱动机制和需水精细预测的关键科学问题，以黄河流域为研究区，开展了流域来水及需水过程物理机制、预测方法和技术、预测成果综合集成三方面的研究，主要包括：(1)在水资源供需演变驱动机制方面，研究了降水-径流响应关系的变化规律、经济社会需水和生态环境需水的变化规律及驱动机制；(2)在预测方法和技术方面，提出了水资源动态评价方法和预测模型，研发了多因素驱动和多要素胁迫作用下的流域需水预测关键技术；(3)在预测成果方面，提出了变化环境下未来黄河流域水资源量预估成果、流域未来经济社会需水和生态需水成果。

全书共分为7章。第1章引言，由金君良编写；第2章黄河流域广义水资源评价，由鲁帆、戴雁宇、宋昕熠编写；第3章黄河流域经济社会用水变化特征及演变规律，由郑小康、彭少明编写；第4章多因子驱动和多要素胁迫的流域经济社会需水预测，由金君良、陈颖杰、舒章康编写；第5章水文-环境-生态复杂作用下黄河干流生态需水研究，由李春晖、赵芬编写；第6章黄河典型支流与河口生态需水研究，由葛雷、王瑞玲编写；第7章结论与展望，由金君良编写。全书由金君良统稿。

本书在研究和撰写过程中，得到了南京水利科学研究院张建云院士、王国庆正高、关铁生正高、贺瑞敏正高、刘艳丽正高、刘翠善正高、鲍振鑫正高、谢康工程师、马昱斐工程师、许文涛博士生、薛晴博士生，黄河水利委员会王煜正高、黄河水资源保护科学研究院潘轶敏正高，蚌埠学院戚晓明教授等的大力支持和帮助，在此一并感谢。

本书得到了国家重点研发计划（编号：2021YFC3200201、2017YFC0404401、2021YFC3201100）、国家自然科学基金项目（编号：52121006、52279018、52325902、

U2243228)、南京水利科学研究院科研创新团队建设项目(编号:Y522013)、水灾害防御全国重点实验室基本业务费(编号:524015252、5240152M2)、河海大学水安全与水科学协同创新中心等的资助,在此表示衷心的感谢!

由于时间紧迫,仓促成稿,书中错误和不妥之处在所难免,敬请各位专家和广大读者批评指正。

作　者

2024年7月

目录

第1章 绪 论

1.1 研究背景及意义

1.1.1 流域水资源评价

近百年来,全球的气候经历着以变暖为主要特征的显著变化。海气耦合系统在年代尺度的大幅振荡和人类活动是20世纪初全球变暖的主要影响因素,而温室气体排量的急剧增加是最近半个世纪升温的主要原因。全球对流层和地表气温上升显著,观测和卫星数据表明,气温在最近40年的上升趋势可达0.2~0.4 ℃/10 a。全球近10年的地表平均气温较19世纪下半叶偏高约0.87 ℃,与工业化之前对比,人类活动导致全球气温上升了0.8~1.2 ℃,并且气温仍以0.1~0.3 ℃/10 a的幅度上升,预期全球变暖幅度将在21世纪中期到达1.5 ℃/10 a。受全球变暖影响,不同区域的气候均发生了较大程度的改变,例如:干旱事件发生频率增大;低海拔赤道地区的炎热天气出现于中-高纬度较高海拔地区;中-高排放情景下的极端气象事件频率和强度均呈增加趋势。同时,全球的下垫面特征也呈现出显著的变化特征。一方面,生态系统需要适应日趋频繁的极端气候,其内部结构、生态功能、植被类型都会发生改变;气候变化和人类活动共同作用下导致干旱、半干旱地区土地荒漠化。另一方面,人类活动极大地改变了区域内的地形、植被特征,城镇用地的增加改变了区域下垫面不透水性,水利工程改变了河川径流和区域水文循环过程。

在全球气候变化的大背景下,我国各类气象要素也呈现出不同的变化特征。基于地方气象站点观测结果,我国约有96%的站点气温呈现出上升趋势,其中超过九成的站点气温有显著增加($P<0.05$)。极端降水也呈现出增加趋势,且具有明显的时空变化特征,约有24%的站点极端降水呈现出显著上升趋势($P<0.05$),主要集中于长江中下游及南方大部分地区,约有8%的站点极端降水呈现出显著下降趋势($P<0.05$),主要位于华北地区和四川盆地一带。

同时,我国经济社会发展和城市化进程极大地改变了区域下垫面条件和水资源现状。我国耕地面积总量在过去几十年间变化不大(-5.8%),但耕地面积重心向西北移动,且耕地灌溉面积比重有显著增加;森林覆盖率增加了10.1%,东南地区退耕还林、西南和东北地区大面积草地转变为林地起了主要影响作用;城市化进程加速,2015年的城镇占地面积约为1980年的2.4倍;湖泊生态功能退化,面积大于1 km^{2}的湖泊在近30年来消失了200余个,总面积减少了约10 000 km^2;北方大部分地区地下水开采量显著增加,地下水位在过去半个世纪持续下降。

受人类活动和气候变化的双重影响,整个水文循环过程已经发生了根本性的变化。一方面,土地利用和植被变化影响着陆地系统碳循环过程,是大气中CO_2浓度变化的主要因素之一;另一方面,下垫面变化和地下水位下降所形成的厚包气带极大地改变了降水入渗、产汇流过程。我国大部分流域的天然径流呈现不同的变化特征,前人研究表明,黄河、海河流域的地表径流均呈现出显著的下降趋势,主要控制站点的径流量普遍衰减了50%以上,淮河、松花江、珠江也有不同程度的小幅下降。此外,我国水资源时空分布不均,北方水资源量仅占全国水资源总量的19%,但人口、耕地和国内生产总值却占了全国的46%、64%和45%,水资源短缺严重制约着我国北方地区经济社会发展。

为保障水资源安全,需准确评估变化环境下的水资源演变情势,但目前还存在多方面的挑战:①未来气候变化的趋势,流域天然水文循环规律将发生何种变化;②如何描述退耕还林和坡耕地改造对流域产汇流过程的影响;③如何准确评估变化环境下未来流域水资源风险及其不确定性。研究变化环境下流域水资源量的变化,评估流域未来水资源风险,能为变化环境下区域水资源管理提供切实可靠的依据。

1.1.2 流域经济社会需水预测

水是最基本的自然资源和战略性的经济资源,是人类生存和社会发展不可缺少的物质基础。近年来,随着经济发展和居民用水需求的增长,水资源的供需矛盾不断加剧。水资源已成为影响区域经济社会高质量发展的最大刚性约束,解决水资源问题迫在眉睫。用水结构是区域水资源利用、经济产业结构及生态文明建设的综合反映结果,合理的用水结构是缓解区域用水压力,实现水资源可持续发展的关键所在。在气候变化和人工干预双重影响的背景下,对水资源系统来说,探究区域用水结构的变化,预测未来的需水情势,有助于把握水资源系统的演变规律,分析区域范围内不同类型用水需求的变化趋势,为流域水资源的合理配置提供参考。

黄河流域作为我国重要的工业产地和农业种植区域,生产用水量大,生态环境脆弱,流域水资源保障形势严峻。随着黄河流域生态保护和高质量发展上升为国家重大战略,以水为定,实现流域内水资源的合理开发利用显得尤为重要。因此,本书主要分析黄河流域不同时期流域或区域的用水量、用水结构、用水效率变化特征,揭示流域用水演变规律;分析主要行业经济社会指标变化特征,研究不同地区、行业的经济社会需水机制,诊断流域需水的驱动因子,揭示变化环境下流域经济社会需水机制;识别流域需水的响应与胁迫要素,建立多因子驱动和多要素胁迫的经济社会需水预测模型,预测未来流域经济社会需水变化趋势。

1.1.3 河流生态需水研究

随着人类对河流与湿地生态系统认识的不断提高,以及人类活动(水利工程建设等)造成的生态问题日益严峻,为研究解决水污染和水生态系统恶化等问题,“生态需水”(ecological water requirements/ecological flow)的概念开始出现,并受到世界各国的广泛关注,伴随着一系列国际科学研究的推进,生态需水基础理论不断丰富,研究范围不断扩大。生态需水内涵也从维持鱼类栖息的生态需水逐步拓展到维持河流生态系统整体健康水平所必要的生态需水(流量或水位)等。黄河流域对我国经济社会发展和生态安全方面具有十分重要的意义,黄河流域不仅构成了我国重要的生态屏障,也是我国重要的经济地带。2019年9月,习近平总书记在黄河流域生态保护和高质量发展座谈会上的讲话指出要坚持“生态优先、绿色发展”,立足于黄河全流域和生态系统的整体性“上下游、干支流、左右岸统筹谋划”,“让黄河成为造福人民的幸福河”。由于气候变化影响了黄河上游的来水量和下游的干旱状况,同时由于社会经济的快速发展,沿黄取用水量增加,在竞争性用水过程中形成了生态环境用水被工业用水或农业用水挤占的现象,导致黄河干流河道内水量不足以维持河道的健康水平;黄河河道内水量减少,甚至断流等现象进一步加剧,使得黄河口湿地生态问题(如栖息地退化、鱼类洄游通道受阻等情况)日趋严重;黄河干流和河口生态需水问题突出。现阶段,黄河生态调度站在流域和黄河供水区全局的角度,在之前以黄河下游为主的生态调度工作基础上,充分考虑上、中、下游的差异,拓展到整个黄河干流及其重要支流,河道外的重要湖泊湿地和华北地下水超采区,协调生态功能和社会服务功能,使下泄水量满足生产生活需求的同时能满足河道输沙、污染物稀释、河道及河口生态系统等的用水需求。因此,系统研究黄河干流和河口生态系统生态需水的内涵、目标及需水过程,对于维护黄河的生态系统健康、实现黄河水资源的合理调度配置、促进黄河水资源的可持续利用具有重大理论意义和应用价值。

1.2 国内外研究进展

1.2.1 流域水资源评价研究现状

1.2.1.1 我国北方气候变化观测事实及未来预估

地表水资源量受降水、气温、日照等多类气象因素影响,在全球气候变化的大背景下,我国北方各类气象因素呈现出不同的时空变化特征。高继卿等基于实测站点的分析结果表明,我国北方降水以小雨、中雨为主,降水日数和小雨频数均有不同程度减少。降水的季节性和区域性特征明显,夏秋季节降水日数和降水量均有下降,冬季降水有所增加;暴雨在华北地区和北方半干旱地区有所减少,而在西北地区有所增加。与之相比,年均温度、极端气温普遍呈显著上升趋势,高纬度地区无霜期明显延长。受气候变暖影响,我国北方大约80%地区干旱有加剧迹象,其中春季干旱化尤为严重。海河流域潜在蒸散发呈现出下降趋势,而黄河中上游区域均有所上升,风速、辐射等气象要素在整个区域都呈下降趋势,其中风速下降趋势十分显著。

基于GCMs和RCMs的模拟结果表明,我国北方气温升高的形势更为严峻,极端天气发生频率也将持续增加。在全球升温2 ℃的背景下,我国北方气温增幅在3 ℃左右,且在SRES A1B、A2和B1情景下,增暖幅度均随海拔增大。Chen和Frauenfeld评估了20个CMIP5模式数据模拟我国气温变化的精度,在低、中、高三种排放情景(RCP2.6/RCP4.5/RCP8.5)下,我国气温变化倾向率分别为0.1 ℃、0.27 ℃、0.6 ℃,其中北方气温增幅更大。此外,极端气象事件仍将持续变化,SRES B2情景下高温事件增加,作物生长季随之延长,低温天气发生频率显著减少,极端降水事件基本呈上升趋势。基于CMIP5的多模式结果评估同样表明,我国未来年降水量,小雨、中雨、极端暴雨的量值均有明显增加,其中我国西北地区各项降水指标增加最为明显,其次为华北地区。

1.2.1.2 水文模型水循环模拟

水文模型同样基于水量平衡,将复杂的水文过程概化,采用不同的经验公式估算流域内植被截流、下渗、蒸发、产汇流等水文循环中的关键过程,从而可以描述不同气候条件下流域中水文循环各要素的演变。水文模型是在水文预报方法的基础上发展而来的,但受计算机能力限制,早期的集总式模型将流域看作一个整体,通常以降水等气象条件作为主要输入,使用可调整的经验参数描述流域内植被、土壤、河道等信息,集总式水文模型结构简单、便于应用,在20世纪60—80年代得到了广泛的应用,常用的集总式水文模型主要包括斯坦福水文模型(Stanford Watershed Model)、水箱模型(Tank Model)、新安江模型等。与Budyko方法类似,集总式水文模型也是用于模拟流域内整体的水量变化情况,但其能模拟更精细的时间尺度(小时、日尺度),也常应用于洪水预报。不过,集总式水文模型无法考虑流域内气象、植被、地形、土壤等关键参数在空间上的差异性,且其参数的物理意义并不明确,因此不能准确地反映气候和下垫面变化的影响,近年来已经无法满足人们在水资源精细化管理等方面的要求。

随着科学技术的日益进步,国内外的学者们更趋向于定量地描述水文循环过程中各要素的时空变化特征。基于数字高程信息的流域分布式水文模型在最近三四十年发展迅速,为定量模拟气候变化和人类活动对水文循环的影响提供了技术支撑。分布式水文模型也称为物理性水文模型,它根据DEM将流域划分为若干个网格,每个网格都具有对应的土壤、植被信息,在能量和水量平衡的基础上,采用具有明确物理意义的公式,遍历模拟每个网格的水文循环过程,模型每个网格间存在水量交互,根据DEM可以确定网格间的流向信息,详尽的时空分布结果可为政策制定和管理提供更准确的数据支撑。分布式水文模型内部参数都具有明确的物理意义,因此从理论上来说各参数(例如,河道坡度,不同土壤孔隙度、下渗能力、反射率、导水系数,植被不同季节的叶面积指数、根系深度等)数值都可以通过野外实测得到,能直接应用于无径流观测资料地区的水文模拟。目前,开发的分布式水文模型有DHSVM(Distributed Hydrology Soil Vegetation Model)、MIKE SHE、THIHMSSW(Tsinghua Integrated Hydrological Models for Small Watershed)等。相较概念式模型,分布式水文模型能更准确地描述下垫面变化的影响。

分布式水文模型的发展为水资源的精细化管理提供了便利,但在应用中仍存在一些问题及困难:①模型在结构和参数上存在不确定性,模型中用来描述水量、能量平衡过程及下垫面特征的参数众多,模型中假定各参数间互相独立,但实际上气候因子、土壤、植被间存在紧密联系,例如叶面积指数对根系发育有较大的影响。②模型结构复杂,参数的率定及验证过程缓慢,计算负荷较大,同时存在多组参数返回相同的模拟结果这一问题(异参同效),因此最优参数可能与实际情况相悖,这使得模型参数的确定变得更加复杂。③为满足模型中物理公式的计算要求,模型对输入数据要求高,通常要求高分辨时空尺度的气象数据和精细的土壤、植被、地形等下垫面数据,在人类活动影响下往往还需要结合人类活动取用水信息进行模拟,因此在无资料、资料缺乏地区难以构建分布式水文模型,也往往无法验证模拟结果。

为满足水资源时空变化分析的需求,同时减少计算负荷,半分布式水文模型根据流域特征划分计算单元,在计算单元上采用集总式模型进行计算。目前,常用的半分布式水文模型主要有 SWAT(Soil & Water Assessment Tool)、HBV(Hydrologiska Byråns Vattenbalans)、WEP(Water and Energy Transfer Processes)、VIC(Variable Infiltration Capacity)、TOPMODEL(Topography based Hydrological Model)等。基于半分布式水文模型可以得到流域内各计算单元上的蒸发、入渗、截流、产流、土壤水等信息对气候和下垫面条件的响应。以 SWAT 为例,模型先将流域划分为多个子流域,并根据地形、土壤、植被、管理措施等信息,进一步将子流域划分为若干个水文响应单元(Hydrological Response Units, HRU)。HRU 即为 SWAT 模拟中最基本的计算单元,HRU 内部包含了降水、植被截流、蒸发、下渗、产流等水循环过程中的基本要素。类似地,WEP 模型也将流域划分为多个子流域和等高带,不过 HRU 之间并不存在空间关系,而等高带之间具有上下关系,即等高带间存在水量流入、流出的交互过程。

1.2.1.3 水文过程对气候和人类活动的响应

气候变化和人类活动对天然水文过程造成的影响是长远且深久的。一方面,降水、气温等气象条件的变化使区域水量、能量平衡状态发生改变,直接影响着区域蒸散发和径流量;另一方面,水利工程的兴建改变了径流的年内过程,蒸散发条件、降水入渗和产汇流过程受地形和植物覆被影响。观测事实和模拟结果表明,我国气候已经发生了很大的变化且仍将持续,经济社会的发展也使得人类活动的影响无可避免。因此,研究水文过程在变化环境下的演变规律可为水资源管理提供可靠的数据支撑。

自然界的水文过程受众多因素影响,与地球的气候、生态系统有着十分密切的关系,考虑气候变化、人类活动因素的综合影响能更准确地预估未来水资源演变趋势,但是气候变化和人类活动对水文过程的影响十分复杂,主要体现在以下几个方面:①降水、气温、辐射等变化改变了区域水量输入和能量供给,对水量、能量平衡过程有直接影响,目前的分布式水文模型均是以气象条件为输入,在水量、能量平衡的基础上,采用物理公式模拟流域水文过程中各个分量。②植被是水文循环中的重要纽带,反映着大气、土壤多因子间的相互作用过程。大量研究表明,气候变化对全球范围内的植被生育期、群落、盖度造成了不同程度的影响,人类活动中的开垦、植树、城市发展等行为也直接改变了区域内的植被类型。试验和模拟结果均表明植物覆被变化会显著影响径流量,其中林地变化影响较大。因此,下垫面类型变化将改变区域的降水-径流关系,而区域水文过程的改变也将影响植被生长。③人类活动中工程建设、取排水等行为能间接、直接地影响水文过程。具有年调节能力的水库会极大地改变径流年内分配过程,坡地改梯田增加了土壤蓄水能力,将显著减少降水产流量,人类活动排放的温室气体则是全球变暖的主要原因,2018 年全球 CO_2 排放量已经超过 330 亿 t,并仍有增加趋势。

在目前气候变化和人类活动的影响下,我国北方流域径流在年内分配和年际变化上最为显著。径流在发生显著变化的同时,对气候和人类活动的响应也呈现出明显的区域特征。基于双累积曲线法的分析表明,人类活动是黑河、滦河径流衰减的主要影响因素,而渭河流域径流受降水影响程度略大于受人类活动的影响。需要注意的是,采用不同方法得到的结论存在一些差异。例如:统计分析的结果表明人类活动对黄河流域径流影响的贡献率超过 90%,且在下游地区最为显著;基于 Budyko 方法的研究结果同样表明,下垫面变化是黄河流域径流衰减的主要因素,但上游区间下垫面变化对径流的影响要远大于下游区间。

总而言之，经济社会取用水、植物覆被改变、地形变化等人类活动因素是整个黄河流域、海河流域径流量衰减的主要因素。基于水量平衡法，人类活动对海河流域山区径流衰减的贡献率可达75%，下垫面变化是黄河流域径流衰减的主要原因，且在中、下游地区影响尤为显著，伊洛河流域气候变化对径流影响的贡献率仅占2成左右。基于水文模型的研究也得到类似的结果，人类活动对海河流域、黄河中游径流影响的贡献率均在60%以上，下垫面的变化导致了流域蒸散发增加，径流和土壤含水量下降；结合未来可能的变化情景，降水是影响径流的最主要气候因子，其次为气温。

1.2.1.4 气候模式概述

以全球变暖为主要特征的气候变化已经引起了国际社会的广泛关注，自1979年第一次世界气候大会呼吁保护气候以来，国内外学者对气候变化及其影响开展了广泛的研究，主要采用大气环流模型（General Circulation Models, GCMs）、区域气候模式（Regional Climate Models, RCMs）描述不同尺度的气候变化特征。

GCMs描述了大气圈、冰冻圈、海洋及地表间的物理作用过程，能模拟大尺度全球气候系统对温室气体变化的响应。GCMs的发展最早可追溯到20世纪20年代数值气象预测模型的提出，在20世纪50年代发展为二维预测模型，其随着计算机技术的进步在20世纪80—90年代迅猛发展，并在全球范围内得到广泛应用。迄今为止，GCMs仍在不断发展，模拟变量的复杂程度和时空分辨率都在不断提高，第六次耦合模式比较计划（Coupled Model Intercomparison Project, CMIP6）共有49个机构参与，提供了超过100种模式模拟结果。最近20年间，已有众多学者采用GCMs对未来气候变化进行预估。需要注意的是，GCMs在较大的空间尺度上（例如100～1 000 km）模拟未来气候变化，在小尺度应用时通常需要对其进行降尺度处理或采用中小尺度的RCMs。

1.2.2 流域经济社会用水变化研究现状

现阶段有许多研究方法被应用于用水结构演变的相关研究，主要可以分为四类：以信息学理论为基础的信息熵及均衡度模型、以经济学理论为基础的洛伦兹曲线与基尼系数模型、基于生态学原理的生态位及其熵值模型和基于统计学原理的数理统计方法等。信息熵及均衡度模型主要从整体层面上揭示用水结构的特征，信息熵的值可以度量用水系统的有序化程度，但是信息熵模型缺乏对某一用水类型在水资源系统中变化程度的反映；洛伦兹曲线与基尼系数模型是度量空间均衡性的重要方法，有助于分析水资源利用在空间分布上的特征，主要缺陷在于模型无法反映用水结构的时间变化；而生态位及其熵值模型通过用水生态位反映区域不同用水类型的时空变化态势，可以比较区域与下属分区的用水结构生态位熵值来反映区域及分区之间的用水结构差异，有利于全面分析用水结构的演变趋势，具有一定研究潜力。

以往区域用水结构的研究对象多以经济发达的省市或者干旱缺水地区为主，以流域为研究对象的较少，其中以整个黄河流域用水结构展开的研究相对匮乏。贾绍凤等通过分析了黄河流域的来用水情况，总结了黄河流域的用水特征，并预估了未来流域的用水结构变化趋势；马翔堃等统计了甘肃省黄河流域的水资源状况，分析了黄河流域水资源利用存在的主要问题;刁艺璇等利用耦合协调模型,分析了黄河流域城镇化与用水结构之间的关系,并提出了相关建议。这些研究多针对流域不同用水类型的占比关系、发展趋势及协调性,缺乏流域和省区间用水结构关系的研究。

生态位包含生物单元的状态和对环境的现实影响力或支配力,反映了生物在特定生态系统中所占据的生态位置。生态位理论最初由生态学领域提出,后被广泛应用于城市、土地利用等领域,生态位概念也被引申为不同领域系统下,各系统组成成分发展态势的表现。生态位及其熵值模型通过用水生态位反映区域不同用水类型的时空变化态势,可以比较区域与下属分区的用水结构生态位熵值来反映区域及分区之间的用水结构差异,有利于全面地反映用水结构的演变趋势。焦士兴等在探讨水资源利用生态位内涵的基础上,构建了水资源利用生态位及其熵值模型,分析了水资源利用生态位与生态环境关系,首次将生态位及其熵值原理应用于安阳市需水结构变化的研究中。此后,施丽珊等利用生态位宽度模型和熵模型开展研究,揭示了福建省用水结构的演变规律。近年来,胡德秀等建立了用水结构生态位及其熵值模型,揭示了各区市用水结构及其相对于陕西省、全国的演变态势。但上述研究皆以省市为主要的研究对象,且用水结构的比较分析局限于国内,未能更加深入地分析比较流域和省区、发达国家之间的用水结构变化。

1.2.3　流域需水预测及机制研究现状

需水预测可以为区域水资源配置、高效的水资源利用提供基础。明晰政府管理政策、经济社会、生态环境对水资源需求的影响,是制定合理、可持续的水资源管理政策的前提。随着区域人口数量增长、经济发展需求增加,相对恒定的区域水资源量和日益增长的用水需求的矛盾显得越发严峻。近年来,变化环境对水资源需求的影响受到广泛关注,如何准确地预测区域的水资源需求发展演变态势成为了重要的科学问题。

需水预测是影响经济社会、水资源和环境可持续发展的复杂问题,有许多学者对需水预测的相关问题进行了研究,主要的需水预测方法可以分为时间序列方法、多因素相关分析方法和系统分析方法。Guzman 等采用最小二乘支持向量机以每月的水需求、用户数量和总用水量账单数据为基础,预测住宅、工业和商业的城市水需求。Wang 等利用线性回归模型建立了工业需水量与气温的相关关系,综合考虑经济发展、技术进步和气候变化对工业需水量的影响,对变化环境下淮河流域的工业需水量展开预测。秦欢欢通过建立北京市需水量预测 SD 模型,考虑影响需水量的社会经济、水文、气象、工程技术等因素,通过情景分析预测在气候变化和人类活动双重驱动因素影响下北京市未来需水量及水资源供需平衡关系。

需水预测结果是否合理主要受需水驱动机制解析和需水预测方法的影响。时间序列方法可以通过建立时间序列预测模型来表明需水与时间序列之间的关系,就短期预测而言,时间序列方法的预测效果证明其具有一定适用性,然而,时间序列方法不能反映需水的内在机制,也不能客观地描述复杂的需水系统。多因素相关分析方法通常可以较为准确地解析需水的驱动机制,可以通过建立需水与其相关变量之间的关系来提供较合理的需水预测结果,但很难系统地刻画水资源供需之间复杂的动态反馈关系,也无法考虑变化环境对需水量的影响作用。系统分析方法可以通过构建经济、人口等与水资源相关的子系统,来反映需水系统这种复合系统中的诸多影响因素及其相互关系,适用于中长期的需水预测。现阶段系统分析方法被应用于水资源承载力、气候变化对区域需水量的影响、水资源供需平衡分析等方面的研究,并逐渐得到了广泛认可。但系统分析方法一般通过定额法构建各行业需水关系,这要求大量准确的定额数据,且由于在需水过程中涉及的气象要素较多,在以往将系统动力学应用于需水预测的研究中,模型对于变化环境下需水过程的反映相对粗糙,很少考虑到物理机制对需水过程的影响,且大多主要反映气象因子对灌溉需水的影响,没有考虑工业和生活需水物理机制在SD模型中的应用。

物理机制是始终伴随在需水过程中的重要机制,在预测过程中考虑物理机制可以更好地反映变化环境对需水的影响程度。物理机制被广泛应用于农业灌溉需水的研究中,主要反映了气象因子对农作物需水的影响。其中,气温的增加会直接影响作物的蒸散发过程,延长作物的物候期,进而导致灌溉需水量增加;而有效降水量主要用于供给作物生育期的需水,进而减少作物的灌溉需水量。此外,生活及工业的需水过程也与物理要素息息相关。居民生活饮用水随着气温的增加而增多;居民家庭生活需水中占50%的洗衣及洗澡需水皆与气温要素相关,在高温天气的影响下,洗澡及洗衣的频率会增加,从而导致生活用水需求增加。工业生产过程中,冷却用水量最大,约占整个工业用水的60%。工业冷却水的效率随着气温增加而降低,从而导致工业需水量增加。将物理机制引入需水过程的研究,将其与社会、经济发展等人类活动影响相结合,有助于把握气候变化及人类活动影响下流域需水的变化脉络。

综上所述,本书基于水资源系统理论,结合需水机制方法,建立了考虑物理机制的需水预测系统模型。考虑物理机制的需水预测系统模型在明晰各行业需水的驱动要素基础上,采用需水物理机制的相关研究方法,构建驱动要素和不同行业需水量之间的关系,并将构建的关系应用于系统动力学模型,考虑多系统反馈的作用,分情景对区域中长期的需水量进行预测。该需水预测模型可以较好地反映复合系统对区域供需关系的影响、需水的相关要素及其驱动机制,可以精细化地预测区域中长期需水量的变化态势,为实现变化环境下区域水资源的优化配置和高效利用提供参考。

1.2.4 河流生态需水研究进展

生态需水研究始于美国对河流流量与鱼类产量关系的研究,兴起于20世纪70年代的大坝建设高峰期,经历了萌芽(20世纪70年代以前)、发展(20世纪70年代至80年代末)和成熟(20世纪90年代以后)3个阶段。国内有关研究的开展相对较晚,始于20世纪70年代针对水环境污染的河流最小流量确定方法的研究,兴起于20世纪90年代的生态环境用水的研究,先后经历了认识(20世纪70年代至90年代末)和研究(21世纪00年代以后)2个阶段,在引进大量国外研究理论和方法的基础上,改进并发展了一些具有针对性的研究方法。由于生态系统和水资源利用状况的差异,对生态需水内涵的认识也存在差异。刘昌明等对生态水文主要术语的定性描述中指出生态需水是“在现状和未来特定目标下,维系给定生态、环境功能所需的水量”。目前,《水利部关于做好河湖生态流量确定和保障工作的指导意见》(水资管〔2020〕67号)中明确了河湖生态流量的内涵:河湖生态流量是指为了维系河流、湖泊等水生态系统的结构和功能,需要保留在河湖内符合水质要求的流量(水量、水位)及其过程。随着对洪水灾害、河道断流、水体污染等问题的研究,河流生态需水研究得以普遍展开,前期研究主要侧重于河道生态系统,主要集中在根据河道形态、特征鱼类等对流量的需求确定最小及最适宜的流量;近年来,开始考虑河流流量在纵向上的连通性以及河流生态系统的完整性,从流量要素变化的角度来分析河流生态系统的适应性,突破了河流生态系统类型的限制,逐步拓展到其他生态系统类型生态需水的综合分析。生态需水计算的方法的研究和应用也取得了较大的进展,由于对生态需水内涵的认识存在差异,因此其计算方法并没有统一的原则和标准。当前,国内外有关生态需水计算的方法可归纳为水文学方法、水力学方法、栖息地模拟方法以及综合评估方法等。其中,基于历史流量数据的水文学方法(Tennant 法及其改进方法)的应用最广泛;水力学法中基于曼宁公式的 R_2CROSS 法应用较为广泛;栖息地模拟方法中以生物学基础为依据的流量增加法(IFIM)应用较为广泛;整体法中以河流系统整体性理论为基础的分析方法(南非的 BBM 方法和澳大利亚的整体评价法)最具代表性。这些生态需水核算方法大多建立在一定假设的基础上,研究对象大多选取特定的生物,侧重最小生态流量的计算,生态需水的计算方法虽多,但还不成熟。

黄河大部分流经我国干旱与半干旱地区,人类活动过多挤占了生态用水,导致黄河干流和河口湿地生态系统出现退化现象,但由于黄河流域面积大,上、中、下游以及河口生态需水存在较大差别。黄河干流上中游断面主要关注以生态系统保护为主的生态需水核算,主要包括河道的生态基流量(维持鱼类栖息地的生态流量)以及水体自净需水量等;下游主要以泥沙输水量为主进行研究,主要包括维持河道输沙冲淤的输沙需水量(水量及脉冲过程);河口生态系统生态需水主要以三角洲湿地(鱼类和植被等)为主进行研究,主要包括维持河口三角洲生态的水量(连续性水量及水量过程)。

1.2.5 黄河干流生态需水研究进展

“九五”攻关专题——“三门峡以下非汛期水量调度系统关键问题研究”的子课题“黄河三门峡以下水环境保护研究”,全面分析并计算了三门峡以下的黄河环境和生态水量。“黄河干流生态环境需水研究”项目,应用水文学方法,对黄河干流重要断面生态流量和自净需水进行了探索研究。“十五”攻关项目——“中国分区域生态用水标准研究”的子课题“黄河流域生态用水及控制性指标研究”,对黄河下游花园口、高村、利津三个主要水文断面的最小生态流量开展了相关研究。马广慧等用逐月最小生态径流量法和逐月频率法计算了黄河干流唐乃亥、头道拐、花园口三个水文断面的生态径流量。陈朋成通过建立黄河上游河段的生态需水量模型,分河段计算了不同水文频率年的黄河河道内生态需水总量。许拯民等通过建立宁蒙河段基本生态需水量和适宜生态需水量计算模型,核算了不同保证率下下河沿、青铜峡水文断面的基本生态环境需水量。刘晓燕则在对黄河整体生态环境进行大规模实地调查的基础上,提出黄河干流各重要水文断面的流量/水量控制标准,并针对不同水平年和保证率,区分讨论生态低限流量和适宜流量,最终核算出利津断面适宜生态水量为 181 亿 m^3。赵麦换等在《黄河流域水资源综合规划》初步成果的基础上，计算了黄河干支流的生态需水量，研究发现利津断面生态需水量为 200 亿~220 亿 m^3，河口镇断面(头道拐)生态需水量为 197 亿 m^3。蒋晓辉等在对黄河干流水库建造后生态系统的变化进行了调查和定量评估的基础上，分析了黄河干流水生生物与来水来沙条件的响应关系，并采用栖息地模拟得出符合鱼类生长需求的生态流量过程，确定花园口断面 4—6 月的适宜脉冲流量为 1 700 m^3/s，利津断面 4—6 月的适宜脉冲流量为 800 m^3/s。尚文绣等综合考虑河流生态完整性，研究得出黄河下游利津断面年最小生态需水量为 119 亿 m^3，适宜生态需水量为 130 亿~137 亿 m^3，并提出高流量脉冲过程。刘晓燕等基于野外实地调查数据，建立了黄河利津段繁殖期黄河鲤适宜栖息地面积与流量的关系，研究得出利津河段在黄河鲤繁殖期的适宜流量应为 250 m^3/s。这些研究成果有效地支撑了黄河流域水资源生态调度。

众所周知，黄河泥沙含量较高，因此与黄河下游生态环境需水量相关的研究始于对河流输沙需水量的研究。“八五”攻关项目——“黄河流域水资源合理分配和优化调度研究”，首次将河道来水来沙、河道冲淤与输沙水量联系起来，分析了黄河下游河道汛期和非汛期的输沙用水量。常炳炎等在研究黄河输沙水量与来水含沙量关系的同时考虑到了河床淤积比，认为应将黄河利津断面的输沙水量保持在 20 m^3/t 左右。清华大学石伟和王光谦针对黄河下游的非汛期生态基流量和汛期输沙需水量计算，得到花园口断面的生态需水量为 160 亿~220 亿 m^3，其中汛期输沙水量为 80 亿~120 亿 m^3，非汛期基流需水量为 80 亿~100 亿 m^3。北京大学倪晋仁等综合研究了黄河下游河流最小生态需水量和三种代表性的来水来沙状态下的输沙水量，得出下游河道的最小生态需水量应不低于 250 亿 m^3。杨志峰等综合考虑黄河下游河道的基本生态环境需水量、输沙需水量及入海水量，认为黄河下游河道的最小生态需水量为 198.2 亿 m^3。沈国舫估算黄河下游总需水量共 160 亿 m^3，其中输沙用水量为 100 亿 m^3，生态基流量与蒸发消耗量为 60 亿 m^3。沈珍瑶等通过分析不同水平年及保证率下的生态需水差异，得出全年考虑输沙的最小需水量约为 63.2 亿 m^3。而黄河水利委员会(简称黄委)则认为下游的汛期输沙水量大于 150 亿 m^3，非汛期生态用水量不低于 50 亿 m^3，应保证黄河下游最低限额需水量 210 亿 m^3(黄河下游河道的多年平均蒸发渗漏损失为 10 亿 m^3)。刘晓燕等综合考虑下游河道输沙和河口淡水湿地补水需要，认为汛期下游河道应保证流量 3 500 m^3/s 以上、洪量 40 亿~50 亿 m^3 以上的输沙需水。

梳理黄河干流生态需水的相关研究成果(见表 1.2-1)可知，相比于国内其他河流，无论是理论上还是实践上都是比较超前的。由于诸多不同的研究角度(对象/目标)和研究手段，生态需水成果存在一定差异。前期黄河干流的生态需水研究多集中于对生态需水“量”的探讨，较少建立河流生态需水过程与径流要素间的响应关系，生态需水量计算大多缺乏生态合理性相关分析。后续研究在对黄河整体生态环境进行大规模实地调查的基础上，综合考虑了“量”的历时、频率等因素来研究生态需水量，使后期计算的生态需水量结果更具合理性，但研究范围多限于黄河下游河段，涉及中、上游河段的研究较少。

表 1.2-1　黄河干流重要断面生态需水研究成果

主要断面	生态基流/(m^3/s)	敏感期生态流量/(m^3/s)	目标生态水量/亿 m^3			成果来源
			汛期	非汛期	全年值	
下河沿	340	5—6月:600;7—10月:一定量级的洪水过程				黄河流域水资源保护规划(2010—2030年)
	200					黄河水量调度实施细则(2007年)
	最小:82.3(P=75%)/71.2(P=90%) 适宜:264.27(P=75%)/213.22(P=90%)					参考文献[157]
	220					参考文献[148]
	最小:420;适宜:350					参考文献[152]
头道拐		4月:75;5—6月:180	120	77	197	黄河流域综合规划(2012—2030年)
	75				200	黄河流域水资源保护规划(2010—2030年)
	50					黄河水量调度实施细则(2007年)
					197	参考文献[159]
	最小123;适宜244					参考文献[154]
	484				152.64	参考文献[155]
	最小80~180;适宜200					参考文献[158]
龙门		4—6月:180				黄河流域综合规划(2012—2030年)
	100					黄河水量调度实施细则(2007年)
	最小128;适宜276					参考文献[154]

续表 1.2-1

主要断面	生态基流/(m^3/s)	敏感期生态流量/(m^3/s)	目标生态水量/亿 m^3			成果来源
			汛期	非汛期	全年值	
花园口		4—6 月:200;7—10 月:一定量级的洪水过程				黄河流域综合规划(2012—2030 年)
	200	4—6 月:600;7—10 月:一定量级的洪水过程				黄河流域水资源保护规划(2010—2030 年)
	最小 180~300;适宜 320~400,灌溉期<800					参考文献[158]
	150					黄河水量调度实施细则(2007 年)
	最小 240~330;适宜 450~600	4—6 月:最小 300~360;适宜 650~750,历时 6~7 d(5 月上中旬)800~1 000 水量过程;7—10 月:最小 400~600;适宜 800~1 200,历时 7~10 d(7—8 月)1 500~3 000 洪水过程				参考文献[153]
	最小 172;适宜 327	洪水期 3 322				参考文献[154]
	872				275.04	参考文献[155]
					160~220	参考文献[164]
					>250	参考文献[165]
		4—6 月脉冲:1 700				参考文献[160]

续表 1.2-1

主要断面	生态基流/(m^3/s)	敏感期生态流量/(m^3/s)	目标生态水量/亿 m^3			成果来源
			汛期	非汛期	全年值	
利津		4月:75;5—6月:150;7—10月:输沙用水	170	50	220	黄河流域综合规划(2012—2030年)
	75	4—6月:250;7—10月:一定量级的洪水过程			187	黄河流域水资源保护规划(2010—2030年)
	30					黄河水量调度实施细则(2007年)
					200~220	参考文献[159]
	最小80~150;适宜230~290	4—6月:最小90~170;适宜270~290;7—10月:最小350~550;适宜700~1 100,历时7~10 d(7—8月)1 200~2 000洪水过程				参考文献[153]
	最小166;适宜371	洪水期2 800				参考文献[154]
	最小80~160;适宜120~250				181	参考文献[158]
		4—6月脉冲:800				参考文献[152]
		涨水期需提供1~2次持续时间不低于7 d、流量不低于1 220的高流量脉冲		最小119;适宜130~137		参考文献[161]
	繁殖期:适宜250;最低100					参考文献[162]

1.2.6 黄河河口生态系统生态需水研究进展

黄河河口生态需水的相关研究在我国一直是热点之一。20 世纪 80 年代,国家水产总局黄河水产研究所认为,4—6 月黄河河口需要保证下泄入海水量 60 亿 m^3 来满足黄河河口在海域鱼虾生长需要,枯水年需要下泄 20 亿 m^3 入海水量。20 世纪 90 年代,黄河口生态问题随着黄河断流的加剧而日趋严重,黄河口生态需水相关研究更加受到重视。

"九五"攻关项目子专题——"三门峡以下水环境保护研究",汛期河口最小生态环境需水量为 150 亿 m^3(考虑了输沙用水),非汛期则为 42 亿~58 亿 m^3。"十五"攻关项目子专题——"黄河口淡水湿地生态需水研究",综合生态水文模型法和生态学法两种方法的计算成果,分析得出黄河口湿地最小需水量为 201.18 亿 m^3。中荷合作项目——"黄河三角洲湿地生态环境需水量研究"(2005—2009 年)综合水文、生态、景观等方法,研究湿地的水文-生态过程响应关系、需水机制与规律,得出三角洲湿地的适宜生态需水量为 3.5 亿 m^3。拾兵等建立神经网络模型计算了黄河近海与河口考虑输沙的最小需水量为 57.6 亿 m^3。程晓明等利用湿地水文及水平衡模型计算得出黄河三角洲湿地生态环境需水量约为 7.36 亿 m^3。王新功等综合考虑河口生态系统的功能及黄河水资源支撑能力,耦合不同生态单元(对象)的生态流量,得出河口利津断面 11 月至次年 4 月的最小生态流量为 75 m^3/s,适宜生态流量为 120 m^3/s,5—6 月最小生态流量为 150 m^3/s,适宜生态流量为 400 m^3/s。刘晓燕等在综合考虑了黄河天然径流条件与黄河水资源配置条件等因素,并权衡了自然功能用水和社会功能用水,提出了黄河三角洲生态系统的生态用水控制指标。还有学者采用水文学、生态学、水力学方法及生态权衡方法等方法核算了黄河口地区的蒸散发需水量、盐度平衡维持需水量及输沙需水量,根据一定原则综合分析,得到黄河口以湿地、河道鱼类和近海鱼类为主要目标的全年生态环境需水量为 86 亿 m^3。梳理黄河河口生态环境需水的研究成果,如表 1.2-2 所示。

综上所述,由于诸多不同的研究角度(对象/目标)和研究手段,黄河河口生态环境需水结果存在一定差异。前期黄河河口湿地生态系统生态需水研究多集中于对冲沙水量和入海水量的探讨,而未考虑河口湿地生态系统与径流要素(具体流量过程、历时、频率等)联系和响应关系。后续研究在对黄河整体生态环境进行大规模实地调查的基础上,针对黄河河口湿地生态环境的具体状况和湿地生态恢复目标,对黄河河口湿地生态系统状况进行分析,综合考虑流量的历时、频率、变化率等因素来研究生态需水量,并结合黄河干流河道的实际水沙条件和取用水情况,将河口生态需水量应用到河口湿地生态补水(配水)等方案的研究中。

表 1.2-2 黄河河口生态需水研究成果

名称	目标生态水量/亿 m^3			成果来源
	汛期	非汛期	全年值	
黄河口	4—6 月下泄入海水量 60 亿 m^3； 枯水年需要在 4 月下泄入海水量 20 亿 m^3			参考文献[173]
			50	参考文献[164]
	150	42~58		参考文献[151]
			201.18	参考文献[174]
			3.5	参考文献[175]
			134.22	参考文献[176]
			57.6	参考文献[177]
			40~50	参考文献[162]
			86	参考文献[185]

1.3 研究框架及内容

1.3.1 科学问题

1.3.1.1 变化环境下流域水资源供需演变驱动机制

气温、降水等环境变化及人类用水效率、用水方式和管理制度等都是影响水资源需求的因素。识别水资源供需系统演变的关键驱动因子和胁迫要素，揭示变化环境下流域水资源供需演变驱动机制是当前水资源科学尚待解决的重大问题。

1.3.1.2 变化环境下流域需水精细预测技术

诊断经济社会需水的驱动因子和胁迫要素，构建多因子驱动与多要素胁迫的经济社会需水预测模型；研究水文-环境-生态相互作用关系，建立流域生态环境需水预测方法，研发变化环境下流域水资源演变与需水精细预测技术。

1.3.2 研究目标

面向“变化环境下流域水资源供需演变驱动机制”这一关键科学问题，揭示黄河流域水资源对环境变化的响应机制，提出未来黄河流域广义水资源量动态评价成果；解析流域用(需)水变化规律与驱动机制，创建具有物理机制的流域需水精细预测技术，提出流域经济社会和生态需水预测成果，为黄河流域水量分配及综合调度提供支撑。

1.3.3 技术路线

应用多源数据，采用多种模型与方法，实现多成果综合目标。本书研究的技术思路见图 1.3-1。

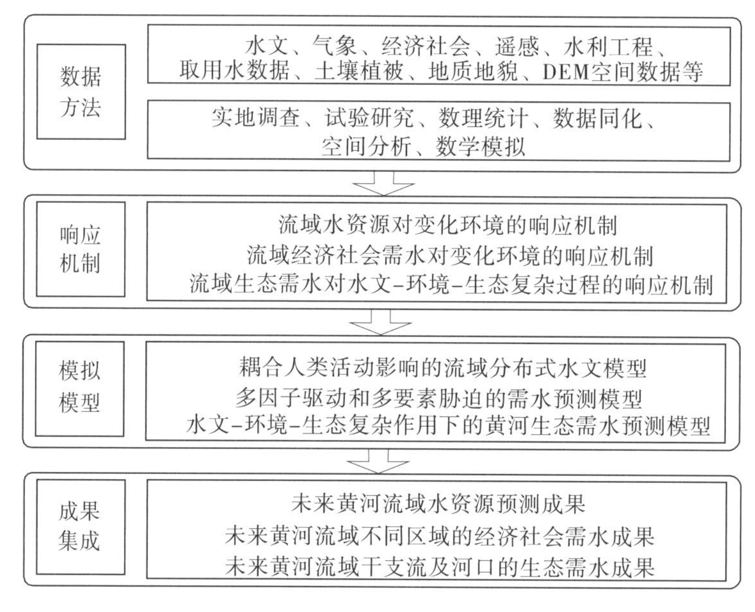

图 1.3-1　研究的技术思路

（1）收集流域的水文、气象、经济社会、遥感、水利工程、取用水数据、土壤植被、地质地貌和 DEM 空间数据等基础资料，采集单点试验站、小尺度试验流域的试验观测资料，建立科学数据库。

（2）在物理机制方面，采用试验研究、数理统计、空间分析等相结合的方法，开展变化环境下流域水资源供需演变驱动机制研究。

（3）在预测方法和技术方面，采用空间分析和数学模拟相结合的方法，开展关键技术和方法研究，建立流域变化环境条件下水资源评价方法和预测模型、多因素胁迫作用下的流域经济社会需水预测模型、水文-环境-生态复杂作用下黄河生态需水预测模型。

（4）在成果集成方面，利用建立的模拟技术方法与模型，开展全流域的水资源供需评价，提出未来黄河流域水资源量预测成果以及未来黄河流域经济社会需水和生态需水成果。

1.3.4　研究内容

1.3.4.1　黄河流域广义水资源动态评价

分析不同区域降水、蒸发、径流等水文气象要素的历史演变特征，诊断水文要素的一致性，明晰不同阶段降水-径流响应关系；建立黄河流域二元水循环模型，解析水资源形成与转化过程，提出流域广义水资源动态评价方法，预测未来 30 年黄河流域广义水资源量演变趋势。

1.3.4.2　黄河流域经济社会用水变化特征及演变规律

分析黄河流域不同时期流域或区域的用水量、用水结构、用水效率变化特征，揭示流域用水演变规律；分析主要行业经济社会指标变化特征，研究流域经济增长、产业结构与布局、城镇化、人口红利、节水水平等演变规律;建立经济社会发展与水资源消耗的关联分析方法,定量描述流域经济社会发展与水资源利用之间的复杂关系。

1.3.4.3 多因子驱动和多要素胁迫的黄河流域经济社会需水预测

研究不同地区、行业的经济社会需水机制,诊断流域需水的驱动因子,揭示变化环境下流域经济社会需水机制;识别流域需水的响应与胁迫要素,建立多因子驱动和多要素胁迫的黄河流域经济社会需水预测模型,预测未来流域经济社会需水变化趋势。

1.3.4.4 水文-环境-生态复杂作用下黄河生态需水预测

研究黄河流域典型生态系统演变特征,选取生态系统重点保护河段,分析主要生态系统物种、群落结构与水质-水量动态响应关系,分析重点河段生态需水量及其需水过程;研究维持重要河流健康的多目标生态需水定量评估技术,提出竞争性用水条件下黄河典型支流重要断面生态需水量;揭示水盐交汇驱动下黄河河口-近海生态系统的生态需水机制,提出黄河河口-近海生态需水量及过程。

1.3.4.5 未来黄河流域需水情势研究

根据未来黄河流域环境变化与经济社会发展情景,结合国家经济发展与区域发展的宏观布局,结合未来黄河流域水资源量变化态势与水资源需求情势,研判流域及区域水资源安全格局。

第 2 章　黄河流域广义水资源评价

2.1　黄河流域水资源评价模式及模型构建

受全球气候变化和人类活动影响，黄河流域水资源呈现出显著的非一致性变化特征，需结合不同排放情景下的全球气候模式结果（GCMs），采用区域气候模式（RCMs）对其进行动力降尺度，结合分布式水文模型和非平稳序列统计模型，对变化环境下的流域水循环过程进行动态评估，并构建流域水资源动态评价模型体系，用以预测流域未来的水资源演变趋势（见图 2.1-1）。

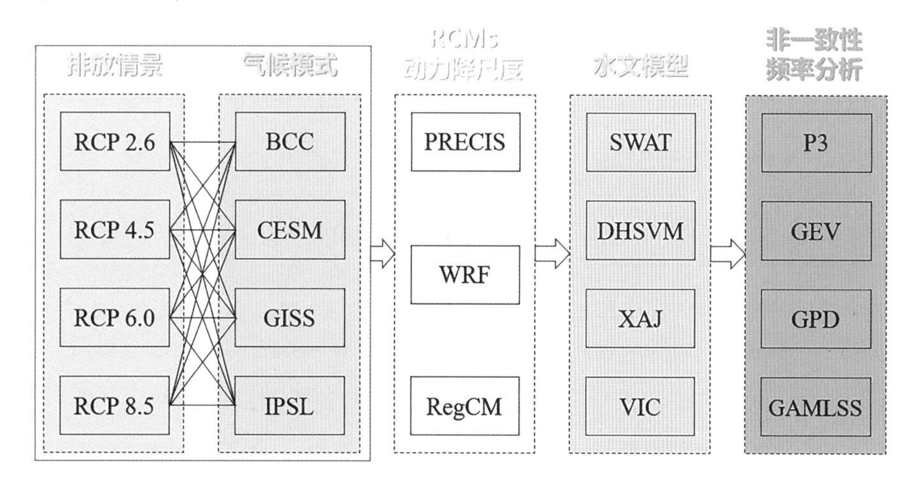

图 2.1-1　黄河流域水资源动态评价模型体系

2.1.1　潜在蒸散发估算

本书研究中分析的降水、气温变化基于气象站实测资料和气候模式输出结果，径流变化基于水文模型模拟结果，潜在蒸散发基于世界粮农组织（FAO）推荐的 Penman-Monteith 公式计算，其定义如下：

$$ET_0 = \frac{0.408\Delta(R_n - G) + \gamma \dfrac{900}{T_{mean} + 273} u_2(e_s - e_a)}{\Delta + \gamma(1 + 0.34u_2)} \tag{2-1}$$

式中：ET_0 为参考作物蒸散发，mm/d；R_n 为作物表面净辐射，MJ/（m^2 · d）；G 为土壤热通量，MJ/（m^2 · d）；Δ 为饱和水汽压差，kPa；$e_s - e_a$ 为水汽压斜率曲线，kPa/℃；γ 为湿度计常数，kPa/℃；T_{mean} 为日均温度，℃；u_2 为 2 m 高风速，m/s。

2.1.2 气象水文序列趋势分析

选用一元线性回归方法、非参数 Mann-Kendall 趋势检验法、Mann-kendall 突变检验法、滑动 T 突变检验法来分析各变量时间序列的变化情况。一元线性回归方法通过拟合变量 X_i 与时间 t_i 之间的线性回归方程 $X_i = a \cdot t_i + b$ 来分析时间序列的变化趋势,其中系数 a 可用来表示变量的倾向率,即每10年变化情况。Mann-Kendall 趋势检验法通过构建统计量 S 来进行趋势分析:

$$S = \sum_{i=1}^{n-1} \sum_{j=i+1}^{n} \text{sign}(X_i - X_j) \tag{2-2}$$

式中,sign( )为符号函数,当 $X_i - X_j$ 小于、等于、大于零时, $\text{sign}(X_i - X_j)$ 分别返回-1、0、1。

当 $n \geq 8$ 时,统计量 S 大致服从正态分布,其方差为

$$\text{Var}(S) = \frac{n(n-1)(2n+5) - \sum_{i=1}^{n} t_i(i-1)(2i+5)}{18} \tag{2-3}$$

式中:t_i 为第 i 组的数据点的数量。

对统计量 S 进行标准化处理:

$$Z = \begin{cases} \dfrac{S-1}{\sqrt{\text{Var}(S)}}, & S > 0 \\ 0, & S = 0 \\ \dfrac{S+1}{\sqrt{\text{Var}(S)}}, & S < 0 \end{cases} \tag{2-4}$$

Z 为正值表示增加趋势,Z 为负值表示减少趋势。对于 α 显著性水平,当 $|Z| > Z_{(1-\alpha)/2}$ 时,该序列的变化趋势超过了 α 显著性水平。

与 Mann-Kendall 趋势检验法相同,在计算得到 UF 值之后,按时间序列 x 的逆序 x_n, x_{n-1}, … ,x_1 重复上述过程,同时使 $UB_K = -UF_K$,$k = n, n-1, \cdots, 1$,$UB_1 = 0$。同时,查表得到给定显著性水平下的临界值,将 UF 和 UB 两个统计值和正负临界值绘在一张图上展示。与趋势检验法一致,如果统计值超过临界线,则表明在对应的时间点上存在显著的下降或上升趋势。若是 UF 和 UB 两条曲线出现交点,该交点则可能是序列的突变点。

统计学上的 T 突变检验法可以通过检查两组样本平均值的差异是否显著来判断是否发生突变。如果两组样本的平均值的差异超过了一定的显著性水平,就可以认为发生了突变。

设前后两组样本为 x_1 和 x_2,样本数量分别为 n_1 和 n_2,方差为 s_1 和 s_2,标准差为 s。该统计方法主要涉及两个统计量 T 和 s,计算方法如下:

$$T = \frac{\bar{x}_1 - \bar{x}_2}{s \cdot \sqrt{\dfrac{1}{n_1} + \dfrac{1}{n_2}}} \tag{2-5}$$

$$s = \sqrt{\frac{n_1 s_1^2 + n_2 s_2^2}{n_1 - n_2 - 2}} \tag{2-6}$$

滑动 T 突变检验法是将标准的 T 检验应用于给定长度 n 潜在变化点前后的 2 个子序列，其中 $n=n_1=n_2$。滑动窗的长度设为 $2n$ 来检验中间是否出现了突变。

对于统计量 T 的显著性，可在给定的显著性水平下，查 T 检验分布表得到临界值 $t_{\alpha/2}$。若 $|t| > t_{\alpha/2}$，则认为在滑动窗中间的点出现了显著突变。

2.1.3 动力降尺度方法

GCMs 的网格空间分辨率较为粗糙，一般需要将 GCMs 的气象输出进行降尺度处理，常用的降尺度方法有统计降尺度方法和动力降尺度方法。统计降尺度方法简单、计算量小，但需要较长的气象序列，且无法用于统计关系不明显的地区的 GCMs 的降尺度处理。动力降尺度方法通常在 GCMs 的网格基础上嵌套新的高分辨率的区域气候模式（RCM），以 GCMs 的输出作为 RCM 的边界条件，一般空间分辨率可以达到 20~50 km。本书拟采用区域气候模式 PRECIS 对不同排放情景下的气象要素进行动力降尺度。

PRECIS（providing regional climate impacts studies）是由英国哈德利气象研究中心开发的区域气候模式，主要用于生成全球各个地区的高分辨率（25 km）气象数据。降水、气温等气象因素对水文模型的模拟精度有着决定性的影响，因此有必要对 RCM 生成的气象数据做进一步的偏差纠正，书中采用 QM（quantile mapping）方法对 RCM 模拟结果进行偏差纠正，其步骤如下：

（1）计算率定期 RCM 模拟气象要素的经验概率分布累积函数 Pr（式中上标 ref 表示率定期）：

$$Pr_{\mathrm{RCM,ref,d}} = ecd\,f_{\mathrm{d}}^{\mathrm{RCM,ref}}(P_{\mathrm{d}}^{\mathrm{RCM,ref}}) \tag{2-7}$$

（2）计算步骤（1）中所得 Pr 对应的实测气象要素的经验概率分布累积函数的反函数与 RCM 模拟气象要素的经验概率分布累积函数的反函数之间的差值（CF）：

$$CF_{\mathrm{d}}^{\mathrm{RCM,ref}} = ecd\,f_{\mathrm{d}}^{\mathrm{obs}^{-1}}(Pr_{\mathrm{RCM,ref,d}}) - ecdf_{\mathrm{d}}^{\mathrm{RCM,ref}^{-1}}(Pr_{\mathrm{RCM,ref,d}}) \tag{2-8}$$

（3）选用率定期内 10 个最大的降水分位点的 CF 均值作为预测期极值对应的 $CF_{\mathrm{d}}^{\mathrm{RCM,fut}}$。

（4）将计算得到的 CF 值与对应时期的 RCM 模拟值相加，得到该气象要素的修正值。

2.1.4 GAMLSS 模型

GAMLSS 模型原理如下：对于任意时刻的 $i(i=1,2,\cdots,n)$，假设相互独立的随机变量观测值序列 $y_i\ (i=1,2,\cdots,n)$ 的分布函数是 $F_y(Y_i|\theta^i)$，概率密度函数为 $f(y_i|\theta^i)$。其中，$\theta^{i\mathrm{T}}=(\theta_{i1},\theta_{i2},\cdots,\theta_{ip})$ 是与解释变量和随机效应相关的第 p 个参数的向量（包括位置、形状和尺度参数），p 为模型参数的数量（取值范围为 1~4），观测值 y_i 与参数 θ^i 条件独立。定义 $k=1,2,\cdots,p$，$g_k(\cdot)$ 作为反应参数向量 θ_k 与解释变量和随机效应项之间关系的单调连接函数（monotonic link function）。本书使用本体对应连接（identity link function）和对数对应连接（logarithm link function）这两种连接函数，连接函数统一的表达式为

$$g_k(\theta_k) = X_k\beta_k + \sum_{j=1}^{m} h_{jk}(x_{jk}) \tag{2-9}$$

本书选择线性、三次样条函数和作为参数与解释变量之间的联系函数，选择 Gumbel (GU)、Gamma (GA)、Logistic (LO)、Generalized Gamma (GG)四种分布函数，通过计算每次拟合的全局拟合偏差(global deviance)选取最优分布。

2.2　基于分布式水文模型的典型流域水循环模拟

2.2.1　研究区及资料

在黄河中上游地区选取3个流域进行研究，分别为贵德以上黄河干流，流域面积为13.42万 km^2；黄河支流北洛河，流域面积为2.52万 km^2；黄河支流泾河，流域面积为4.32万 km^2。基于SWAT模型构建流域分布式水文模型，在前期准备工作中收集整理了以下资料：流域内41个气象站点1971—2013年的逐日降水、气温、风速、日照及相对湿度观测资料，3个流域出口断面水文站(贵德站、洑头站、张家山站)月径流资料，贵德水文站上游龙羊峡水电站旬调度资料，流域内90 m×90 m DEM图，1980—2010年每10年一期的土地利用图共4期，1:100万土壤信息。

流域内下垫面类型均以草地为主，其次为耕地和林地。贵德以上流域超过75%的区域被草地覆盖，耕地面积不足1%。此外，此流域内坡度大于25%的耕地仅占0.9%左右，退耕还林政策实施对区域影响较小，且人类活动强度在该区域较小，因此整个流域下垫面无明显变化，人类活动对天然径流影响较小。

2.2.2　降水径流一致性分析

根据上述分析，贵德以上流域受人类活动影响较小，进一步的分析结果也表明降水-径流关系较为一致。流域内2000年之后的径流系数较2000年之前的仅略微下降(见图2.2-1)。降水-径流时间序列分析结果也表明两者变化幅度较为一致，径流量在2000年前后并无明显变化(见图2.2-2)。

与黄河上游地区相比，黄河中游地区的径流量呈现出显著的变化特征，北洛河及泾河水系水资源量急剧衰减，水文序列的一致性遭到破坏。两个流域在2000年后的降水产流能力均不足2000年前的一半(见图2.2-3)，流域内相同降水产生的径流量显著减少，2000年后的径流量较之前明显下降(见图2.2-4和图2.2-5)。因此，如何准确模拟变化环境下的区域水资源量已成为当下亟须解决的问题。

2.2.3　模型率定及验证

为验证模拟结果，选用相关系数(R^2)和纳什效率系数(NSE)对模拟结果进行评估。贵德以上流域受人类活动影响较小，率定期和验证期的模拟值与实测值在变化趋势和幅度上均能保持一致，R^2 和 NSE 值均大于0.75(见图2.2-6)。与之相比，北洛河、泾河流域实测径流序列呈现出显著的非一致性特征，很难采用固定条件下的水文模型对2000年之

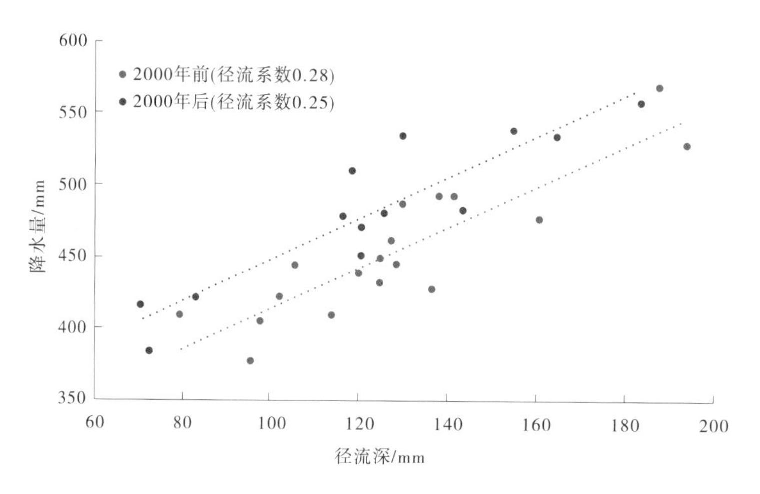

图 2.2-1　贵德以上流域降水-径流相关关系分析

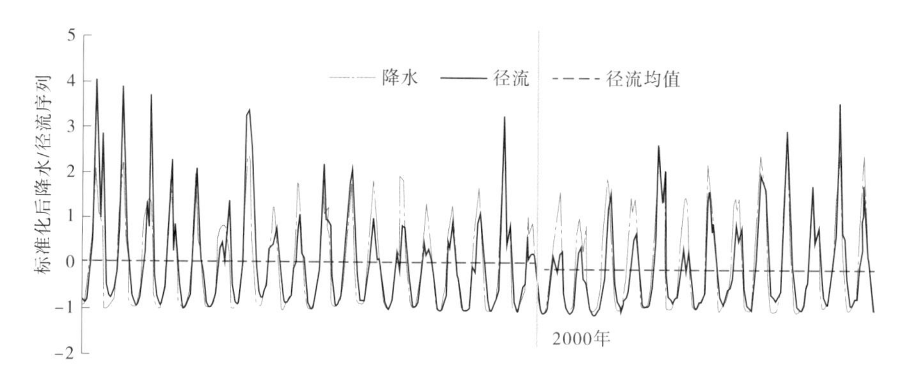

图 2.2-2　贵德以上流域降水-径流时间序列分析

后径流进行模拟。为描述径流的变化特征,在保留其他参数不变的情况下,将验证期流域土壤滞留能力设置为率定期的1.25倍,模拟结果见图2.2-7和图2.2-8。

2.2.4　水资源量时空变化

基于SWAT模型模拟结果,以各子流域径流深和整个流域径流深来反映流域水资源量变化情况。贵德以上流域水资源量的年内分配与降水的年内变化情况较为一致,流域内降水、径流主要集中在年内5—10月,分别占全年降水总量的90%和82%,期间径流系数约为0.27(见图2.2-9)。与之相比,北洛河、泾河流域水资源量年内变化受人类活动扰动较大,其中泾河流域5—10月水资源量占全年的73.8%,同期降水量却占全年的86.5%(见图2.2-10),北洛河流域5—10月水资源量占全年的67.5%,同期降水量却占全年的86.8%(见图2.2-11)。

在水资源量的空间分布上,贵德以上流域水资源量自东南向西北递减,水量充沛地区的水资源量可达稀缺地区的4倍以上,但呈现出较显著的下降趋势(见图2.2-12和图2.2-13)。北洛河、泾河流域水资源量均由南往北递减,陕北干旱地区多年平均径流深

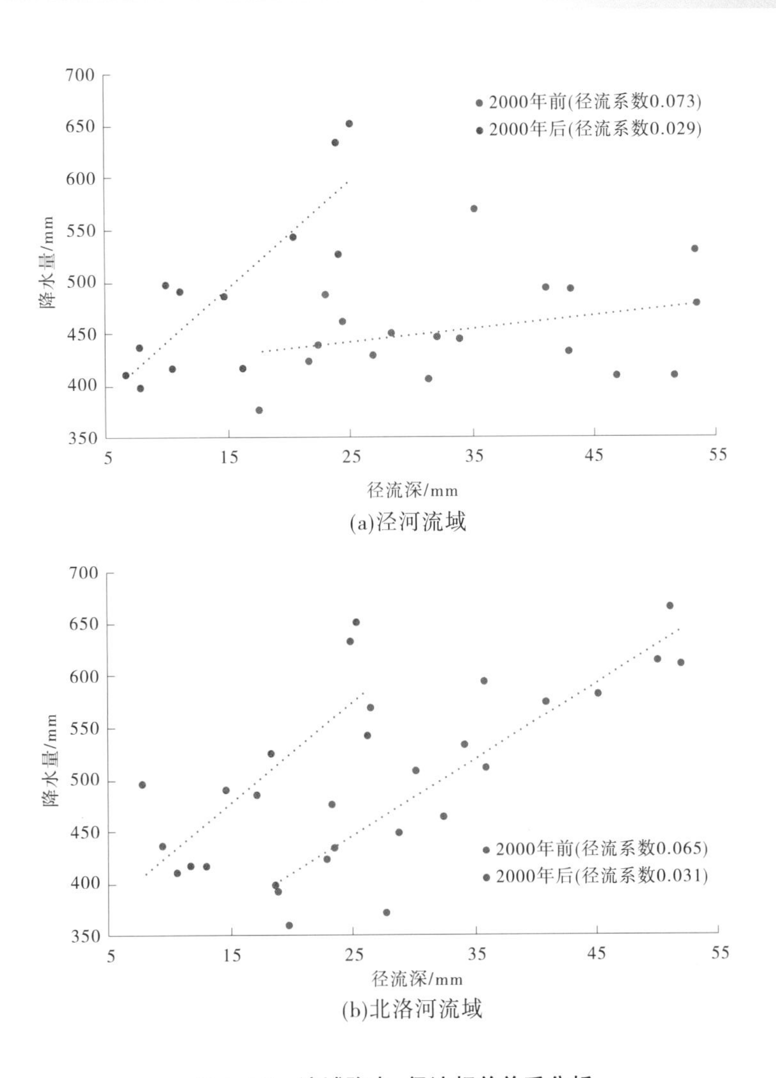

(a)泾河流域

(b)北洛河流域

图 2. 2-3　流域降水-径流相关关系分析

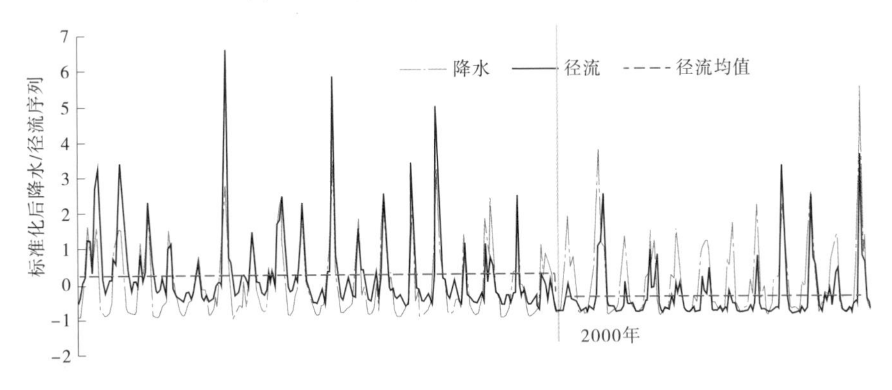

图 2. 2-4　泾河流域降水-径流时间序列分析

不足 20 mm(见图 2. 2-14 和图 2. 2-15)。此外,2 个流域的水资源量在过去 30 年间均呈现出下降趋势,在水资源量较为丰富的南部地区尤为显著(见图 2. 2-16 和图 2. 2-17)。

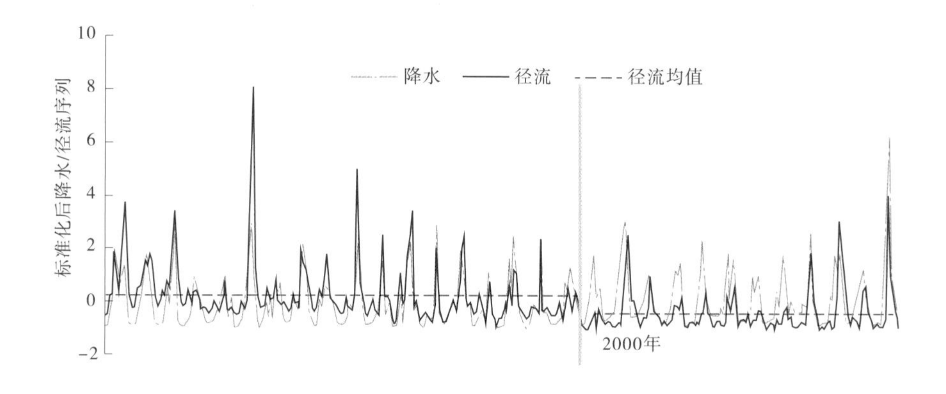

图 2.2-5　北洛河流域降水–径流时间序列分析

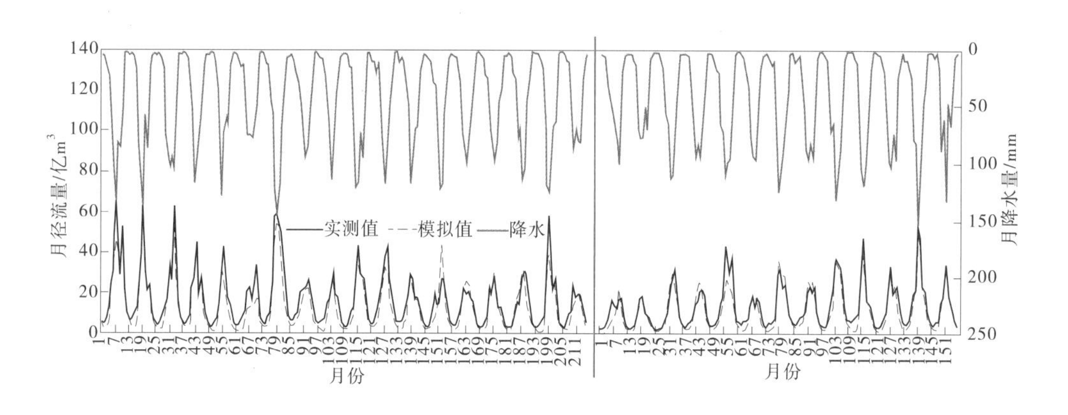

图 2.2-6　贵德以上流域径流模拟与实测序列对比

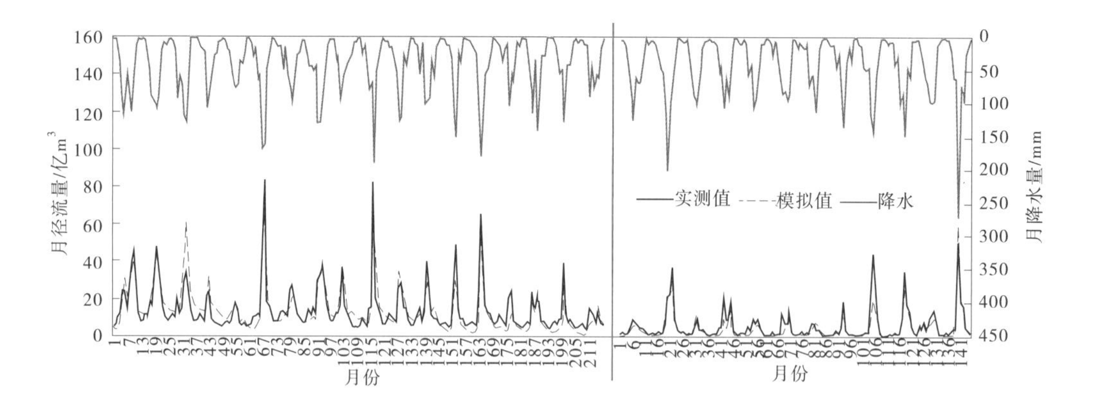

图 2.2-7　北洛河流域径流模拟与实测序列对比

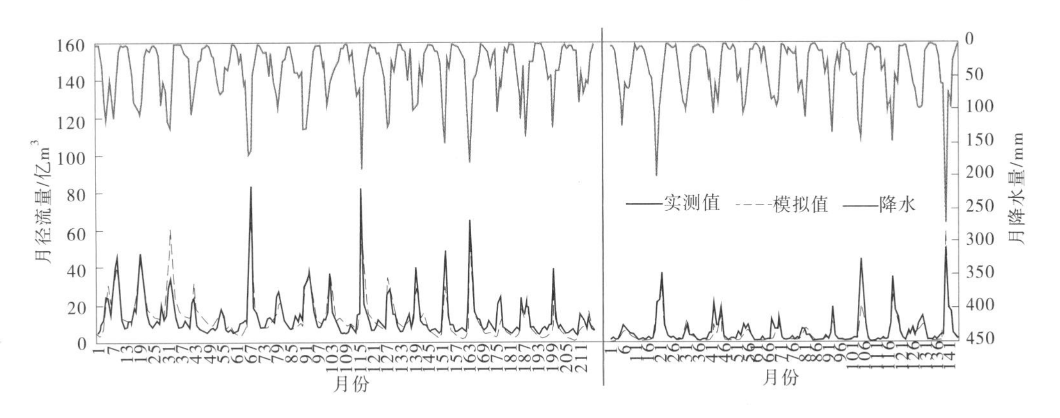

图 2.2-8　泾河流域径流模拟与实测序列对比

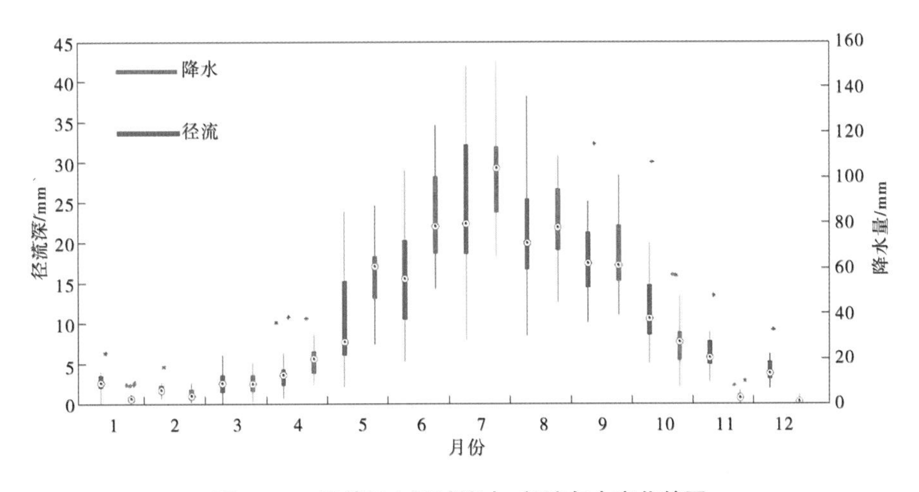

图 2.2-9　贵德以上流域降水-径流年内变化箱图

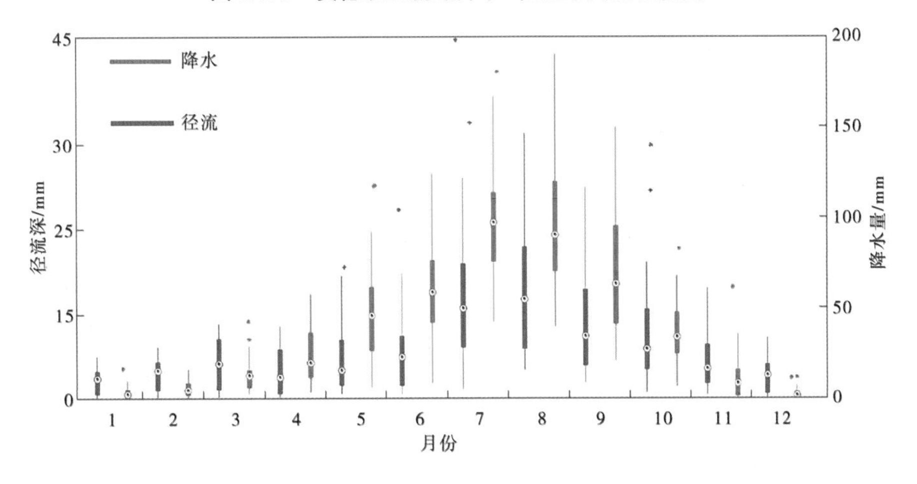

图 2.2-10　泾河流域降水-径流年内变化箱图

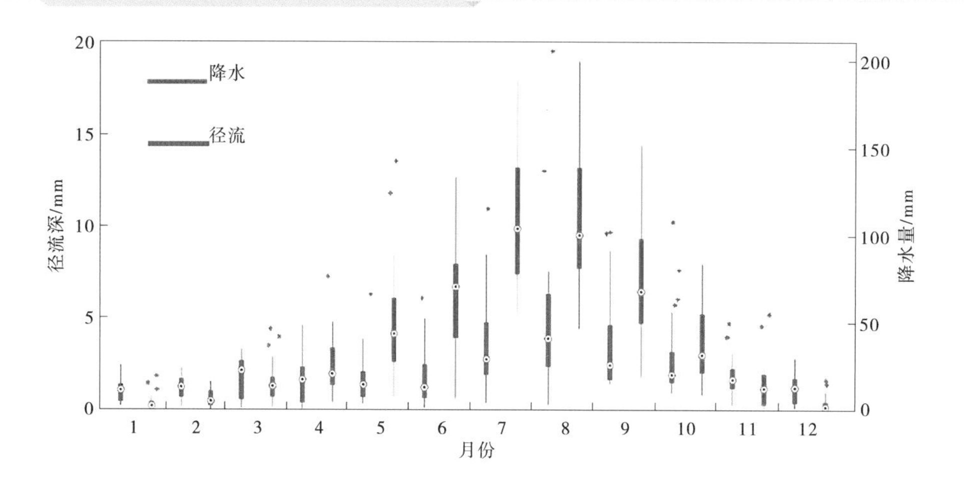

图 2.2-11　北洛河流域降水-径流年内变化箱图

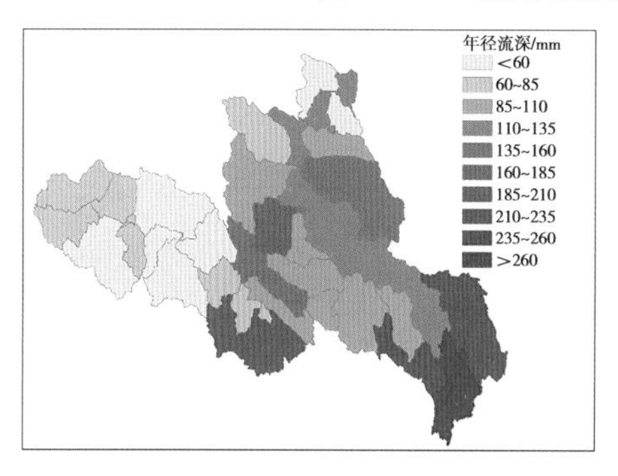

图 2.2-12　贵德以上流域多年平均水资源量

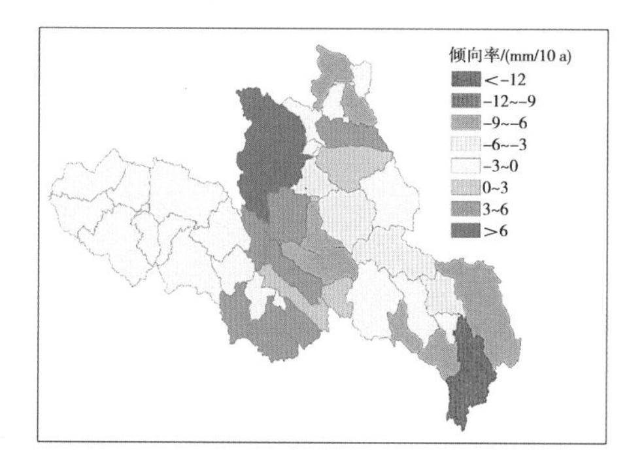

图 2.2-13　贵德以上流域水资源量年际变化

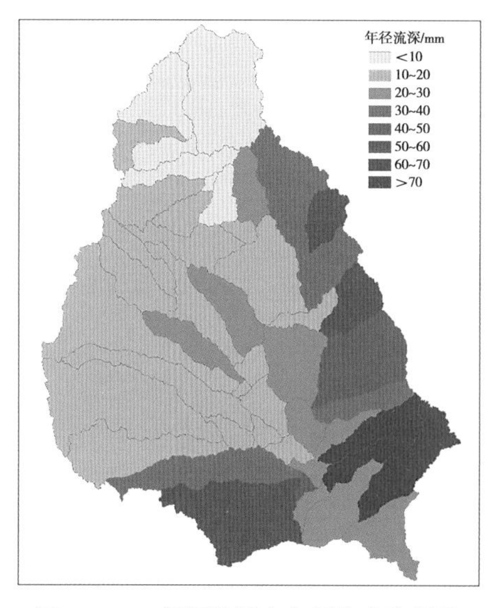

图 2.2-14　泾河流域多年平均水资源量

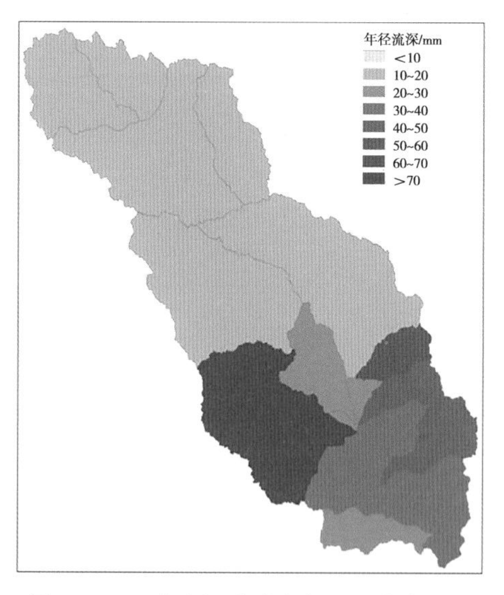

图 2.2-15　北洛河流域多年平均水资源量

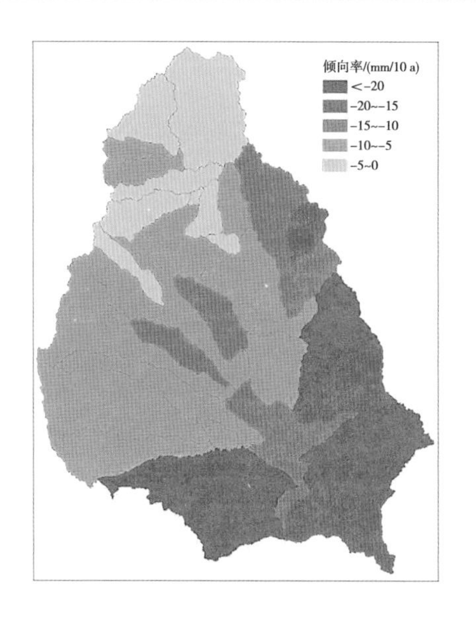

图 2.2-16 泾河流域水资源量年际变化

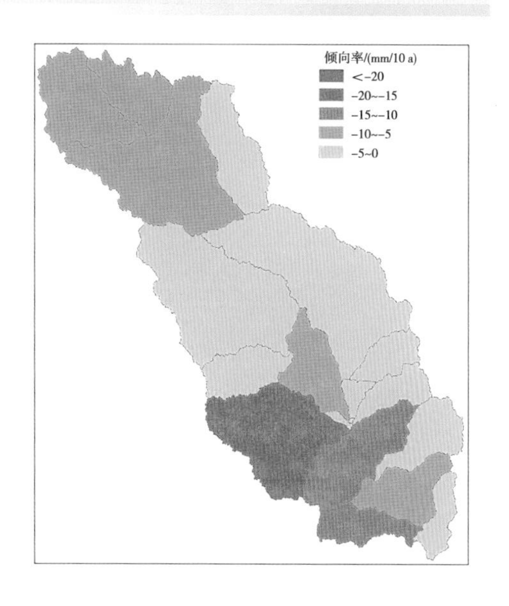

图 2.2-17 北洛河流域水资源量年际变化

2.3 流域水循环通量演变特征

2.3.1 流域降水序列时空变化特征

采用黄河流域内 310 个气象站点和流域周边 8 个气象站点共计 318 个站点 1961—2011 年的日降水量数据,分析了黄河流域 29 个三级分区面降水序列的趋势变化和突变情况,见图 2.3-1。

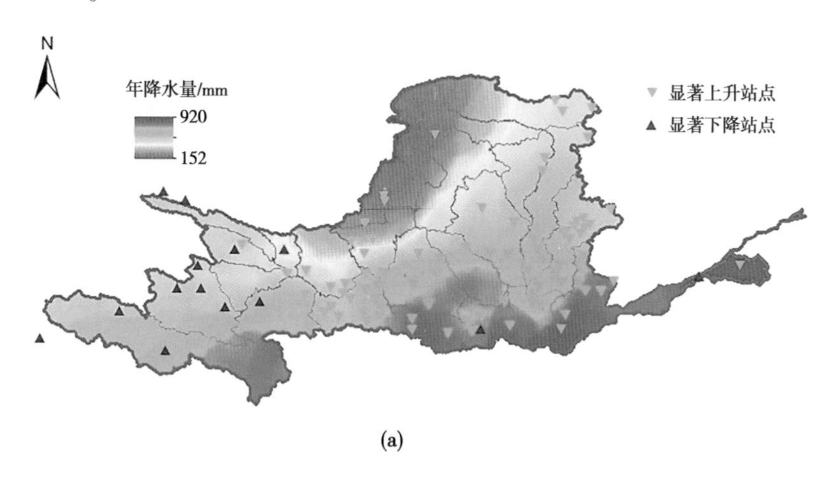

(a)

图 2.3-1 站点降水空间分布

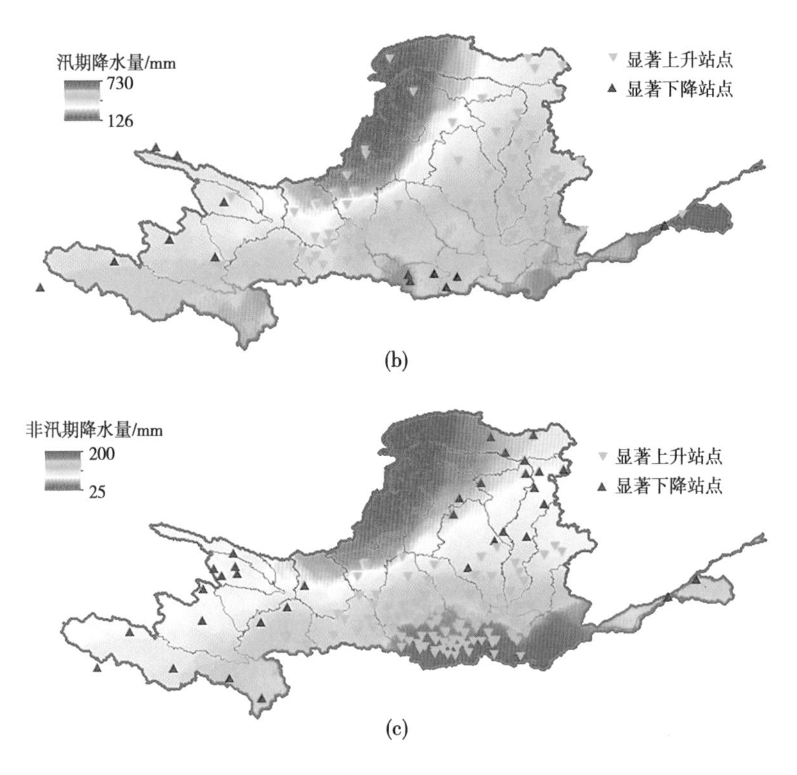

续图 2.3-1

黄河流域年、汛期、非汛期的降水分布由北至南均呈增加趋势,流域北部降水量最小,南部降水分布自西向东呈增加趋势。流域上游西部和下游站点的降水序列主要呈显著上升趋势,上游东部和中游主要呈显著下降趋势。

黄河流域不同时间尺度上的降水序列主要呈下降趋势。上游各三级区的年、汛期降水序列主要呈下降趋势,非汛期降水序列主要呈上升趋势,以河源-玛曲非汛期降水序列上升趋势最为显著,清水河与苦水河年降水序列下降趋势最为显著。中游呈显著性变化的三级区均表现为下降趋势,其中以渭河宝鸡峡—咸阳非汛期降水序列下降趋势最为显著,部分三级区呈小幅度上升趋势。下游三级区的年、汛期降水序列均呈下降趋势,非汛期降水序列均呈上升趋势,以花园口非汛期降水序列上升趋势最为显著,汛期降水下降趋势显著。以非汛期降水序列发生显著性变化的三级区最多,汛期最少,见表 2.3-1。

非汛期降水的突变较为一致,除非汛期降水花园口以下干流区间和泾河张家山以上外,三级区突变均发生在 1975 年附近。非汛期降水河源—玛曲、花园口以下干流区间 2 个三级区发生了降水升高的突变。年降水汾河、河口镇—龙门左岸、花园口以下干流区间,汛期降水汾河、花园口以下干流区间,非汛期降水渭河宝鸡峡—咸阳、泾河张家山以上渭河咸阳—潼关,在突变后,降水减少,见表 2.3-2。

表 2.3-1　各三级区降水趋势检验结果

区间	三级区	年		汛期		非汛期	
		统计量 *U*	趋势	统计量 *U*	趋势	统计量 *U*	趋势
上游	河源—玛曲	0.25		-0.05		**4.95**	上升
	玛曲—龙羊峡	1.04		0.46		1.01	
	大夏河与洮河	-1.12		-0.93		-0.55	
	龙羊峡—兰州干流区间	0.82		0.16		0.63	
	湟水	0		-0.44		1.12	
	大通河享堂以上	**2.54**	上升	**2.21**	上升	**2.68**	上升
	兰州—下河沿	**-2.82**	下降	**-3.09**	下降	-0.33	
	清水河与苦水河	**-3.17**	下降	**-1.53**	下降	**-2.3**	下降
	下河沿—石嘴山	-0.57		-0.71		0.11	
	石嘴山—河口镇南岸	-0.77		-1.7		**2**	上升
	石嘴山—河口镇北岸	-0.68		-0.66		1.39	
	内流区	-0.55		-0.85		0.77	
中游	渭河宝鸡峡以上	**-3.75**	下降	**-3.28**	下降	**-2.62**	下降
	渭河宝鸡峡—咸阳	-1.2		1.31		**-4.95**	下降
	泾河张家山以上	**-3.06**	下降	-1.29		**-2.98**	下降
	渭河咸阳—潼关	-1.31		0.49		**-4.59**	下降
	北洛河洑头以上	-1.83		-0.96		**-2.02**	下降
	龙门—三门峡干流区间	-1.48		-0.85		**-2.43**	下降
	汾河	**-2.98**	下降	**-2.43**	下降	-1.2	
	吴堡以上右岸	-0.49		**-2.21**	下降	0.33	
	吴堡以下右岸	-1.37		-1.89		0.33	
	河口镇—龙门左岸	**-2.57**	下降	-0.41		0.3	
	伊洛河	-0.6		-0.41		-1.37	
	沁丹河	-3.61	下降	**-3.23**	下降	0.19	
	三门峡—小浪底区间	0.14		-0.16		-0.1	
	小浪底与花园口干流区间	**-2.02**	下降	-1.75		-1.18	
下游	金堤河和天然文岩渠	-0.82		-1.26		1.12	
	花园口以下干流区间	-1.78		**-2.68**	下降	**4.51**	上升
	大汶河	-0.27		-0.3		0.98	

注:加黑数字表示趋势变化较为显著。

表 2.3-2　各三级区降水突变检验结果

区间	三级区	年		汛期		非汛期	
		M-K	滑动 t	M-K	滑动 t	M-K	滑动 t
上游	河源—玛曲		1969、1981		1981	1974	1973、1999
	玛曲—龙羊峡		2005		2005		1976、1982
	大夏河与洮河		2003		2003		1978、1983、1992
	龙羊峡—兰州干流区间						1975、1983
	湟水						1976、1983
	大通河享堂以上			1974			1971、1984、1993
	兰州—下河沿				1992		1978、1983、1992
	清水河与苦水河		1975、1980				1993
	下河沿—石嘴山					1967	1988、1993
	石嘴山—河口镇南岸				1975、1980		
	石嘴山—河口镇北岸		1980		1975		1993
	内流区						1993
中游	渭河宝鸡峡以上		1994	1968			1978、1983、1992
	渭河宝鸡峡—咸阳	1964	1993			1975	1976、1987、1992
	泾河张家山以上					1991	1976、1992
	渭河咸阳—潼关		1981		1981、1986	1972	1978、1987
	北洛河洑头以上						
	龙门—三门峡干流区间				1981、1986		
	汾河	1977	1997	1978	1997	1965	1972、1995
	吴堡以上右岸		1980		1980、1997		
	吴堡以下右岸						
	河口镇—龙门左岸	1978	1980、1997		1980、1997		1980、1997
	伊洛河	1985			1980、1986		1976
	沁丹河	1971		1976			1989、1995
	三门峡—小浪底区间				2003	1964	1975
	小浪底与花园口干流区间						1989
下游	金堤河和天然文岩渠	1965	1977、1990	1964	1970、1977、1982		
	花园口以下干流区间	1974	1979	1974	1979	1968	1968、1974
	大汶河						

注：突变发生在两年份之间，以上一年份为准。

2.3.2　流域实际蒸发序列演变特征

大夏河与洮河、湟水、渭河宝鸡峡—咸阳、泾河张家山以上、北洛河洑头以上、龙门—三门峡干流区间、石嘴山—河口镇北岸、吴堡以下右岸、伊洛河、沁丹河、三门峡—小浪底区间、小浪底—花园口干流区间、金堤河和天然文岩渠、花园口以下干流区间等 14 个三级区年、汛期和非汛期蒸发序列均有显著性变化。其中,大夏河与洮河、渭河宝鸡峡—咸阳、北洛河洑头以上、吴堡以下右岸 4 个三级区不同时间尺度上蒸发序列均呈显著上升趋势,除渭河宝鸡峡—咸阳外,均通过 0.05 的显著性水平检验。吴堡以下右岸蒸发序列倾向率最高为 205.197/10 a,渭河宝鸡峡—咸阳蒸发序列倾向率最小,为 12.504/10 a。泾河张家山以上年蒸发和非汛期蒸发序列呈显著下降趋势,汛期蒸发序列呈显著上升趋势,汛期蒸发序列倾向率最高为 47.935/10 a。其他 9 个三级区年、汛期、非汛期蒸发序列均呈显著下降趋势,小浪底—花园口干流区间 10 a 倾向率最小,湟水汛期 10 a 倾向率最大。此外,河源—玛曲、大汶河年蒸发序列无显著变化趋势,河源—玛曲汛期和非汛期、大汶河非汛期变化趋势较为显著且呈上升趋势,大汶河汛期蒸发序列呈显著下降趋势。龙羊峡—兰州干流区间、石嘴山-河口镇南岸、内流区汛期蒸发序列无显著变化趋势,但年和非汛期蒸发序列均呈显著下降趋势。下河沿—石嘴山汛期蒸发序列无显著变化趋势,年蒸发序列呈显著上升趋势,非汛期蒸发序列呈显著下降趋势。渭河宝鸡峡以上年蒸发序列和汛期蒸发序列均呈显著下降趋势,而非汛期蒸发序列无显著变化。吴堡以上右岸年蒸发序列呈显著下降趋势,汛期蒸发序列呈显著上升趋势,而非汛期蒸发序列无显著变化趋势。渭河咸阳—潼关年蒸发序列呈下降趋势,汛期和非汛期蒸发序列无显著变化趋势。玛曲—龙羊峡年、汛期蒸发序列无显著变化趋势,而非汛期蒸发序列呈显著下降趋势,见表 2.3-3。

表 2.3-3　各三级区蒸发趋势检验结果

三级区名称	年		汛期		非汛期	
	倾向率/10 a	统计量 U	倾向率/10 a	统计量 U	倾向率/10 a	统计量 U
河源—玛曲	19.552	1.859	6.908	**2.516**	10.837	**2.488**
玛曲—龙羊峡	−12.301	−1.668	2.094	−0.492	−14.394	**−3.254**
大夏河与洮河	83.799	**6.535**	52.263	**6.398**	31.535	**5.523**
龙羊峡—兰州干流区间	−24.049	**−2.598**	−3.489	−1.641	−20.561	**−4.129**
湟水	−43.081	**−4.402**	−15.293	**−4.019**	−27.786	**−5.250**
大通河享堂以上	38.995	1.559	25.755	0.736	−4.398	−0.533
渭河宝鸡峡以上	−9.098	**−2.953**	−9.579	**−3.432**	7.539	0.602
渭河宝鸡峡—咸阳	73.549	**5.113**	13.771	**2.160**	12.504	**3.199**
泾河张家山以上	−30.143	**−2.898**	47.935	**2.598**	−50.945	**−6.234**
渭河咸阳—潼关	−34.297	**−4.594**	−8.337	−1.832	3.232	1.148
北洛河洑头以上	132.633	**7.656**	53.385	**4.088**	29.658	**5.879**

注:加黑数字表示趋势变化较为显著。

续表 2.3-3

三级区名称	年		汛期		非汛期	
	倾向率/10 a	统计量 U	倾向率/10 a	统计量 U	倾向率/10 a	统计量 U
龙门—三门峡干流区间	-192.321	**-10.883**	-87.315	**-9.133**	-54.342	**-8.449**
汾河	28.349	0.930	31.693	1.641	-3.345	-1.094
兰州—下河沿	22.330	1.504	17.535	1.641	4.795	0.574
清水河与苦水河	1.991	-1.340	6.758	-0.437	-4.769	-1.203
下河沿—石嘴山	21.514	**2.598**	3.688	0.957	-14.436	**-2.707**
石嘴山—河口镇南岸	-34.061	**-2.105**	-9.962	-1.805	-24.099	**-3.637**
石嘴山—河口镇北岸	-75.757	**-5.496**	-40.466	**-3.992**	-35.293	**-6.726**
内流区	-232.403	**-7.766**	-12.634	-1.449	-17.189	**-3.582**
吴堡以上右岸	-439.434	**-4.553**	16.591	**2.919**	-3.245	0.609
吴堡以下右岸	205.197	**7.957**	40.029	**4.047**	39.598	**6.125**
河口镇—龙门左岸	10.707	0.410	18.691	1.203	-5.793	-1.805
伊洛河	-185.626	**-8.723**	-102.164	**-8.819**	-59.248	**-7.741**
沁丹河	-56.310	**-3.773**	-28.791	**-3.527**	-27.519	**-4.238**
三门峡—小浪底区间	-118.219	**-8.326**	-71.702	**-8.528**	-25.527	**-5.304**
小浪底—花园口干流区间	-423.627	**-11.894**	-233.248	**-11.816**	-210.733	**-11.628**
金堤河和天然文岩渠	-197.713	**-11.348**	-109.876	**-11.307**	-82.447	**-10.144**
花园口以下干流区间	-195.930	**-10.855**	-101.805	**-9.680**	-91.469	**-10.582**
大汶河	-3.882	-0.725	-9.051	**-2.252**	22.286	**4.768**

以变化趋势较为明显且日蒸发数据较为完整的大夏河与洮河、伊洛河两个三级区为例,对蒸发序列趋势进行详细分析。

大夏河与洮河年、汛期、非汛期蒸发序列均呈显著上升趋势,以年蒸发显著性最为明显,1963—1970 年蒸发量变化较为显著,在 1968 年蒸发量达到最小值,最小年蒸发量为 432.662 mm,1970—2003 年蒸发序列变化趋势较为平缓,2003—2013 年序列出现大幅度变化,上升和下降趋势交替出现,在 2003 年达到最大蒸发值,蒸发量为 1 805.15 mm。汛期蒸发量 1963—2002 年一直处于平稳变化状态,变化频率较高,但幅度较小。序列 2002—2013 年变化幅度较大,2003 年汛期蒸发量上升至大夏河与洮河蒸发序列的最大值,为 1 094.33 mm,2009 年降至最小蒸发量 486.372 mm。非汛期的蒸发序列曲线变化情况较为单一,在 1968 年前后变化较为显著,达到非汛期蒸发最小值 228.958 mm,1970—2013 年均为小幅度的上升或下降趋势,但整体呈上升趋势,其线性倾斜率为 3.153 5,见图 2.3-2。

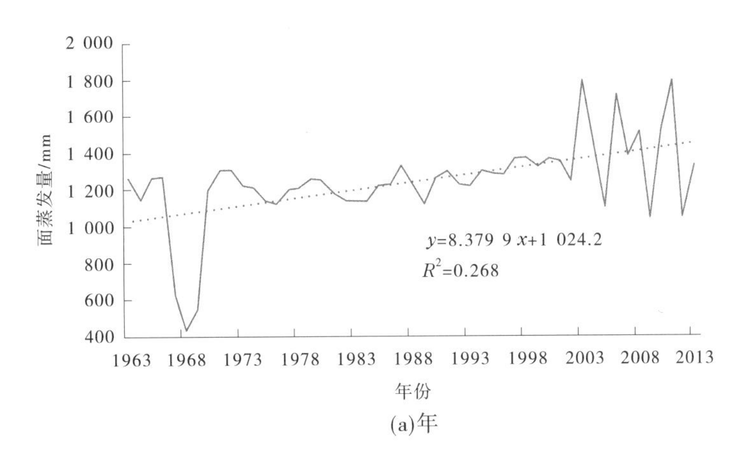

(a)年

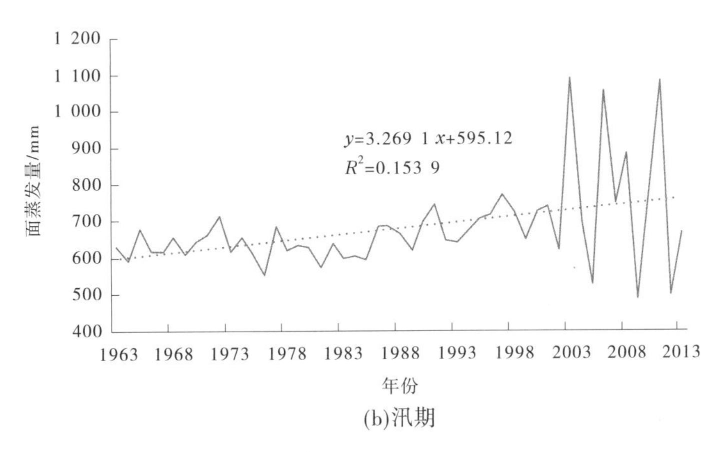

(b)汛期

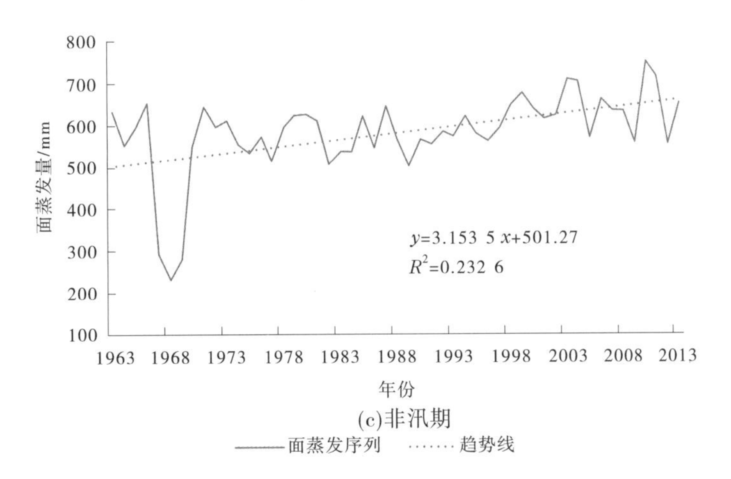

(c)非汛期

——面蒸发序列　……趋势线

图 2.3-2　大夏河与洮河不同时期蒸发趋势

分析伊洛河流域不同时间尺度上蒸发序列的变化趋势,伊洛河年、汛期、非汛期蒸发量变化均为显著下降趋势且与其蒸发量曲线变化情况极为相似。首先,伊洛河年蒸发量在1963—1966年呈大幅度上升状态,在1966年达到年蒸发量最大值1 868.8 mm,1966—1988年间呈平缓下降状态,1988—1999年为持续的不平稳上升状态,1999—2013年蒸发序列变化幅度较大,呈骤降骤升状态,在2011年达到最小蒸发值222.8 mm。汛期蒸发序列演变情况1963—1989年一直呈平缓下降变化趋势,在1966年达到最大蒸发值1 016.9 mm,1989—2013年蒸发序列变化趋势呈增加—减小—增加—减小—增加的状态,增加和减小趋势交替出现,2003年之后,蒸发变化极为明显,变化幅度较大。非汛期蒸发序列1963—1966年处于上升趋势且在1966年达到最大值,为851.9 mm,1966—1993年蒸发序列有小幅度上升和下降趋势,但序列和线性趋势线整体呈下降趋势,1993—2000年蒸发序列处于上升趋势,但2000年之后蒸发量减少和增加趋势交替出现,在2011年达到最小值207.5 mm。年、汛期、非汛期均在1966年达到最大蒸发量,在2011年达到蒸发量最小值,见图2.3-3。

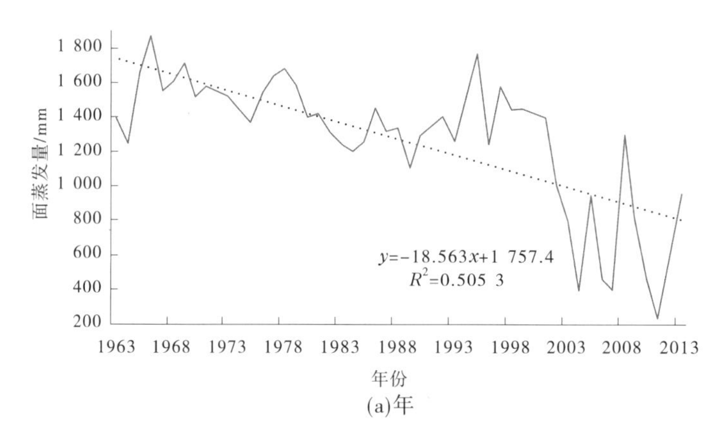

(a)年

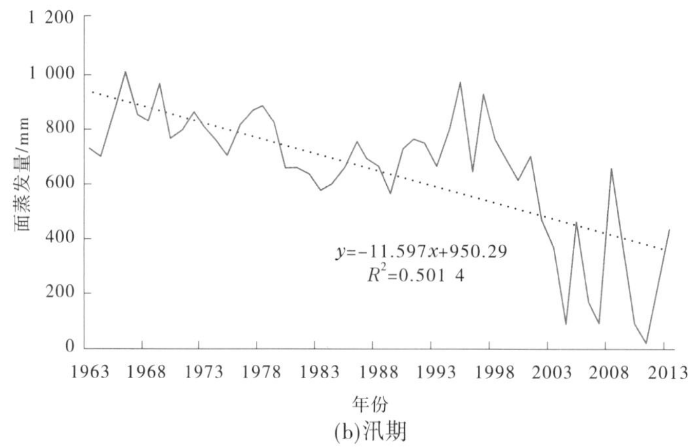

(b)汛期

图2.3-3 伊洛河不同时期蒸发趋势

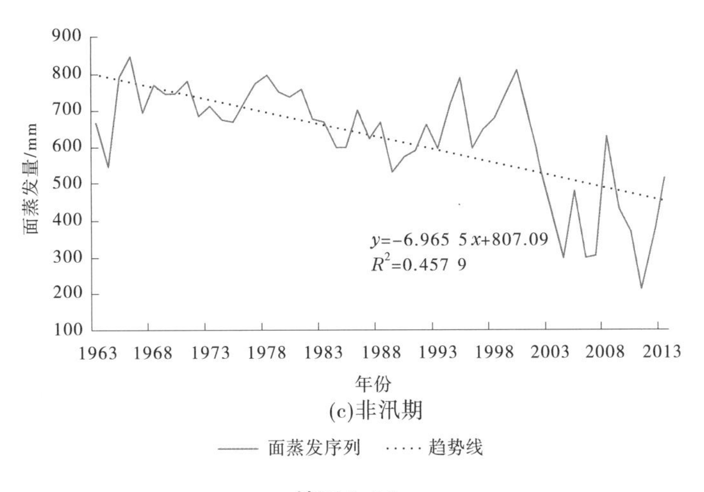

(c)非汛期

—— 面蒸发序列 ······ 趋势线

续图 2.3-3

河源—玛曲、大通河享堂以上、清水河与苦水河、石嘴山—河口镇南岸、河口镇—龙门左岸5个三级区的年、汛期、非汛期蒸发序列没有发生突变,其他24个三级区在不同时期的不同年份发生了突变。龙门—三门峡干流区间年、汛期的蒸发序列及伊洛河和三门峡—小浪底年蒸发序列4组蒸发序列的变化趋势均超过0.05显著性水平临界线,甚至超过0.001显著性水平,表明蒸发序列的变化十分显著。年蒸发序列发生突变的三级区占69%,其中突变年份在1966—1975年和1976—1985年的三级区均占20.7%,突变年份在1986—1995年的三级区占17.3%,突变年份在1996—2005年的三级区占10.3%,说明年蒸发序列突变发生在1966—1985年的可能性较大。汛期蒸发序列发生突变的三级区占55.2%,其中突变发生在1966—1975年和1986—1995年的三级区均占17.3%,突变年份在1976—1985年的三级区占6.8%,突变年份在1996—2005年的三级区占13.8%。非汛期蒸发序列发生突变的三级区占65.5%,其中突变年份在1966—1975年、1986—1995年和1996—2005年的三级区均占13.8%,突变年份在1976—1985年的三级区占24.1%,说明突变比较集中于1976—1985年,见表2.3-4。

滑动t检验法的检验结果显示,对于年蒸发序列,25个三级区发生突变,占三级区总数的86.2%,共有55个突变点。其中,河源—玛曲、玛曲—龙羊峡、北洛河洑头以上、清水河与苦水河、金堤河和天然文岩渠、花园口以下干流区间6个三级区均有3个突变点。在1966—1975年存在的突变点占突变点总数的30.9%,突变发生在1976—1985年的突变点占29.1%,1986—1995年存在的突变点占5.5%,1996—2005年存在的突变点占34.5%。24个三级区的汛期蒸发序列发生突变,占82.8%,共37个突变点,仅清水河与苦水河的汛期蒸发序列有3个突变点。在1966—1975年和1976—1985年发生突变的突变点均占24.3%,在1986—1995年发生突变的突变点占8.1%,发生在1996—2005年的突变点占43.3%。对于非汛期蒸发序列,发生突变的三级区为52个,占93.1%,总突变点52个,其中龙门—三门峡干流区间、伊洛河、沁丹河、金堤河和天然文岩渠4个三级区的非汛期蒸发序列均存在3个突变时间点。在1966—1975年发生突变的突变点占13.5%,1976—1985年的突变点占38.5%,1986—1995年的突变点占28.8%,发生在1996—2005年的突变点占19.2%,见表2.3-5。

表 2.3-4 三级区不同时期蒸发序列 M-K 突变检验结果

三级区	突变起始年份		
	年	汛期	非汛期
河源—玛曲			
玛曲—龙羊峡		1974^	1969
大夏河与洮河	1994	1989	1996
龙羊峡—兰州干流区间		1968	1973^
湟水	1972	1970^	1972
大通河享堂以上			
渭河宝鸡峡以上	1973	1974^	
渭河宝鸡峡—咸阳	1982	1980	1991
泾河张家山以上	1975		1979
渭河咸阳—潼关	1997		
北洛河洑头以上	1991	1996^	1984
龙门—三门峡干流区间	1982&	1995&	1987
汾河	1968		1978
兰州—下河沿			1966
清水河与苦水河			
下河沿—石嘴山	1977		
石嘴山—河口镇南岸			
石嘴山—河口镇北岸	1980	1987	2001
内流区	1979		
吴堡以上右岸	1968		
吴堡以下右岸	1986	1996	1978^
河口镇—龙门左岸			
伊洛河	1999&	1999	2001
沁丹河	1974	1974	1979
三门峡—小浪底区间	1998&	1997	2004
小浪底—花园口干流区间	1978*	1979*	1983*
金堤河和天然文岩渠	1987*	1986*	1990*
花园口以下干流区间	1992*	1992*	1995*
大汶河			1984

注:“&”表示通过 0.001(2.56)的显著性水平。
“*”表示在显著性水平临界线之外出现交点。
“^”表示交点在两年份之间,起始年份以上一年时间点为准。

表 2.3-5　三级区不同时期蒸发滑动 t 检验结果

三级区	可能的突变年份(5 年滑动 t)		
	年	汛期	非汛期
河源—玛曲	1969、1974、2000	1989、2000	1969、1980
玛曲—龙羊峡	1974、1982、1998	1981	1982、1998
大夏河与洮河	1997	1986	1998
龙羊峡—兰州干流区间	1974、1997	1973	1974、1998
湟水	1973、1983	1973	1982
大通河享堂以上	1981、2004	2004	1967、2004
渭河宝鸡峡以上	1982、1994	1975、1994	1982、1993
渭河宝鸡峡—咸阳		1978	1972、1983
泾河张家山以上	1980、2003	1975、2003	1982、1994
渭河咸阳—潼关			1994
北洛河洑头以上	1979、1983、2003	2003	
龙门—三门峡干流区间	1978、2003	1980、2003	1974、1979、2003
汾河	1975、1991	1981	1983、1992
兰州—下河沿	1975、1997	1975、1997	1988、1994
清水河与苦水河	1971、1976、1997	1971、1976、1997	1983、1994
下河沿—石嘴山	1972、1997	1971、1997	1987、1994
石嘴山—河口镇南岸	1974、1997	1997	1974、1993
石嘴山—河口镇北岸	1975、1988		2005
内流区	1973、1979		1982
吴堡以上右岸	1983、1997	1983、1997	1985、1994
吴堡以下右岸			1983
河口镇—龙门左岸	1975、1997	1997	1983、1994
伊洛河	1981、2002	1980、2002	1977、1982、2003
沁丹河	1973、1982	1980	1977、1982、1994
三门峡—小浪底区间	1980、2003	1980、2003	1984、1992
小浪底—花园口干流区间	1970、2002	1970、2002	1989、2002
金堤河和天然文岩渠	1972、1983、2002	1970、2002	1972、1983、2002
花园口以下干流区间	1973、1983、2002	2002	1983、2003
大汶河			

2.3.3 流域水资源阶段性演变特征

对比黄河流域1956—2000年和2001—2017年两阶段的水资源量变化(见表2.3-6)。黄河全流域降水量略有增加,但地表水资源量减少12.2%,地下水资源量基本不变,水资源总量减少10.4%。黄河上游流域面积42.8万km^2,降水量增加5%,地表水资源量减少7.9%,水资源总量减少7.2%。黄河中游流域面积34.4万km^2,降水量增加3.1%,地表水资源量减少21.0%,水资源总量减少18.7%。黄河下游流域面积2.3万km^2,降水量减少4.7%,地表水、地下水、水资源总量均变化不大。

表2.3-6 黄河全流域水资源量演变概况

区域	年份	降水量/mm	水资源量/亿m^3		
			地表水	地下水	水资源总量
全流域	1956—2000	454.0	607.2	375.9	719.4
	2001—2017	456.5	533.3	375.7	644.9
上游	1956—2000	372.0	359.3	182.5	384.1
	2001—2017	390.6	331.0	184.6	356.3
中游	1956—2000	523.0	225.5	169.3	297.6
	2001—2017	539.1	178.2	158.4	242.0
下游	1956—2000	671.0	22.4	24.1	37.9
	2001—2017	639.2	22.3	24.3	36.7

2.3.4 三级区潜在蒸散发变化趋势及影响因素分析

利用黄河流域90个气象站点的数据,基于FAO推荐的Penman-Monteith公式计算了黄河流域1952—2014年潜在蒸散发量,利用Mann-Kendall趋势检验法分析黄河潜在蒸散发变化趋势(见图2.3-4),并分析了风速、温度、日照时数、相对湿度对潜在蒸散发的影响(见表2.3-7~表2.3-9)。主要结论包括:

黄河流域90个气象站中43.3%的站点呈显著上升趋势,30%的站点呈显著下降趋势,26.7%的站点没有明显的变化趋势。其中,上游及中游潜在蒸散发量呈上升趋势,上游变化趋势较为显著,下游呈弱下降趋势。在黄河流域8个水资源二级区中,龙羊峡至兰州北部、龙门至三门峡东部以及三门峡至花园口的站点的潜在蒸散发量均为显著下降趋势,龙羊峡以上站点基本为显著上升,花园口以下站点变化趋势不显著,其他分区上升、下降及无显著变化的站点均有分布。

黄河上、中、下游辐射项的变化比空气动力学项明显,其中上、中、游地区辐射项显著上升,下游地区辐射项呈现显著下降趋势。通过相关性分析发现,对部分站点的潜在蒸散发量显著上升具有较大影响的是气温的升高,风速下降对龙羊峡至兰州北部、龙门至三门峡东部以及三门峡至花园口潜在蒸散发量的下降具有较为显著的影响。

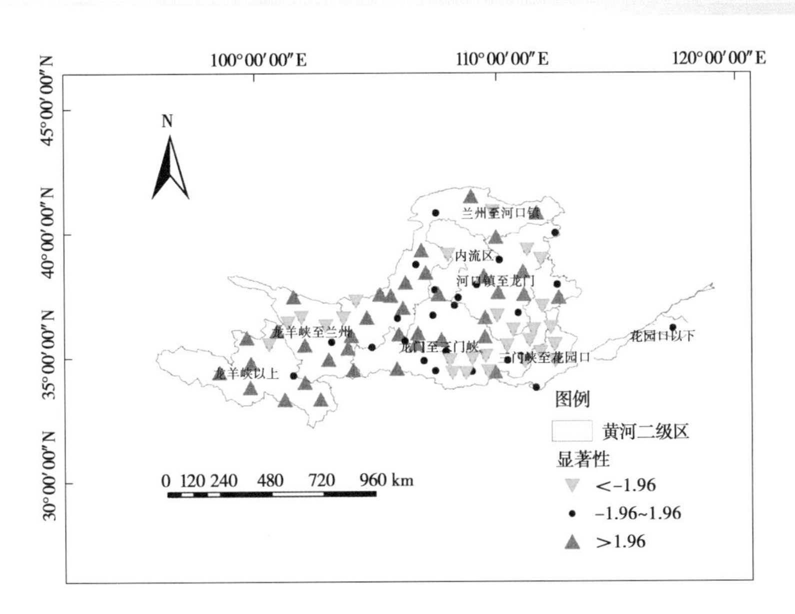

图 2.3-4　黄河流域 90 个气象站点 1952—2014 年潜在蒸散发量的变化趋势显著性

表 2.3-7　1952—2014 年潜在蒸散发量、辐射项和空气动力学项变化的倾向率及其显著性

范围	潜在蒸散发		辐射项		空气动力学项	
	倾向率/（mm/10 a）	显著性	倾向率/（mm/10 a）	显著性	倾向率/（mm/10 a）	显著性
上游	4.74	2.21	3.79	4.60	0.95	-0.19
中游	5.12	1.02	2.34	1.86	2.79	0.20
下游	-1.27	-0.31	-6.93	-5.16	5.66	1.87
黄河	3.97	2.91	3.98	7.81	-0.01	-1.04

表 2.3-8　气候因素与潜在蒸散发、辐射项、空气动力学项的相关系数

范围	气象因素	潜在蒸散发	辐射项	空气动力学项
上游	风速	0.55	-0.45	0.72
	温度	0.80	0.27	0.41
	日照时数	0.34	0.20	0.12
	相对湿度	-0.35	-0.09	-0.47
中游	风速	0.19	-0.50	0.35
	温度	0.51	0.80	0.22
	日照时数	0.47	0.85	0.15
	相对湿度	-0.35	0.30	-0.47

续表 2.3-8

范围	气象因素	潜在蒸散发	辐射项	空气动力学项
下游	风速	0.16	-0.88	0.56
	温度	0.41	0.19	0.32
	日照时数	0.44	0.79	0.06
	相对湿度	-0.68	0.13	-0.73
黄河	风速	0.40	-0.34	0.55
	温度	0.70	0.55	0.39
	日照时数	0.41	0.35	0.21
	相对湿度	-0.56	-0.07	-0.49

表 2.3-9　**气候因素在** 1952—2014 **年间的倾向率和显著性**

范围	风速		温度		日照时数		相对湿度	
	倾向率/[m/(s/10 a)]	显著性	倾向率/(℃/10 a)	显著性	倾向率/[W/(m·10 a)]	显著性	倾向率/(%/10 a)	显著性
上游	-0.54	-5.47	2.22	5.48	-0.42	-3.37	-0.75	-3.64
中游	-0.36	-4.02	3.65	6.93	-1.02	-4.23	-0.56	-2.05
下游	0.48	-0.66	-1.80	-7.91	0.15	1.94	1.98	8.28
黄河	-0.60	-11.52	2.95	11.65	-0.81	-8.37	-0.57	-4.62

2.3.5　典型水资源三级区蒸发序列非一致性分析

黄河流域划有 29 个三级区,根据蒸发情况和气候特征等因素选择了大夏河与洮河、湟水、伊洛河、三门峡—小浪底区间、花园口以下干流区间 5 个三级区。以面蒸散发序列为研究数据,采用 Kendall 检验序列的趋势和显著性,采用 Mann-Kendall 检验法和滑动 t 检验法(步长为 5)检验序列的突变性,采用 GAMLSS 模型检验序列的非一致性,比较不同统计建模方法的计算结果,可为后续黄河流域典型水资源三级区蒸发序列的变化规律研究提供理论依据。

大夏河海拔在 2 500 m 以上,属寒冷温润气候区;洮河海拔为 1 629~4 260 m,属高原气候区。湟水海拔 1 727~4 520 m,属于典型的大陆性季风气候,其气候垂直变化明显,越向上游,蒸发量越小,流域年平均气温 0.6~7.9 ℃。伊洛河是伊河和洛河的简称,伊河属暖温带大陆性季风气候(半湿润);洛河海拔为 169~2 449 m,属暖温带季风气候。三门峡—小浪底区间海拔 120~481 m,属亚热带和温带过渡地带。花园口以下干流区间海拔为 73~1 512.4 m,属于北温带大陆性季风气候,年平均气温 14~14.3 ℃。

采用 Kendall 检验了大夏河与洮河、湟水、伊洛河、三门峡—小浪底区间和花园口以下干流区间 5 个三级区年、汛期(6—10 月)、非汛期(11 月至翌年 5 月)的面蒸发序列的变化趋势。结果显示,5 个三级区不同时间尺度上的面蒸发序列均呈显著性变化,除大夏河与洮河的蒸发序列呈显著增加外,其他 4 个三级区的蒸发序列均呈显著减少状态。

采用 Mann-Kendall 检验法和滑动 t 检验法(步长为 5)检验 5 个三级区不同时间尺度上蒸发序列的突变情况。检验结果显示,伊洛河、三门峡—小浪底区间、花园口以下干流区间的蒸发序列突变较为明显,突变多发生在 2000 年左右;大夏河与洮河、湟水蒸发序列的突变存在一定的差异。对于大夏河与洮河,其年蒸发序列在 1997 年一直处于平缓变化状态,于 1997 年开始进入急剧升高状态;汛期蒸发序列在 1965—1981 年处于升高—平缓变化状态,1995 年之后趋于平缓变化状态,于 1986 年发生低蒸发量区向相对高蒸发量区变化的突变;非汛期蒸发序列于 1995 年之前处于平缓变化状态,1995—1998 年处于蒸发量减少的状态,以 1998 年为节点发生急剧增加的变化状态。湟水年蒸发序列于 1973 年发生高蒸发量区向相对低蒸发量区的突变;汛期蒸发序列突变不明显;非汛期蒸发序列呈升高—急降—急升—下降的变化状态,于 1976 年发生突变,见表 2. 3-10。

表 2. 3-10　趋势及突变检验

三级区	年			汛期			非汛期		
	趋势	M-K	5 年滑动 t	趋势	M-K	5 年滑动 t	趋势	M-K	5 年滑动 t
大夏河与洮河	增加	1994	1997*	增加	1989	1986*	增加	1996	1998
湟水	减少	1972	1973*、1983	减少	1970	1973*	减少	1972	1976*
伊洛河	减少	(1999)	1981*、2002*	减少	1999	1980*、2002*	减少	2001	1977*、1982*、2003*
三门峡—小浪底区间	减少	(1998)	1980*、2003*	减少	1997	1980*、2003	减少	2004	1984、1992
花园口以下干流区间	减少	(1992)	1973、1983、2002	减少	(1992)	2002	减少	(1995)	1983、2003

注:“( )”表示通过统计量 $u_{0.001}=2.56$ 的临界值检验;“ * ”表示通过 $t_{0.01}=3.36$ 的临界值检验;滑动 t 检验法检验结果中没有通过 $t_{0.001}=5.04$ 的检验结果。

在一致性分析方面,5 个三级区不同时间尺度上的蒸发序列以 Generalized gamma 为最优分布的最多,Gumbel 次之,Logistic 最少,见表 2. 3-11、图 2. 3-5。非一致分析中,5 个三级区不同时间尺度上的蒸发序列除部分序列外,均与时间 t 建立了自由度为 1~3 的三次样条函数,且与时间 t 呈负相关,见表 2. 3-12;大部分蒸发数据均包含在置信水平为 5%和 95%的置信区间内,仅有极少数数据位于置信区间之外(见图 2. 3-6),表明不同时间尺度上的蒸发序列的非一致性模型拟合效果较好。在考虑统计参数非一致性特征情况(见表 2. 3-13 和表 2. 3-14)下,5 个三级区不同时间尺度上的蒸发序列的拟合效果具有不同幅度的改善,说明这 5 个三级区的蒸发序列存在较为明显的非一致性特征;以花园口以下干流区间的年、非汛期的蒸发序列的非一致性特征最为明显,大夏河与洮河的年、汛期蒸发序列相对最差。

表 2. 3-11　各三级区最优分布成果

位置	三级区名称	年	汛期	非汛期
上游	大夏河与洮河	Logistic	Generalized gamma	Gumbel
	湟水	Logistic	Logistic	Generalized gamma
中游	伊洛河	Gumbel	Gumbel	Generalized gamma
	三门峡—小浪底区间	Generalized gamma	Generalized gamma	Generalized gamma
下游	花园口以下干流区间	Generalized gamma	Gumbel	Generalized gamma

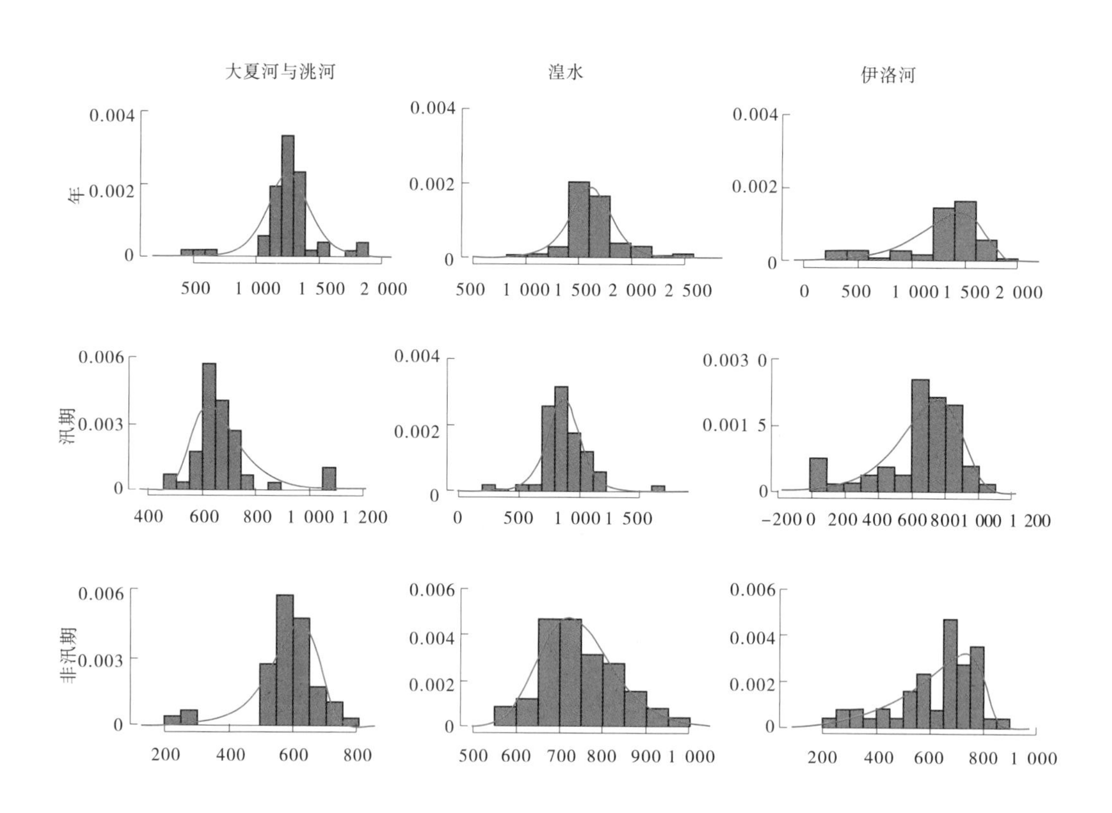

图 2. 3-5　5 个三级区蒸发序列最优概率密度拟合

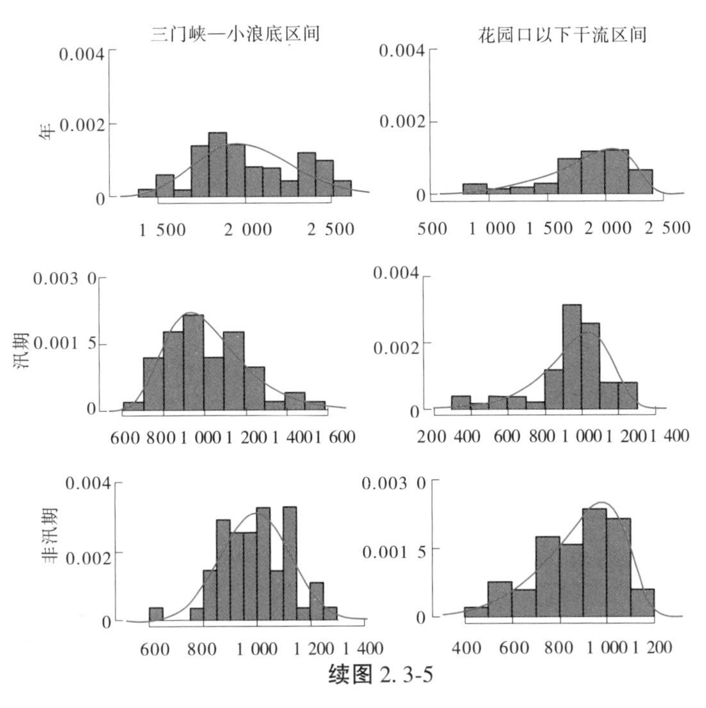

续图 2.3-5

表 2.3-12　非一致性拟合各参数成果

时间尺度	三级区名称	位置参数	尺度参数	形状参数
年	大夏河与洮河	(5.162e-04) * bfp(t,3)-2 797	4.596	
	湟水	10 131.448-4.282 * cs(t,1)	4.662	
	伊洛河	28 924.32-13.85 * cs(t,2)	5.321	
	三门峡—小浪底区间	20.009-0.006 2 * cs(t,3)	-2.419	6.244
	花园口以下干流区间	12.11-(5.711e-07) * bfp(t,3)	-2.98	62.94
汛期	大夏河与洮河	11.462-0.002 6 * cs(t,3)	-2.643	-32.19
	湟水	4 134.591-1.642 * cs(t,1)	4.34	
	伊洛河	17 961.798-8.674 * cs(t,3)	4.851	
	三门峡—小浪底区间	30 134.89-14.69 * cs(t,2)	5.198	
	花园口以下干流区间	6 016-(6.366e-04) * bfp(t,3)	4.816	
非汛期	大夏河与洮河	2.112 * cs(t,1)-3 580.902	4.025	
	湟水	13.646-0.003 5 * cs(t,1)	-2.359	1.792
	伊洛河	17.096-0.005 3 * cs(t,3)	-2.179	15.77
	三门峡—小浪底区间	56.147-0.025 * cs(t,3)	-1.856	-8.155
	花园口以下干流区间	26.393-0.009 8 * cs(t,1)	-2.407	14.36

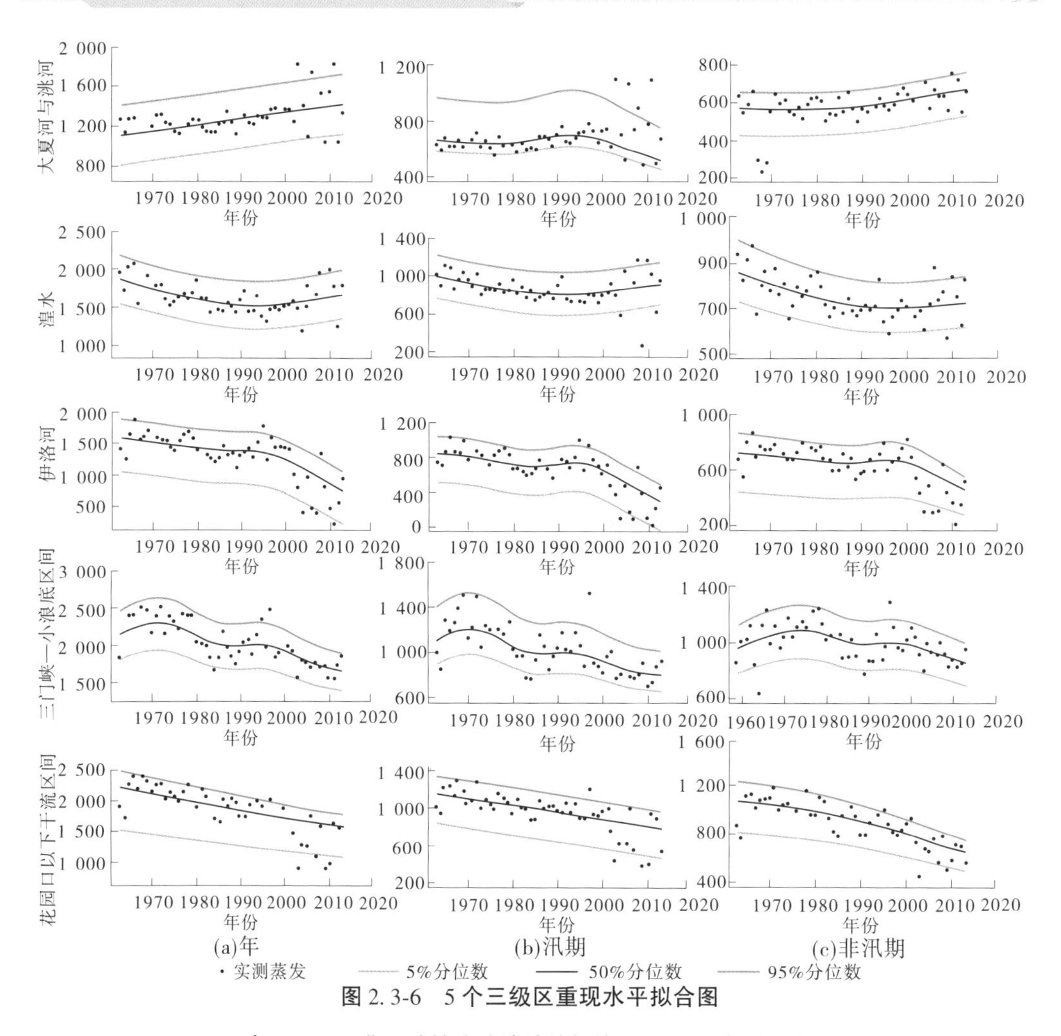

图 2.3-6　5 个三级区重现水平拟合图

表 2.3-13　非一致性残差统计特征值及 Filliben 相关系数

时间尺度	三级区名称	平均值	方差	偏度系数	峰度系数	Filliben
年	大夏河与洮河	-0.066	1.147	-0.687	4.339	0.954
	湟水	0.010	1.139	0.186	5.357	0.969
	伊洛河	0.005	0.975	0.262	3.085	0.992
	三门峡—小浪底区间	0.117	1.173	1.611	6.348	0.926
	花园口以下干流区间	0.035	1.082	-0.275	2.936	0.988
汛期	大夏河与洮河	0.003	1.019	-0.007	2.283	0.995
	湟水	-0.001	1.02	0.005	2.982	0.991
	伊洛河	-0.002	1.02	0.004	3.482	0.986
	三门峡—小浪底区间	-0.001	1.02	0.003	3.252	0.989
	花园口以下干流区间	-0.002	1.02	0.006	2.61	0.996

续表 2.3-13

时间尺度	三级区名称	平均值	方差	偏度系数	峰度系数	Filliben
非汛期	大夏河与洮河	-0.002	1.02	0.006	2.647	0.994
	湟水	-0.003	1.02	0.009	2.474	0.992
	伊洛河	0	1.02	-0.006	3.314	0.989
	三门峡—小浪底区间	-0.002	1.02	0.006	2.849	0.981
	花园口以下干流区间	0.001	1.017	0.03	2.357	0.992

表 2.3-14　非一致性模型和一致性模型拟合结果比较

时间尺度	三级区名称	非一致性		一致性		对比结果	
		AIC	SBC	AIC	SBC	AIC	SBC
年	大夏河与洮河	685.28	691.08	694.87	698.74	-9.59	-7.66
	湟水	693.11	700.84	707.34	711.21	-14.24	-10.37
	伊洛河	711.44	721.10	740.49	744.35	-29.05	-23.25
	三门峡—小浪底区间	692.26	705.78	726.81	732.60	-34.55	-26.82
	花园口以下干流区间	697.23	704.96	743.56	749.36	-46.33	-44.40
汛期	大夏河与洮河	611.44	624.96	620.60	626.39	-9.16	-1.43
	湟水	662.25	669.98	671.13	674.99	-8.88	-5.01
	伊洛河	663.95	675.55	700.99	706.79	-37.04	-31.24
	三门峡—小浪底区间	657.55	671.07	688.52	694.31	-30.97	-23.24
	花园口以下干流区间	655.99	661.79	683.04	686.91	-27.05	-25.12
非汛期	大夏河与洮河	584.05	591.77	598.80	602.66	-14.75	-10.89
	湟水	588.73	598.39	605.83	611.63	-17.11	-13.24
	伊洛河	680.53	694.58	694.44	700.46	-13.91	-5.88
	三门峡—小浪底区间	681.26	695.31	695.20	701.22	-13.94	-5.91
	花园口以下干流区间	624.14	633.80	671.69	677.48	-47.55	-43.68

2.3.6　基于 GAMLSS 的气象水文非一致性分析

2.3.6.1　基于 GAMLSS 的降水非一致性分析

降水拟合结果中,年降水序列拟合效果较好的三级区有 9 个,其中 5 个三级区的 3 个指标值均有所改善;汛期降水序列拟合效果较好的三级区有 7 个,仅 GD 和 AIC 2 个指标值有所改善,但改善不明显;非汛期降水序列中有 10 个三级区拟合效果较好,其中 5 个三级区的 3 个指标值均有所改善。综合来说,非汛期拟合效果相对较好,年、汛期和非汛期的降水序列中均有部分三级区表现出非一致性特征,拟合的残差正态分布见图 2.3-7,非

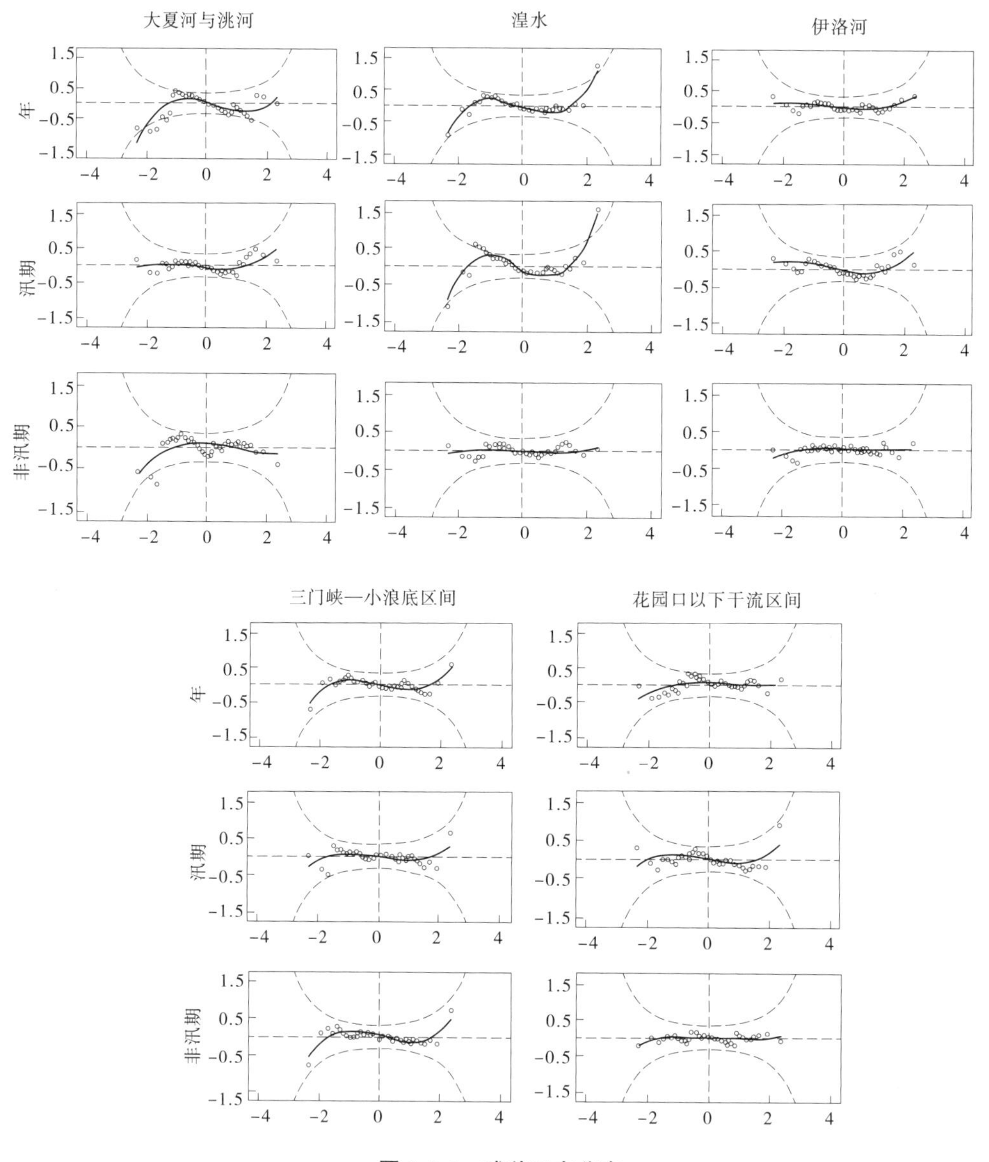

图 2.3-7 残差正态分布

一致性和一致性拟合结果对比见表 2.3-15~表 2.3-17。

表 2.3-15 年降水序列非一致性和一致性分布拟合结果对比

三级区名称	非一致性			一致性		
	GD	AIC	SBC	GD	AIC	SBC
河源—玛曲	553.977	561.977	569.704	554.033	560.033	565.829
玛曲—龙羊峡	564.697	572.697	580.424	564.884	570.884	576.679
大夏河与洮河	584.637	592.637	600.364	584.775	590.775	596.571

续表 2.3-15

三级区名称	非一致性			一致性		
	GD	AIC	SBC	GD	AIC	SBC
龙羊峡—兰州干流区间	552.693	568.693	568.421	552.893	558.893	564.689
湟水	567.865	575.865	583.592	567.886	573.886	579.681
大通河享堂以上	**535.884**	**543.884**	**551.611**	**538.288**	**544.288**	**550.084**
渭河宝鸡峡以上	604.750	610.750	616.546	511.051	615.051	618.915
渭河宝鸡峡—咸阳	636.304	642.304	648.099	636.642	640.642	644.506
泾河张家山以上	**602.813**	**610.813**	**618.54**	**606.248**	**612.248**	**618.043**
渭河咸阳—潼关	628.838	636.838	644.566	629.381	635.381	641.177
北洛河洑头以上	609.506	617.506	625.234	611.052	617.052	622.848
龙门—三门峡干流区间	614.189	620.189	625.984	615.154	619.154	623.017
汾河	599.278	607.278	615.005	603.446	609.446	615.241
兰州—下河沿	**549.714**	**557.714**	**565.441**	**552.718**	**558.718**	**564.513**
清水河与苦水河	569.845	577.845	585.573	574.659	580.659	586.454
下河沿—石嘴山	554.375	562.375	570.103	560.517	566.517	572.313
石嘴山—河口镇南岸	588.079	596.079	603.806	589.132	595.132	600.927
石嘴山—河口镇北岸	567.552	575.552	583.280	568.079	574.079	579.874
内流区	595.152	603.152	610.879	596.505	602.505	608.301
吴堡以上右岸	603.332	609.332	615.127	603.441	607.441	611.305
吴堡以下右岸	597.077	605.077	612.805	598.833	604.833	610.628
河口镇—龙门左岸	**594.997**	**600.997**	**606.792**	**597.349**	**601.349**	**605.213**
伊洛河	635.162	643.162	650.889	635.485	641.485	647.281
沁丹河	618.418	624.418	630.213	623.695	627.695	631.559
三门峡—小浪底区间	650.524	658.524	666.251	650.561	656.561	662.356
小浪底—花园口干流区间	640.742	646.742	652.537	642.066	646.066	649.929
金堤河和天然文岩渠	640.818	652.818	664.408	653.505	659.505	665.300
花园口以下干流区间	647.736	655.736	663.463	648.596	654.596	660.391
大汶河	674.178	680.178	685.974	674.180	678.180	682.044

注：加粗数字表示仅 GD、AIC 有所改善；下画线数字表示 GD、AIC、SBC 均有所改善。

表 2.3-16　汛期降水非一致性和一致性分布拟合结果对比

三级区名称	非一致性			一致性		
	GD	AIC	SBC	GD	AIC	SBC
河源—玛曲	540.436	548.436	556.163	540.521	546.521	552.316
玛曲—龙羊峡	552.633	560.633	568.361	552.767	558.767	564.563
大夏河与洮河	572.861	580.861	588.588	573.208	579.208	585.004
龙羊峡—兰州干流区间	549.576	557.576	565.303	549.575	555.575	561.371
湟水	535.731	543.731	551.458	535.879	541.879	547.674
大通河享堂以上	534.007	540.007	545.802	535.670	539.670	543.534
渭河宝鸡峡以上	**582.704**	**590.704**	**598.432**	**586.280**	**592.280**	**598.076**
渭河宝鸡峡—咸阳	620.131	628.131	635.859	620.578	626.578	632.374
泾河张家山以上	590.628	598.628	606.355	591.867	597.867	603.662
渭河咸阳—潼关	615.190	623.190	630.917	615.296	621.296	627.091
北洛河洑头以上	592.751	600.751	608.478	593.014	599.014	604.809
龙门—三门峡干流区间	597.636	605.636	613.363	597.857	603.857	609.653
汾河	**589.349**	**597.349**	**605.079**	**591.923**	**597.923**	**603.719**
兰州—下河沿	**542.174**	**550.174**	**557.901**	**545.724**	**554.724**	**557.519**
清水河与苦水河	563.977	571.977	579.705	564.807	570.807	576.602
下河沿—石嘴山	549.163	557.163	564.890	550.015	556.015	561.810
石嘴山—河口镇南岸	**576.023**	**584.023**	**591.750**	**578.909**	**584.909**	**590.705**
石嘴山—河口镇北岸	548.847	556.847	564.575	549.027	555.027	560.822
内流区	561.454	569.454	577.181	562.301	568.301	574.097
吴堡以上右岸	**592.290**	**600.290**	**608.018**	**594.337**	**600.337**	**606.133**
吴堡以下右岸	**578.427**	**586.427**	**594.155**	**581.063**	**587.063**	**592.859**
河口镇—龙门左岸	**577.354**	**585.354**	**593.082**	**580.917**	**586.917**	**592.712**
伊洛河	623.722	631.722	639.450	623.731	629.731	635.527
沁丹河	613.781	621.781	629.508	615.582	621.582	627.377
三门峡—小浪底区间	638.626	646.626	654.353	638.629	644.629	650.425
小浪底—花园口干流区间	631.140	637.140	642.936	632.468	636.468	640.332
金堤河和天然文岩渠	636.509	644.509	652.236	636.566	642.566	648.361
花园口以下干流区间	634.453	642.453	650.18	635.816	641.816	647.611
大汶河	658.680	666.680	674.407	658.800	664.800	670.595

注：加粗数字表示仅 GD、AIC 有所改善。

表 2.3-17　非汛期降水非一致性和一致性分布拟合结果对比

三级区名称	非一致性			一致性		
	GD	AIC	SBC	GD	AIC	SBC
河源—玛曲	**419.695**	**427.695**	**435.422**	**428.698**	**434.698**	**440.493**
玛曲—龙羊峡	447.349	455.349	463.076	447.392	453.392	459.187
大夏河与洮河	482.934	490.934	498.661	483.028	489.028	494.824
龙羊峡—兰州干流区间	456.511	464.511	472.239	456.511	462.511	468.307
湟水	483.913	491.913	499.64	483.914	489.914	495.71
大通河享堂以上	**459.29**	**467.29**	**475.017**	**461.559**	**467.559**	**473.354**
渭河宝鸡峡以上	487.419	495.419	503.147	492.153	498.153	503.948
渭河宝鸡峡—咸阳	536.219	544.219	551.946	546.516	552.516	558.312
泾河张家山以上	**517.620**	**525.620**	**533.347**	**520.372**	**526.372**	**532.168**
渭河咸阳—潼关	525.874	533.874	541.601	531.937	537.937	543.733
北洛河洑头以上	513.204	521.204	528.932	515.203	521.203	526.998
龙门—三门峡干流区间	**531.092**	**539.092**	**546.819**	**533.292**	**539.292**	**545.088**
汾河	498.338	506.338	514.065	499.500	505.500	511.296
兰州—下河沿	467.371	475.371	483.098	468.023	474.023	479.818
清水河与苦水河	479.351	487.351	495.079	481.036	487.036	492.832
下河沿—石嘴山	451.871	459.871	467.598	451.878	457.878	463.673
石嘴山—河口镇南岸	467.697	475.697	483.424	468.723	474.723	480.519
石嘴山—河口镇北岸	439.369	447.369	455.097	440.132	446.132	451.928
内流区	464.008	472.008	479.735	464.087	470.087	475.883
吴堡以上右岸	**484.302**	**490.302**	**496.098**	**486.804**	**490.804**	**494.668**
吴堡以下右岸	491.556	499.556	507.283	491.579	497.579	503.375
河口镇—龙门左岸	576.147	584.147	591.875	579.914	585.914	591.709
伊洛河	551.940	559.940	567.667	552.960	558.960	564.756
沁丹河	531.754	539.754	547.481	532.032	538.032	543.828
三门峡—小浪底区间	551.200	559.200	566.927	551.207	557.207	563.003
小浪底—花园口干流区间	556.263	564.263	571.990	556.886	562.886	568.681
金堤河和天然文岩渠	551.391	559.391	567.118	551.549	557.549	563.345
花园口以下干流区间	513.909	521.909	529.636	522.291	528.291	534.087
大汶河	544.314	552.314	560.042	544.597	550.597	556.393

注:加粗数字表示仅 GD、AIC 有所改善;下画线数字表示 GD、AIC、SBC 均有所改善。

2.3.6.2　基于 GAMLSS 的蒸发非一致性分析

实际蒸发序列拟合结果中,年蒸发序列拟合效果较好的三级区有 23 个,其中 22 个三级区的 3 个指标值均有改善;汛期降水序列拟合效果较好的三级区有 19 个,其中 16 个三级区的 3 个拟合指标值均有改善;非汛期降水序列有 25 个三级区拟合效果较好,其中 24 个三级区的 3 个指标值均有所改善,见表 2.3-18~表 2.3-20。综合来说,非汛期拟合效果相对较好,年、汛期和非汛期的蒸发序列结果表明大部分三级区存在非一致性特征。

表 2.3-18　年蒸发序列非一致性和一致性分布拟合结果对比

三级区名称	非一致性			一致性		
	GD	AIC	SBC	GD	AIC	SBC
河源—玛曲	622.619	636.621	650.146	640.449	646.449	652.245
玛曲—龙羊峡	644.926	654.925	664.584	658.004	662.004	665.868
大夏河与洮河	679.282	685.282	691.078	690.871	694.871	698.735
龙羊峡—兰州干流区间	662.622	670.623	678.351	671.166	675.166	679.030
湟水	685.107	693.107	700.835	703.344	707.344	711.207
大通河享堂以上	637.202	647.201	656.860	671.093	675.093	678.957
渭河宝鸡峡以上	638.155	652.157	665.681	658.953	664.953	670.749
渭河宝鸡峡—咸阳	663.903	669.903	675.698	664.123	668.123	671.987
泾河张家山以上	687.260	701.262	714.787	713.287	719.287	725.083
渭河咸阳—潼关	647.438	655.438	663.166	652.792	658.792	664.587
北洛河洑头以上	711.000	717.000	722.796	723.093	727.093	730.957
龙门—三门峡干流区间	663.35	677.352	690.876	738.045	744.045	749.841
汾河	667.362	681.364	694.888	685.235	691.235	697.030
兰州—下河沿	680.032	690.031	699.690	694.636	698.636	702.500
清水河与苦水河	722.493	728.493	734.289	722.642	726.642	730.506
下河沿—石嘴山	685.012	693.012	700.739	686.610	692.610	698.405
石嘴山—河口镇南岸	**705.433**	**711.433**	**717.229**	**707.837**	**711.837**	**715.701**
石嘴山—河口镇北岸	668.945	674.945	680.741	681.812	685.812	689.675
内流区	729.871	741.871	753.461	759.602	765.602	771.398
吴堡以上右岸	642.240	656.242	669.767	674.651	682.651	688.447
吴堡以下右岸	670.530	678.530	686.257	680.447	686.447	692.242
河口镇—龙门左岸	677.606	683.606	689.401	677.699	681.699	685.563
伊洛河	701.441	711.440	721.099	736.485	740.485	744.348
沁丹河	692.044	702.045	711.705	705.705	711.705	717.501
三门峡—小浪底区间	678.258	692.260	705.784	720.809	726.809	732.604
小浪底—花园口干流区间	742.291	754.293	765.886	815.276	819.276	823.139
金堤河和天然文岩渠	691.110	699.110	706.837	743.354	749.354	755.149
花园口以下干流区间	689.234	697.234	704.961	737.564	743.564	749.360
大汶河	661.539	669.539	677.266	662.134	668.134	673.929

注:加粗数字表示仅 GD、AIC 有所改善;下画线数字表示 GD、AIC、SBC 均有所改善。

表 2.3-19　汛期蒸发序列非一致性和一致性分布拟合结果对比

三级区名称	非一致性			一致性		
	GD	AIC	SBC	GD	AIC	SBC
河源—玛曲	590.783	596.783	602.578	592.709	596.709	600.573
玛曲—龙羊峡	614.183	620.183	625.979	614.225	618.225	622.088
大夏河与洮河	597.436	611.438	624.963	614.598	620.598	626.393
龙羊峡—兰州干流区间	**619.522**	**629.521**	**639.180**	**627.912**	**631.912**	**635.776**
湟水	654.251	662.251	669.979	667.130	671.130	674.994
大通河享堂以上	613.625	623.624	633.282	643.099	647.099	650.963
渭河宝鸡峡以上	**620.600**	**626.600**	**632.395**	**623.267**	**627.267**	**631.131**
渭河宝鸡峡—咸阳	636.811	646.810	656.468	652.488	656.488	660.352
泾河张家山以上	656.984	664.984	672.711	656.991	662.991	668.786
渭河咸阳—潼关	623.585	629.585	635.381	624.877	628.877	632.741
北洛河洑头以上	670.729	680.730	690.390	681.705	687.705	693.501
龙门—三门峡干流区间	632.933	646.934	660.459	674.878	680.878	686.674
汾河	**642.293**	**652.294**	**661.954**	**649.697**	**655.697**	**661.493**
兰州—下河沿	651.675	659.676	667.404	659.996	663.996	667.860
清水河与苦水河	681.081	687.081	692.877	681.082	685.082	688.945
下河沿—石嘴山	644.264	650.264	656.060	644.361	648.361	652.224
石嘴山—河口镇南岸	652.024	660.024	667.752	657.683	663.683	669.479
石嘴山—河口镇北岸	637.198	643.198	648.994	643.963	647.963	651.826
内流区	669.165	675.165	680.960	669.949	673.949	677.812
吴堡以上右岸	607.921	621.923	635.448	631.185	637.185	642.981
吴堡以下右岸	636.425	644.425	652.152	637.710	643.710	649.505
河口镇—龙门左岸	644.847	652.847	660.574	644.847	650.847	656.642
伊洛河	654.951	663.953	675.545	694.994	700.994	706.789
沁丹河	652.900	660.900	672.560	662.681	668.681	674.476
三门峡—小浪底区间	643.548	657.550	671.074	682.519	688.519	694.314
小浪底—花园口干流区间	685.687	695.686	705.344	732.692	738.692	744.487
金堤河和天然文岩渠	636.892	642.892	648.688	686.151	690.151	694.015
花园口以下干流区间	649.993	655.993	661.789	679.044	683.044	686.908
大汶河	616.275	624.275	632.080	617.386	623.386	629.240

注：加粗数字表示仅 GD、AIC 有所改善；下画线数字表示 GD、AIC、SBC 均有所改善。

表 2.3-20　非汛期蒸发序列非一致性和一致性分布拟合结果对比

三级区名称	非一致性			一致性		
	GD	AIC	SBC	GD	AIC	SBC
河源—玛曲	547.582	561.584	575.108	564.427	570.427	576.223
玛曲—龙羊峡	563.083	573.084	582.744	576.538	582.538	588.333
大夏河与洮河	576.045	584.046	591.774	594.797	598.797	602.661
龙羊峡—兰州干流区间	622.007	630.008	637.736	589.385	593.385	597.249
湟水	578.727	588.728	598.388	599.834	605.834	611.630
大通河享堂以上	568.755	580.756	592.801	601.211	607.211	613.233
渭河宝鸡峡以上	544.384	558.386	571.911	560.225	566.225	572.020
渭河宝鸡峡—咸阳	573.269	579.269	585.064	574.714	578.714	582.578
泾河张家山以上	590.579	604.581	618.106	640.188	646.188	651.983
渭河咸阳—潼关	561.043	569.043	576.771	561.188	567.188	572.983
北洛河洑头以上	606.610	614.610	622.337	615.659	621.659	627.455
龙门—三门峡干流区间	588.070	600.069	611.659	630.462	636.462	642.258
汾河	584.270	598.271	611.796	600.269	606.269	612.064
兰州—下河沿	576.157	588.156	599.747	591.175	597.175	602.971
清水河与苦水河	627.965	635.965	643.692	628.048	634.048	639.844
下河沿—石嘴山	567.085	581.870	594.612	583.902	589.902	595.698
石嘴山—河口镇南岸	604.491	616.493	628.086	622.245	626.245	630.109
石嘴山—河口镇北岸	586.265	594.265	601.992	596.414	602.414	608.209
内流区	**598.649**	**606.649**	**614.376**	**601.829**	**607.829**	**613.625**
吴堡以上右岸	655.575	667.576	679.621	673.159	679.159	685.181
吴堡以下右岸	589.347	597.347	605.074	594.008	600.008	605.804
河口镇—龙门左岸	589.913	603.915	617.439	605.754	611.754	617.549
伊洛河	666.526	680.525	694.575	688.435	694.435	700.457
沁丹河	613.145	623.146	632.806	626.675	632.675	638.471
三门峡—小浪底区间	667.258	681.257	695.307	689.195	695.195	701.217
小浪底—花园口干流区间	680.144	694.145	707.805	759.828	765.828	771.681
金堤河和天然文岩渠	620.568	628.568	636.296	662.856	668.856	674.652
花园口以下干流区间	614.137	624.138	633.798	665.686	671.686	677.482
大汶河	689.011	697.011	705.253	695.990	701.990	708.171

注：加粗数字表示仅 GD、AIC 有所改善；下画线数字表示 GD、AIC、SBC 均有所改善。

年、汛期和非汛期的降水序列相比蒸发序列的拟合效果较差，表明三个时期的蒸发序列非一致性特征更为明显。非汛期的降水和蒸发序列中有非一致性特征的三级区较多，且其非一致性特征更为明显。汛期降水和汛期蒸发序列中非一致性特征的三级区较少。

2. 3. 6. 3　基于 GAMLSS 的径流非一致性分析

表 2. 3-21 为基于 Kendall 秩次相关检验法（K 法）、Spearman 秩次相关检验法（S 法）分析所得各站点径流的变化趋势，可以看出，从上游到下游，线性斜率的绝对值逐渐变大，说明径流序列减少的趋势越来越明显。

表 2. 3-21　径流趋势检验结果

方法	贵德	循化	小川	下河沿	石嘴山	小浪底	花园口
K 法	-2. 13	-2. 33	-2. 58	-2. 99	-3. 29	-5. 24	-5. 50
S 法	2. 26	2. 47	2. 80	3. 38	3. 77	6. 86	6. 91

由于黄河干流径流下降趋势显著，进一步基于 GAMLSS 模型对各站的年径流序列进行非一致性水文频率分析，结果表明不同重现水平下的年径流量也呈现出了类似的年际变化特征（见图 2. 3-8），上游贵德站设计年径流量仅呈现出轻微的下降趋势，而下游小浪底站和花园口站的设计年径流量下降趋势非常明显。

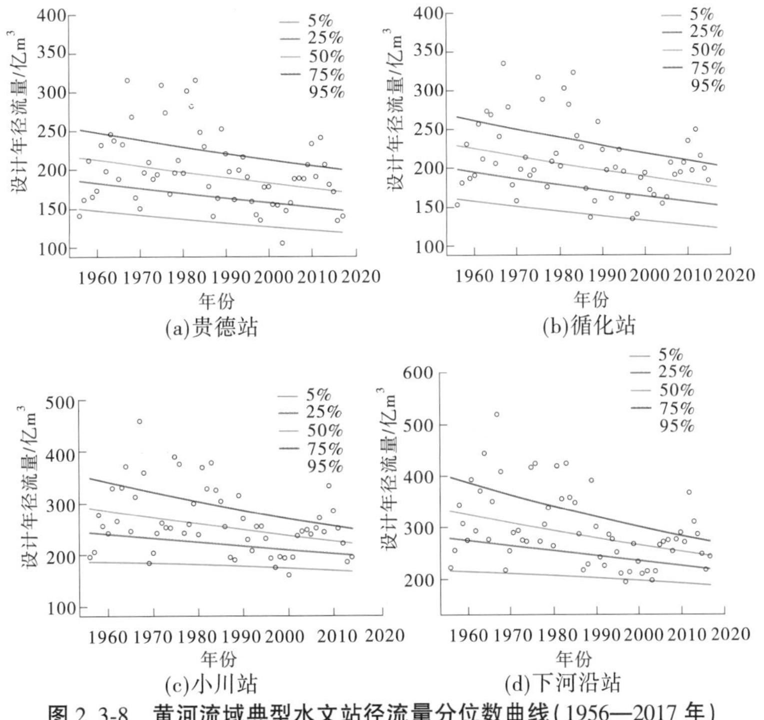

图 2. 3-8　黄河流域典型水文站径流量分位数曲线（1956—2017 年）

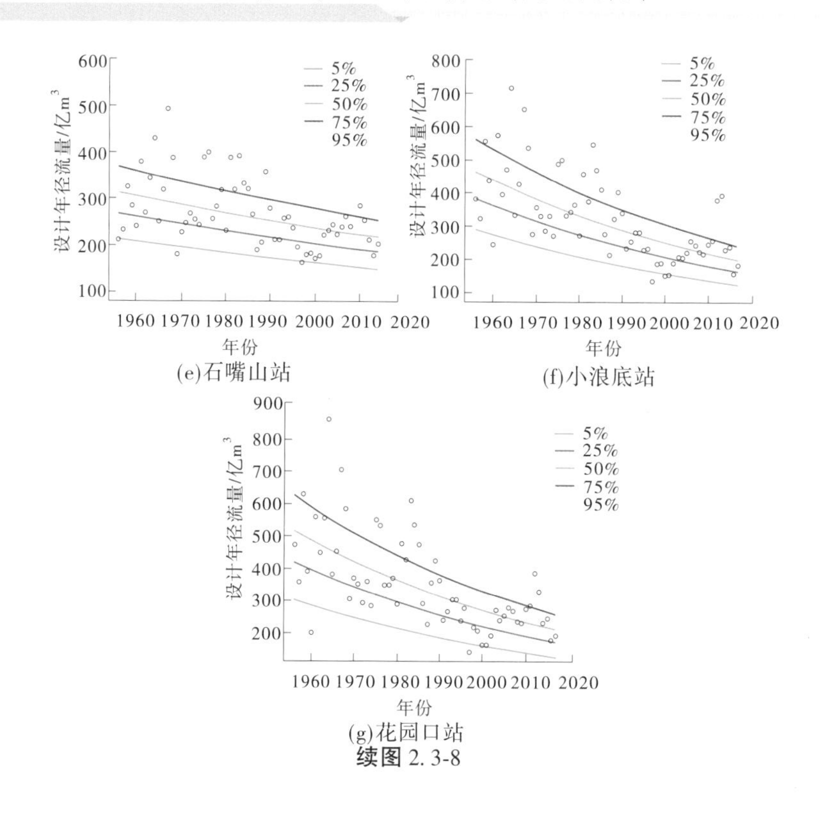

(e)石嘴山站

(f)小浪底站

(g)花园口站

续图 2.3-8

2.4 变化环境下未来黄河流域水资源预估

本书基于 SWAT 模型的模拟结果计算典型流域广义水资源量。将 SWAT 输出结果中的产水量(WYLD)、深层地下水补给量(GW_RCHG)、实际蒸散发量(ET)、土壤水分蓄变量(ΔSW)之和称为广义水资源量。

从时间上来看,1984—2013 年,贵德以上流域、北洛河流域、泾河流域多年平均广义水资源量为 626.70 亿 m^3、142.75 亿 m^3、205.98 亿 m^3。变化趋势上,贵德以上流域和北洛河流域广义水资源量呈现上升趋势,其中贵德以上流域上升趋势超过 0.05 的显著性水平,泾河流域没有明显变化趋势(见图 2.4-1)。

从空间分布来看,贵德以上流域水资源从东南部向西北部减少;北洛河流域中间部分水资源最为丰富,上游及下游水资源相对较少;泾河流域则呈现从南到北逐渐减少的趋势(见图 2.4-2)。

采用了 IPCC-AR5 发布的 18 个 GCMs 在 RCP26、RCP45、RCP85 情景数据,下载的数据序列为 1901—2100 年,所有数据均来自 IPCC 数据中心。

目前,GCMs 尚不能精确模拟区域气候要素的变化,因此以 1961—1990 年模式模拟的气候因素为基准,以气候因素的相对变化分析区域气候的变化趋势。图 2.4-3 分别给出了三种排放情景下黄河流域未来各年代气温、降水变化的四分位分析结果。

在流域尺度上,不同地区气候因素的变化同样存在一定的差异,根据多模式集合平均结果,图 2.4-4、图 2.4-5 分别给出了气温、降水在不同排放情景下较基准期变化的空间格局变化。

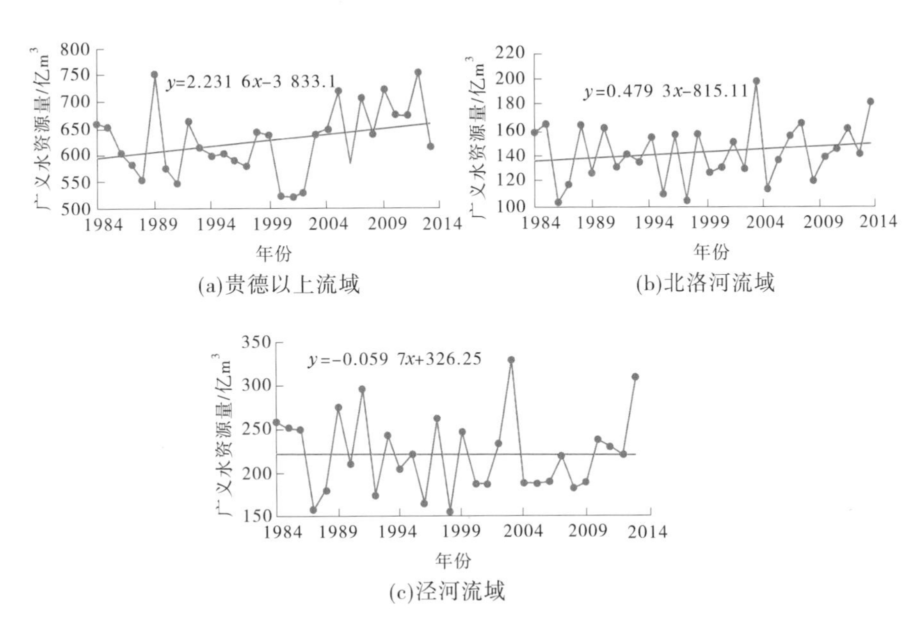

(a)贵德以上流域　(b)北洛河流域

(c)泾河流域

图 2.4-1　典型流域广义水资源变化趋势

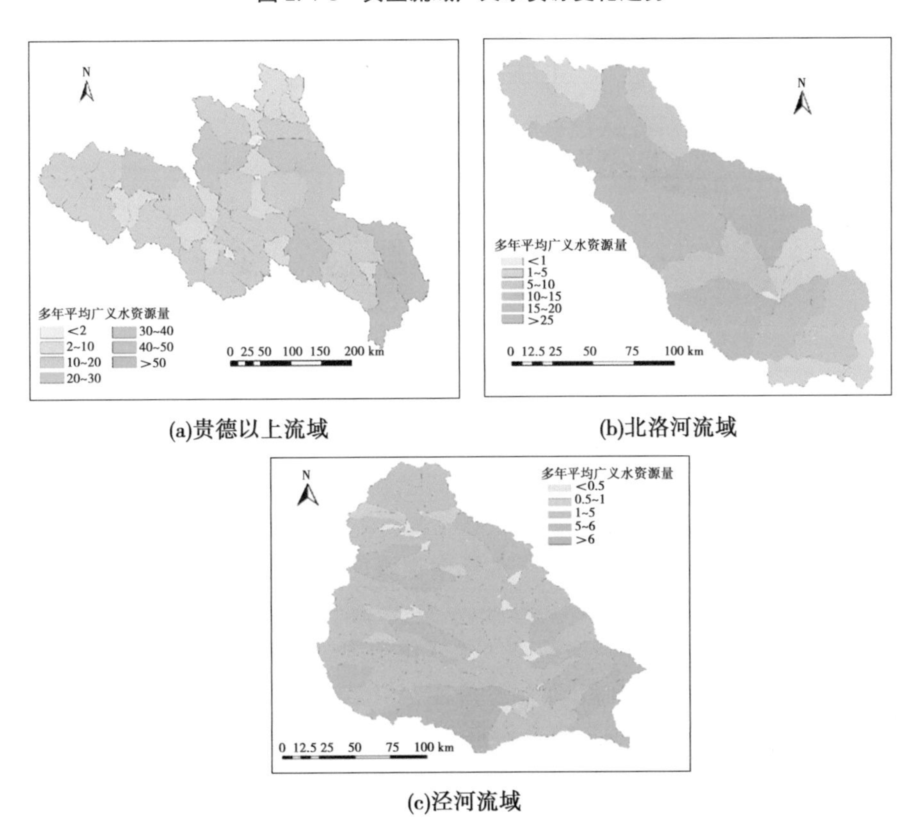

(a)贵德以上流域　**(b)北洛河流域**

(c)泾河流域

图 2.4-2　典型流域广义水资源量空间分布　（单位：亿 m^3）

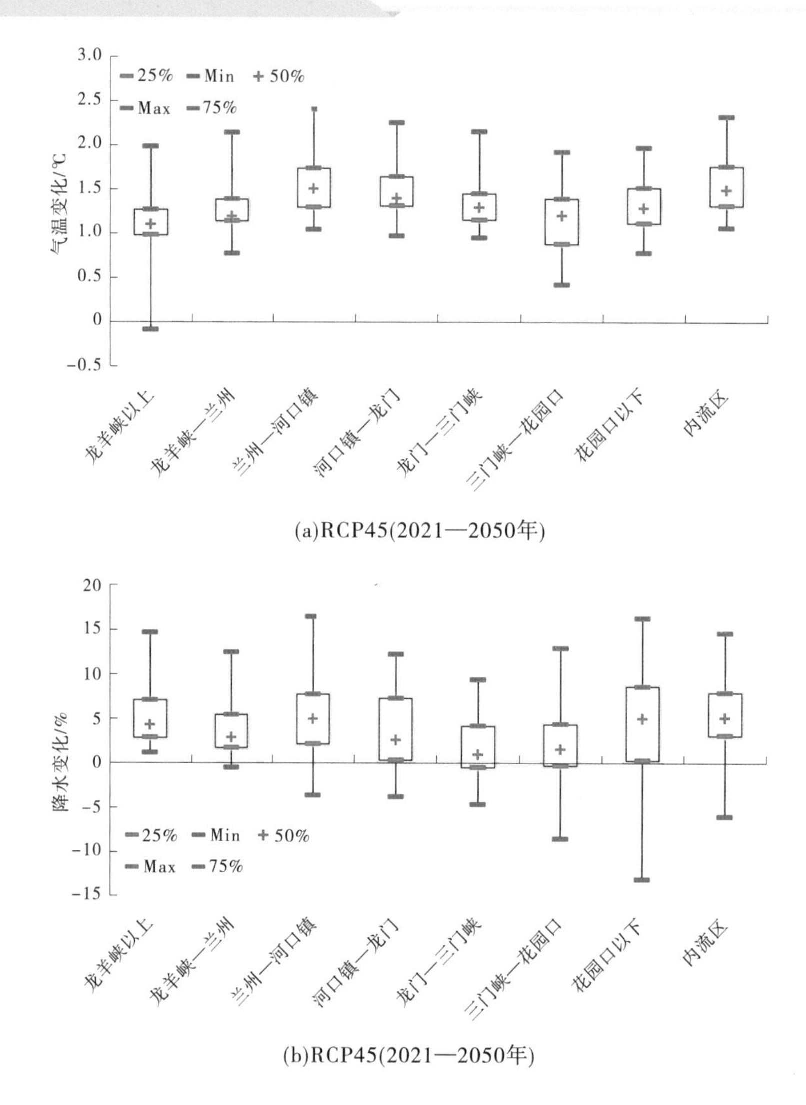

(a)RCP45(2021—2050年)

(b)RCP45(2021—2050年)

图 2.4-3　黄河流域未来各年代气温、降水较基准期的变化

全球变暖背景下,黄河流域气温将呈现升高趋势,尽管对降水变化的预估存在较大的不确定性,由上述分析不难看出,未来 20~50 年黄河流域降水量总体以增加为主,年降水量的增加幅度一般不超过 15%。尽管降水量增加可能在一定程度上缓解黄河流域水资源供需矛盾,随着流域社会经济的快速发展,水资源短缺情势不可能得到根本性解决。因此,加强节水型社会建设将会是未来应对气候变化的主要旋律。由于我国北方干旱地区具有降水时空分布不均的特点,降水量增加可能会引起区域性的洪涝灾害,因此未来适应气候变化也必须加强防洪抗旱工程措施和非工程措施,以达到防灾减灾的目的。

采用降尺度的气候情景驱动构建的评价模型是气候变化影响评估中最为重要的方法之一。采用不同空间分辨率构建的两套网格化模型评估黄河流域未来 50 年水资源较基准期(1961—1990 年)变化情势。

(1)在 RCP26 排放情景下,黄河流域在 21 世纪 10 年代和 30 年代水资源增加的可能

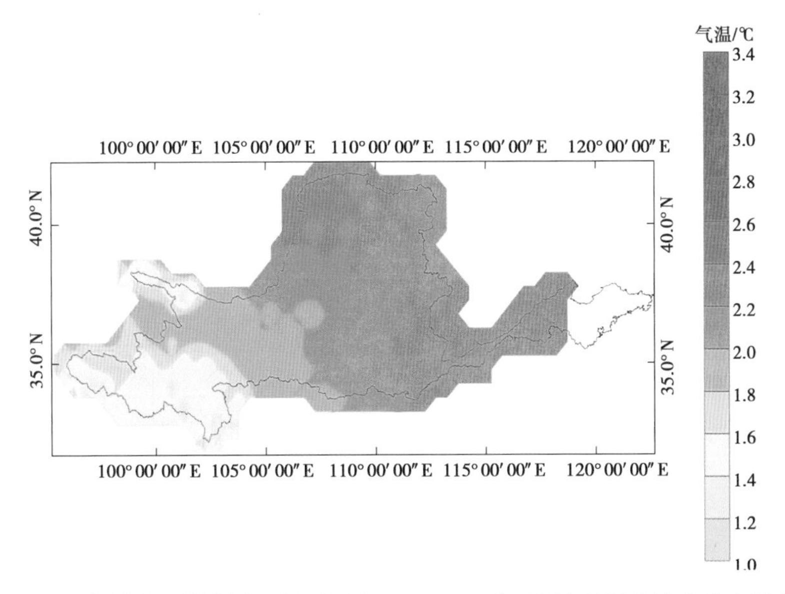

图2.4-4　多模式平均情景下黄河流域2021—2050年气温较基准期变化的空间分布

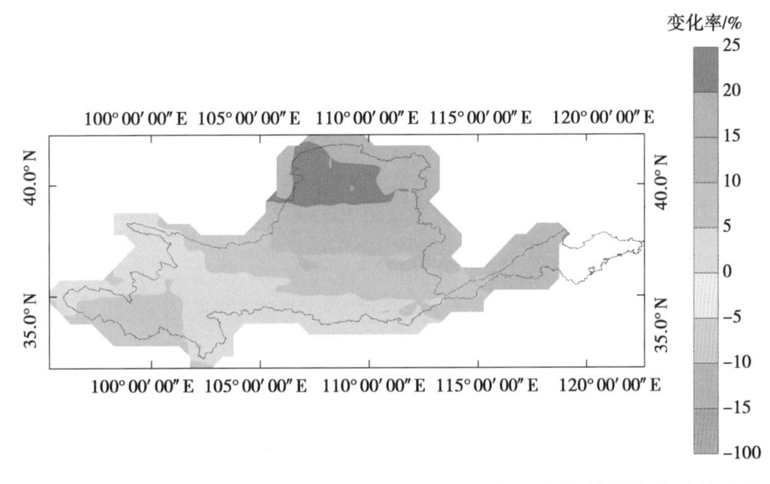

图2.4-5　多模式平均情景下黄河流域2021—2050年降水较基准期变化的空间分布

性超过50%,集合平均变化结果分别为0.1%(-13.6%~10.9%)和2.4%(-7.9%~18.3%),见图2.4-6,折合水资源量约为535.5亿m^3和548亿m^3。而在20年代与40年代水资源减少的可能性超过50%,相应的增加幅度为-3.2%(-15.6%~17.5%)和-3.1%(-14.3%~13.2%),折合水资源量约为517亿m^3和518亿m^3。

(2)在RCP45排放情景下,黄河流域在未来的30年水资源与基准期基本持平,尽管略有增减,但集合平均情况下的变化幅度均小于0.5%,在21世纪40年代水资源增加的可能性超过50%,增加幅度为3.5%(-12.1%~23.9%),见图2.4-6,折合水资源量约为554亿m^3。

(3)在RCP85排放情景下,21世纪20年代和30年代黄河流域水资源较基准期偏小的可能性超过50%和75%,集合平均情况下的偏小幅度分别为-4.0%(-8.8%~4.5%)和-3.6%(-9.5%~13.3%),折合水资源量约为513亿m^3和515亿m^3;40年代水资源量与基准期基本持平，略偏多0.7%左右，折合水资源量约为539亿m³。

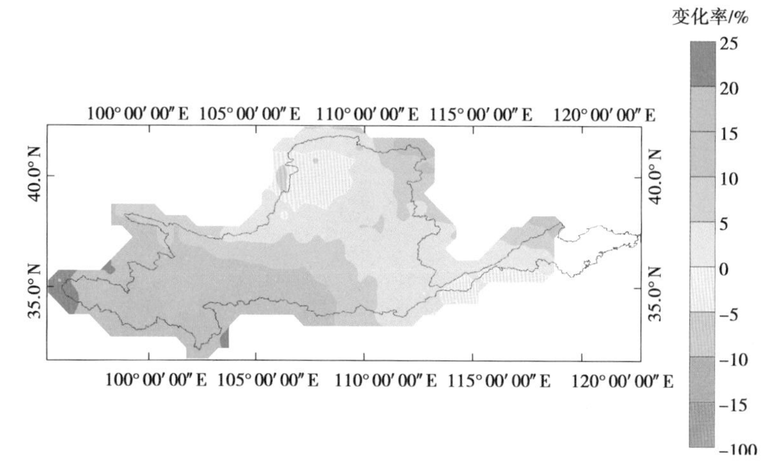

图2.4-6 MIROC模式RCP45排放情景下黄河流域未来水资源较基准期的变化(%)

2.5 小结

本章分析了不同区域降水、蒸发、径流等水文气象要素的历史演变特征，诊断水文要素的一致性，明晰不同阶段降水-径流响应关系；建立黄河流域分布式水文模型，解析水资源形成与转化过程，基于动力降尺度方法和GAMLSS模型提出流域广义水资源动态评价方法，预测了未来黄河流域的广义水资源量演变趋势，主要结论如下：

(1)分析了黄河流域各个水资源三级区降水、蒸发、径流等水文气象要素历史变化规律和特征。上游各三级区的年、汛期降水序列主要呈下降趋势，非汛期降水序列主要呈上升趋势；中游呈显著性变化的三级区均表现为下降趋势，部分三级区呈小幅度上升趋势；下游三级区的年、汛期降水序列均呈下降趋势，非汛期降水序列均呈上升趋势。以非汛期降水序列发生显著性变化的三级区最多，汛期最少。通过相关性分析发现，对部分站点的潜在蒸散发显著上升具有较大影响的是气温升高，风速下降对龙羊峡至兰州北部、龙门至三门峡东部以及三门峡至花园口潜在蒸散发的下降具有较为显著的影响。针对所研究的径流序列(1956—2017年)构造统计量，判别径流序列的变化趋势，结果表明下降趋势十分显著。

(2)针对典型流域构建了水循环模拟模型，解析了区域水资源量的时空变化特征。贵德以上：模拟值和实测值在变化趋势和幅度上均能保持一致，相关系数(R^2)和纳什效率系数(NSE)均大于0.75。北洛河及泾河流域：为描述径流的变化特征，在保留其他参数不变的情况下，将验证期流域土壤滞留能力设置为率定期的1.25倍。贵德上游区域水资源量自东南向西北递减，水量充沛地区的水资源量可达稀缺地区的4倍以上，但呈现出较显著的下降趋势。中游地区水资源量由南往北递减，陕北干旱地区多年平均径流深不足20 mm。整个区域水资源量普遍呈下降趋势，在水资源量较丰富的南部地区尤为显著。

(3)结合流域广义水资源动态评价方法进行变化环境下未来黄河流域水资源预估。

在 RCP26 排放情景下，黄河流域在 21 世纪 10 年代和 30 年代水资源增加的可能性超过 50%，折合水资源量约为 535.5 亿 m^3 和 548 亿 m^3。而在 20 年代与 40 年代水资源减少的可能性超过 50%，折合水资源量约为 517 亿 m^3 和 518 亿 m^3。在 RCP45 排放情景下，黄河流域在未来的 30 年水资源与基准期基本持平，在 21 世纪 40 年代水资源增加的可能性超过 50%，折合水资源量约为 554 亿 m^3。在 RCP85 排放情景下，21 世纪 20 年代和 30 年代黄河流域水资源较基准期偏小的可能性超过 50%和 75%，折合水资源量约为 513 亿 m^3 和 515 亿 m^3；40 年代水资源量与基准期基本持平，略偏多 539 亿 m^3 左右。

第3章　黄河流域经济社会用水变化特征及演变规律

3.1　供用水演变分析

3.1.1　近30年来总供水量演变特征

近30年来黄河流域年均总供水量497.26亿m^3,其中地表水供水量371.46亿m^3,占总供水量的75%;地下水供水量125.80亿m^3,占总供水量的25%。1988—2016年黄河流域总供水量呈现两个阶段的变化:1988—2003年,黄河流域总供水量总体上呈减少趋势,1988年为近30年来供水量最多的年份,为549.34亿m^3,之后供水量有所减少,1991—1995年基本稳定在495亿m^3,至1997年达到最小值401.88亿m^3;1998—2002年供水量又稳定在492亿m^3上下,至2003年达到第二个波谷429.12亿m^3;之后的10余年供水总量呈明显上升趋势,2013—2015年总供水量稳定在534亿m^3,2016年稍下探至514亿m^3,详见图3.1-1。

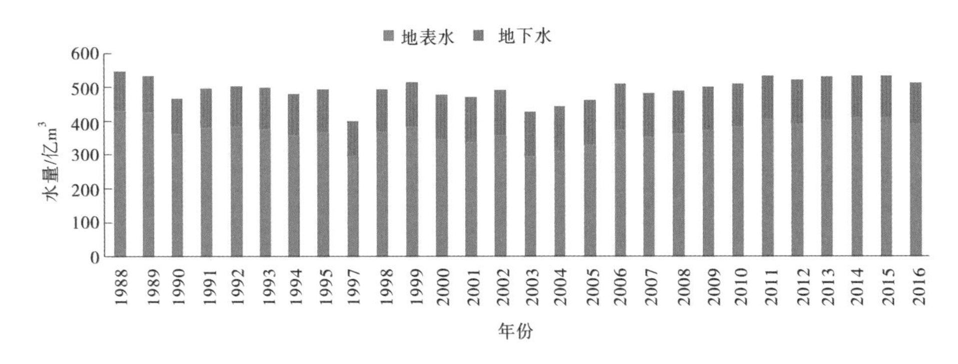

图3.1-1　黄河流域近30年来总供水量变化

3.1.2　近30年来供水结构演变分析

从供水结构来看,黄河流域以地表水供水为主,近30年来地表水平均供水量占总供水量的75%,地下水平均供水量占总供水量的25%。1988—2016年黄河流域供水结构也呈现两个阶段的变化。1988—2003年,地表水供水比例呈现明显下降趋势,从1988年的近80%减少至2003年的最小值69.0%,而地下水供水比例从1988年的20%左右增加至2003年的峰值31.0%;2003年后呈现相反的趋势变化,地表水供水比例呈现逐年增加的趋势,2014—2016年稳定在76.5%左右,地下水供水比例呈现逐年减小趋势,2014—2016年稳定在23.5%左右,详见图3.1-2。

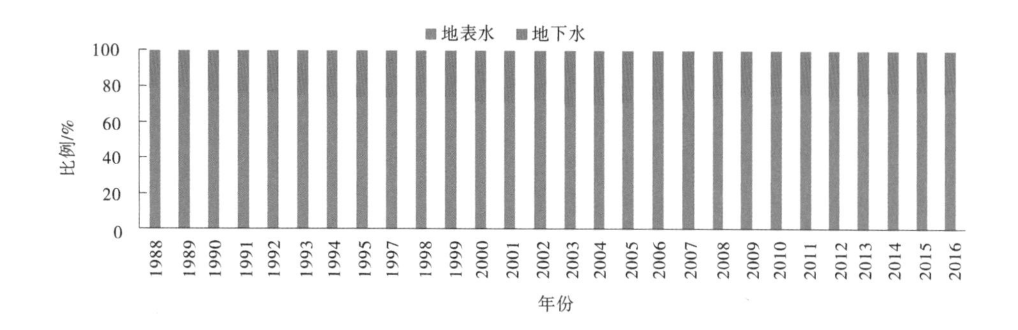

图 3.1-2　黄河流域近 30 年来地表水和地下水供水比例变化

3.1.3　近 30 年来用水总量演变分析

近 30 年来黄河流域年均用水总量 497.26 亿 m^3，其中农业年均用水量 386.74 亿 m^3，占总供水量的 77.8%，工业年均用水量 64.82 亿 m^3，占总供水量的 13.1%，生活年均用水量 45.69 亿 m^3，占总供水量的 9.1%。1988—2016 年黄河流域总用水量也呈现 2 个阶段的变化，与总供水量变化一致，详见图 3.1-3。

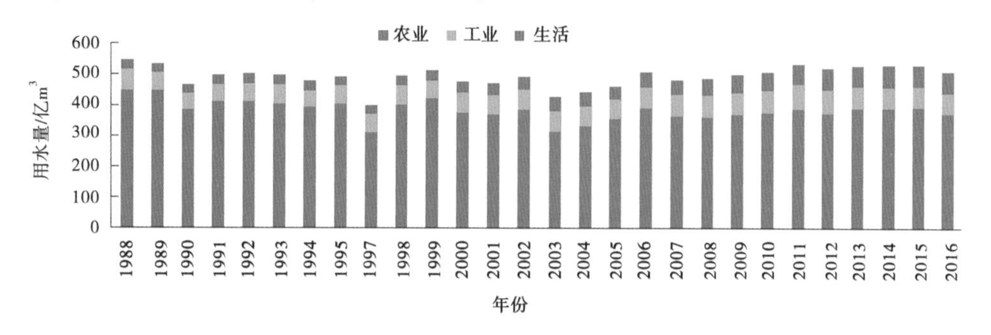

图 3.1-3　黄河流域近 30 年来用水总量变化

3.1.4　近 30 年来用水结构演变分析

黄河流域农业用水（包含农林牧渔畜）是用水第一大户，近 30 年农业平均用水量占总用水量的 77.8%，其次是工业用水和生活用水，近 30 年平均用水量分别占总用水量的 13.1%和 9.1%。从近 30 年用水结构演变来看，农业用水比例呈现明显下降趋势，从 1989 年的 84.3%下降至 2012 年的最低值 71.9%，并在 2014—2016 年稳定在 73.5%左右；工业用水比例呈现波浪式微增加趋势，从 1989 年的 10.4%增加至 2003 年的最高值 15.5%，之后稍有减少，2014—2016 年稳定在 13%左右；生活用水比例则呈现稳步增加趋势，从 1988 年的 5.4%稳步增加至 2016 年的 14.0%，增加了 1.6 倍，详见图 3.1-4。

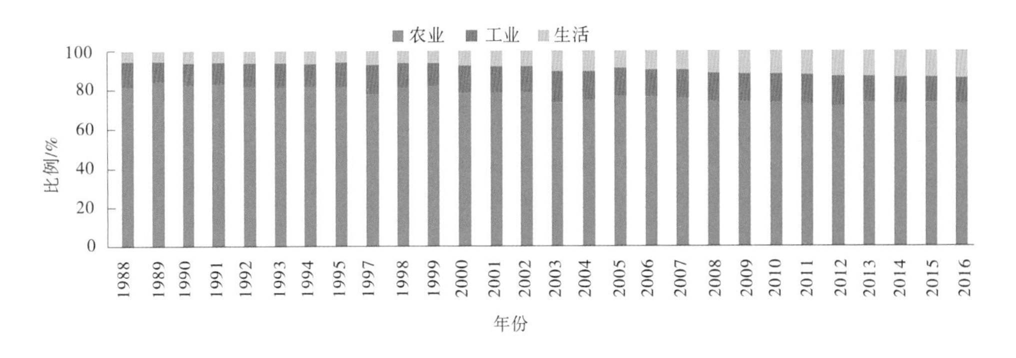

图 3.1-4　黄河流域近 30 年来各行业用水比例变化

3.2　基于信息熵的黄河流域用水结构演变分析

由图 3.2-1 可知,近 30 年来黄河流域用水结构信息熵呈现持续增长趋势,由 1988 年的 0.6 左右增长至 2016 年的 1.12,增加了 87%;用水结构均衡度也呈现持续增长趋势,由 1988 年的 0.44 增长至 2016 年的 0.63,增加了 43%,这说明黄河流域的水资源利用结构是向有利于经济社会发展的方向演变的。

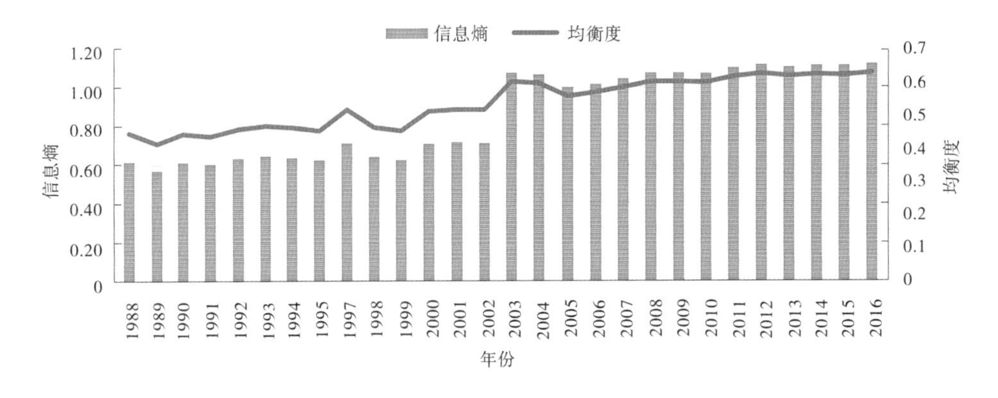

图 3.2-1　黄河流域近 30 年来用水结构信息熵和均衡度变化

黄河流域用水结构信息熵和均衡度明显呈现两个阶段的变化:

(1)1988—2002 年,黄河流域用水结构的信息熵平均水平较低,仅为 0.65,表明用水系统有序度较低,此阶段用水部门仅分为 4 个类别,且仅农业用水量占总用水量的 80%左右;但此阶段用水结构的均衡度呈现缓慢增长趋势,由 1988 年的 0.44 增长至 2002 年的 0.51,说明系统的用水结构有趋于均衡的发展态势,原因是此阶段农业用水比例呈现减少趋势,而工业用水和生活用水比例呈现增加趋势。

(2)2003—2016 年,黄河流域用水结构的平均信息熵达到了 1.08,表明用水系统有序度大幅提高。

3.3　黄河流域信息熵的空间分布特征

根据上文信息熵的用水结构演变特征分析结果，选取黄河流域用水系统用水结构逐步趋于稳定的 2003—2016 年时段，计算黄河流域 9 个省（区）用水系统的信息熵和均衡度，分析黄河流域信息熵的空间变化特征，详见图 3.3-1 和图 3.3-2。

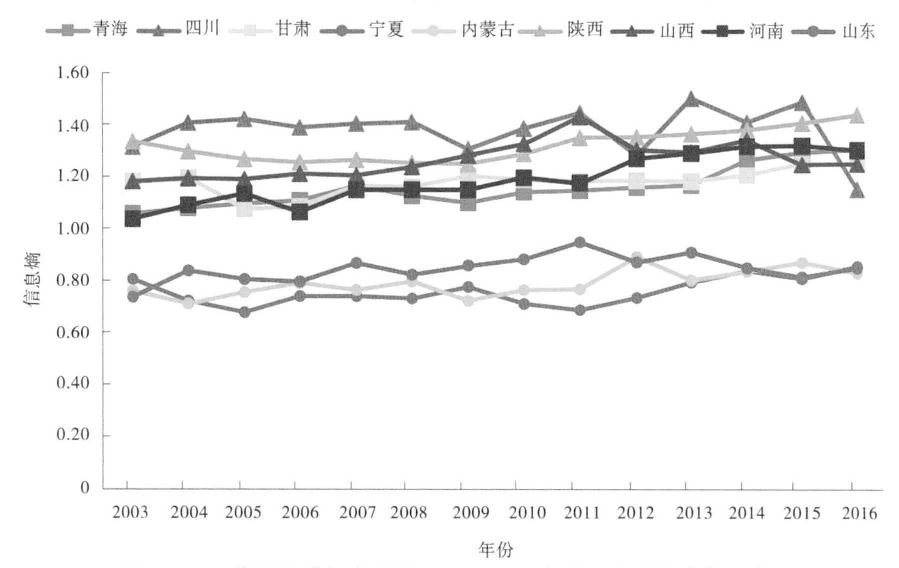

图 3.3-1　黄河流域各省（区）2003—2016 年用水结构信息熵变化

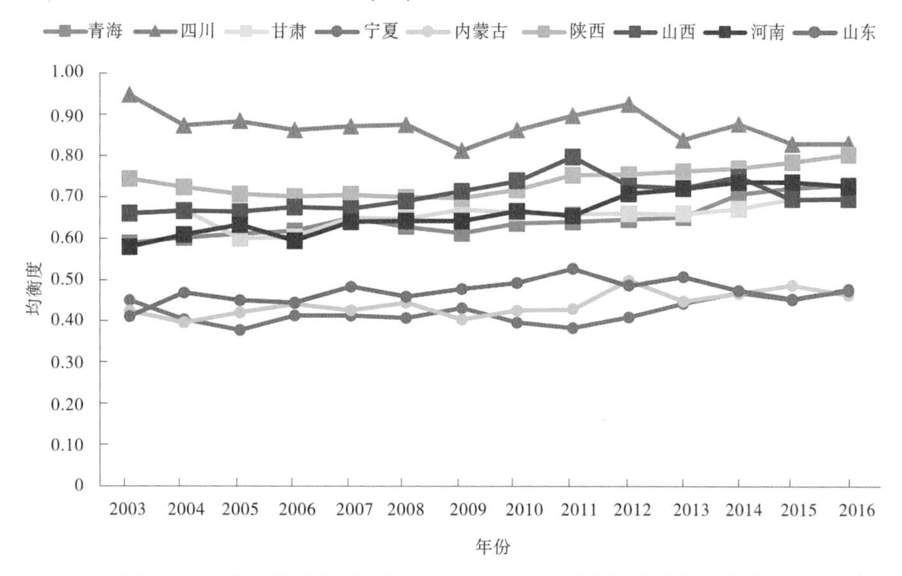

图 3.3-2　黄河流域各省（区）2003—2016 年用水结构均衡度变化

由图 3.3-1 和图 3.3-2 可知，四川、陕西和山西用水结构的信息熵和均衡度较高，信息熵平均值分别达到 1.38、1.33 和 1.27，均衡度分别达到 0.87、0.74 和 0.71，说明 3 省用水结构的合理性在黄河流域处于较高水平。青海、甘肃和河南用水结构信息熵处于 1.1~1.2，均衡度处于0.6~0.7,在黄河流域处于中等水平。宁夏、内蒙古和山东的用水结构信息熵在0.9以下,均衡度小于0.5,说明这3个省(区)用水结构的合理性在黄河流域处于较差水平。

3.4 基于生态位理论的黄河流域用水结构分析

3.4.1 生态位及其熵值模型

生态位是生物在特定的生态系统中所占据的地位和作用的表现,生态位的态、势和扩充度可以反映生物在生态系统中的存在状态、发展趋势及发展潜力。依据生态位理论在用水结构中的应用,将用水结构视作一个生态系统,某一类型的用水在用水生态系统中的地位由对应用水类型的生态位来表现,生态位越高的用水类型,地位越高、竞争潜力越大,对水资源捕获能力也越强,反之亦然。生态位具有"态"和"势"两个基本属性,"态"可以反映某一用水在用水系统中占据的量,而"势"则可以反映某一用水在用水系统中的发展趋向。通过比较不同用水类型生态位,以及其与上一级同类型生态位比较,可以明确某种类型用水的优劣。本书需要探究黄河流域的需水结构的时空变化特征,并分析流域和各省(区)之间的用水结构演变关系,故生态位及其熵值模型比较符合研究要求。

用水结构生态位计算公式如下:

$$W_i = (S_i + A_i P_i) / \sum_{i=1}^{n} (S_i + A_i P_i) \tag{3-1}$$

式中:W_i 为第 i 类用水的生态位;S_i 为第 i 类用水生态位的态;P_i 为第 i 类用水生态位的势;i 为不同用水类型,$i = 1,2,\cdots,n$;A_i 为量纲转换系数。

$S_i + A_i P_i$ 为第 i 类用水的绝对数量生态位,故 W_i 即为某类型用水绝对生态位与所有种类用水的绝对生态位之和的比值;本书以对应类型用水的用水量及过去每年的用水增长量分别作为用水生态位的态和势,量纲转换系数为1。

构建生态位熵值模型用于相同用水类型生态位上下级相对变化分析:

$$N_i = w_i / W_i \tag{3-2}$$

式中:N_i 为 i 用水类型用水生态位熵;w_i 为 i 用水类型生态位;W_i 为上一级同类型用水生态位。

当 $N_i > 1$ 时,用水生态位大于上一级同类型用水生态位,表明 i 类用水在本区域处于优势地位,有利于该类用水产业的增长和发展;当 $N_i < 1$ 时,则用水生态位小于上一级同类型用水生态位,表明 i 类用水在本区域处于劣势地位,不利于该类用水产业的增长和发展;$N_i = 1$ 时则为同步发展。依据生态位熵值,不仅可以判断用水类型在上一级区域内的优劣程度,而且可以追寻用水发展轨迹和趋势变化,即若用水生态位熵增,表明其扩充度大于上级同类用水扩充度,而压缩度则呈相反趋势。

3.4.2 区域用水生态位区间分析

依据用水结构生态位计算方法,得到黄河流域各省(区)各类型用水生态位区间(黄河流域及流域内主要用水省份的生态位计算根据《黄河水资源公报2003—2017》),见

表3.4-1。由于流域内各省(区)各用水类型的生态位区间具有不同的特征,反映了不同用水类型在空间分布上的差异。因此,本书根据各用水类型在不同省(区)的生态位区间进行层次聚类分析,将农业用水量、工业用水量、居民生活用水量、城镇公共及生态用水量在用水系统中的地位及作用划分为三类,并以分类结果分析不同区域用水结构变化的特征。

表3.4-1　黄河流域各省(区)各类型用水生态位区间

区域	农业用水	工业用水	城镇公共及生态用水	居民生活用水
青海	(0.67~0.83)	(0.02~0.23)	(0.03~0.11)	(0.05~0.12)
甘肃	(0.58~0.77)	(0.11~0.29)	(0.03~0.10)	(0.05~0.12)
宁夏	(0.83~0.96)	(0.02~0.09)	(0.01~0.06)	(0.01~0.04)
内蒙古	(0.76~0.91)	(0.05~0.16)	(0.01~0.06)	(0.01~0.04)
陕西	(0.57~0.66)	(0.15~0.21)	(0.02~0.09)	(0.11~0.18)
山西	(0.54~0.64)	(0.15~0.25)	(0.04~0.12)	(0.10~0.15)
河南	(0.56~0.73)	(0.17~0.28)	(0.03~0.17)	(0.07~0.12)
山东	(0.73~0.88)	(0.06~0.15)	(0.01~0.09)	(0.03~0.07)
黄河流域	(0.70~0.78)	(0.12~0.15)	(0.03~0.09)	(0.06~0.08)

层次聚类分析法是在没有先验知识的情况下将样本数据根据数据在性质上的相似程度进行分类。依据黄河流域2003—2017年计算所得生态位区间的数据特性,采用平均法和标准欧式距离法,分别为层次聚类分析的聚类方法和距离计算方法,聚类结果见图3.4-1。结合表3.4-1和图3.4-1可知,从总体上看,黄河流域及流域内各省(区)的各类型用水生态位中农业用水生态位占据绝对优势,工业用水生态位及居民生活用水生态位次之,城镇公共及生态用水生态位最小,表明黄河流域及流域内各省(区)农业生产对水资源的捕获能力最强,工业相关的产业次之。

分析可知,统计年内各省(区)的用水生态位存在较明显的差异。其中,宁夏、内蒙古及山东的农业用水生态位最大,甘肃、河南、山西和陕西的农业用水生态位相对较小。而就工业用水生态位的各省(区)分类结果来看,甘肃、河南、山西和陕西的工业用水生态位最大,宁夏、内蒙古及山东的工业用水生态位相对较小。流域内的宁夏、内蒙古是主要的粮食作物及牧草产地,农业用水较其他省(区)的在水资源中占比更大,地位更高。相对而言,由于流域内部分省(区)工业生产的需要,甘肃、河南、山西和陕西的工业用水较宁夏、内蒙古及山东在用水结构上更具优势,占据更主要的地位。

从生活用水生态位的各省(区)分类结果可以看出,山西和陕西的居民生活用水生态位最大。由于经济社会的发展,居民生活质量的提高,相对流域其他省(区),山西和陕西的居民生活用水在用水结构中的占有率更高,对水资源的捕获能力更强。山西和河南的城镇公共及生态用水生态位大于全流域,为各省(区)中最大的一类,反映出山西和河南对生态环境保护的重视程度高于全流域水平。

3.4.3　用水生态位及其熵值分析

3.4.3.1　农业用水生态位及其熵值分析

由图3.4-2可知,黄河流域的农业用水生态位总体呈现波动减少趋势,内蒙古、河南及

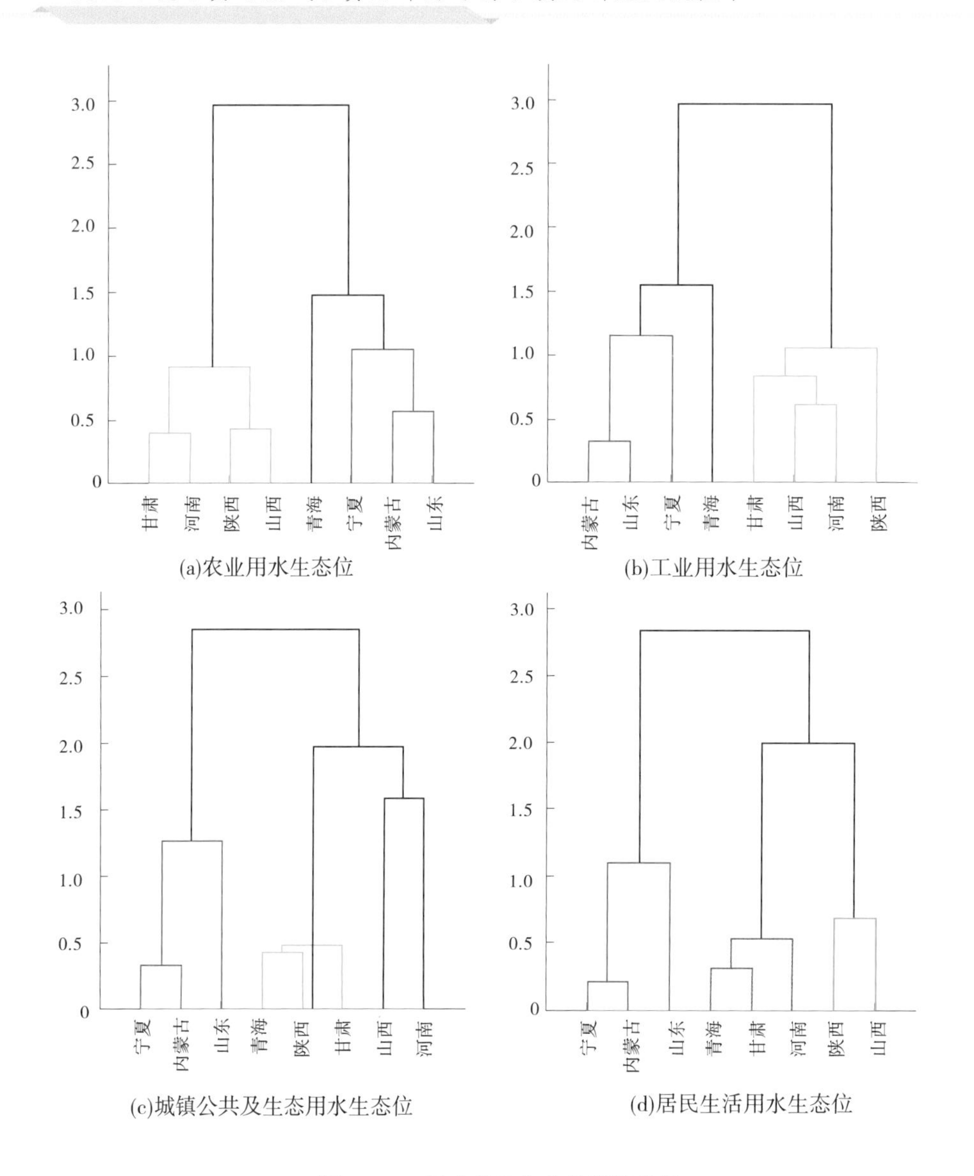

图 3.4-1 用水结构生态位聚类分析

山东自 2005 年后减少趋势明显，2008 年后陕西、宁夏呈现减少趋势，其中山东减少速度最快；内蒙古和青海的农业用水生态位波动性较强，总体上有所减少；甘肃及山西农业用水较其他省(区)的占比较少，甘肃及山西的农业用水生态位自 2011 年后有波动增长趋势。

从农业用水生态位熵值来看，宁夏(1.14~1.24)、内蒙古(1.07~1.21)及山东(0.97~1.18)的生态位熵值大于 1，说明统计年间宁夏、内蒙古及山东的农业用水占有率高于全流域；除了 2011 年前后出现熵增，在统计年内河南农业用水生态位保持熵减，农业用水压缩度大于全流域；在 2008 年之前，流域内多数省(区)存在波动的熵增现象，农业用水扩充度较高，而 2008 年之后，陕西、青海、山东及宁夏农业用水出现熵减，农业用水占有率呈现减少趋势。

黄河流域为我国典型的农作物种植区域，农业用水占用水结构的 71.3%~75.6%，但

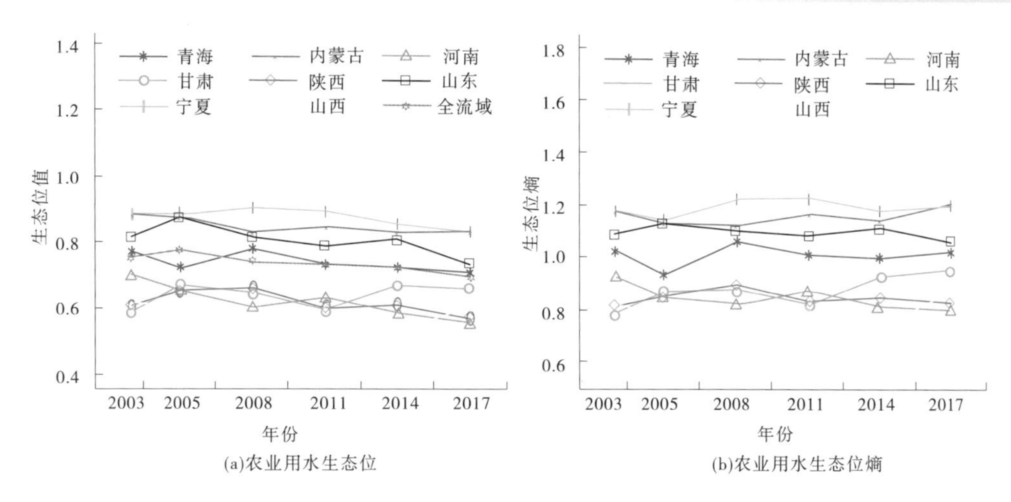

图 3.4-2　农业用水生态位及其熵值

统计年间流域的农业用水占比存在波动的减少趋势。2005 年前，由于黄河流域种植面积的增加，农业用水持续出现扩充状态；而近年来，由于流域内经济结构调整，居民生活要求提高，农业生产用水逐渐向城镇生活、流域生态用水转变。此外，农业灌溉方式及节灌面积的增加也是流域农业用水压缩的重要因素。

3.4.3.2　工业用水生态位及其熵值分析

由图 3.4-3 可知，统计年内黄河流域的多数省(区)的工业用水生态位变化趋势为波动且有所下降；2008 年后河南、内蒙古、陕西、山东及山西的工业用水生态位呈现显著减少态势，其中河南减少的趋势最为显著；2011 年前，甘肃和青海的工业用水生态位波动性较强，而 2011 年后，甘肃和青海的工业用水所占比重减少。

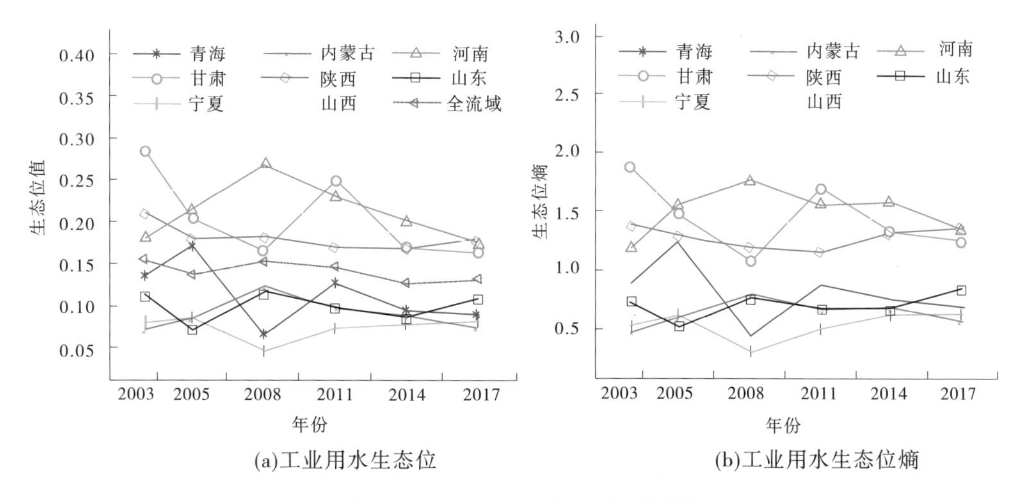

图 3.4-3　工业用水生态位及其熵值

从工业用水生态位熵值来看，陕西(1.06~1.44)、山西(1.14~1.79)、河南(1.19~1.96)及甘肃(0.93~2.05)的生态位熵值大于 1，说明统计年间陕西、山西、河南及甘肃的工业用水占有率高于全流域；青海的生态位熵值在 2005 年达到 1.23 后，基本处于小于 1

的状态，表明青海工业用水占有率由短暂高于全流域转变为低于全流域；山东（0.42~1.11）、宁夏（0.13~0.68）、内蒙古（0.38~1.11）的生态位熵值多数年份皆小于1，说明统计年间山东、宁夏及内蒙古的工业用水占有率基本小于全流域；自2011年后，河南、内蒙古、青海、山东及甘肃生态位熵值出现了减少现象，表明工业用水压缩度高于流域水平。

统计年内，黄河流域的工业用水表现为波动下降趋势，2008年后下降趋势最为显著，原因是流域内产业结构调整，耗水量高的产业逐渐转向服务业、建筑业等耗水量较低的产业，工业比例减少；此外，工业技术革新、用水价格的调整也是工业用水呈下降趋势的重要因素；而2014年后，山东、宁夏及陕西的工业用水出现增长趋势，表明黄河流域的部分省（区）工业用水重复利用效率不高，节水技术有待进一步提高。

3.4.3.3　城镇公共及生态用水生态位及其熵值分析

统计年内黄河流域各省（区）的城镇公共及生态用水生态位皆有不同程度的增长趋势（见图3.4-4）。2003—2011年，各省（区）的城镇公共及生态用水生态位均呈现波动上升态势；2011—2014年，除了山东及陕西有所减缓，大部分省（区）生态位增长速度不断增加，其中河南的增长趋势最为显著，至2017年，河南的城镇公共及生态用水生态位远大于全流域水平，青海、山东、陕西及甘肃接近全流域水平。

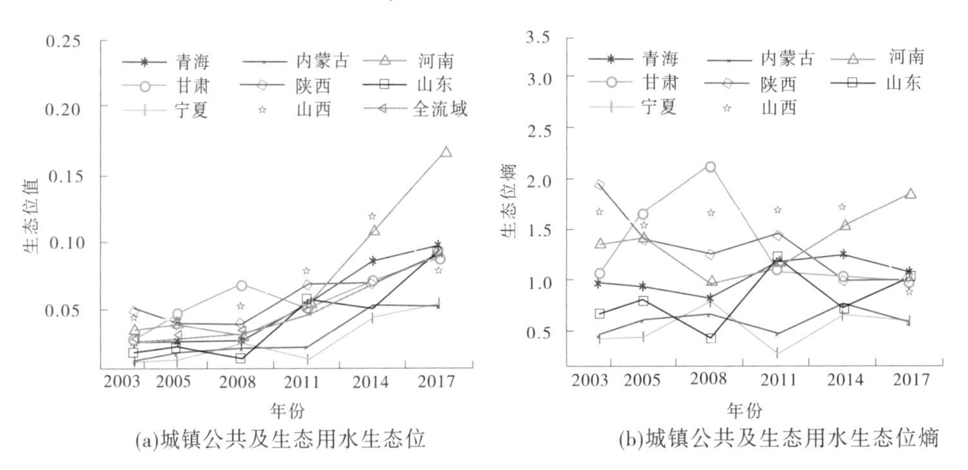

(a)城镇公共及生态用水生态位　　(b)城镇公共及生态用水生态位熵

图3.4-4　城镇公共及生态用水生态位及其熵值

各省（区）的城镇公共及生态用水生态位熵值波动较大，说明统计年间各省（区）城镇公共及生态用水的占有率变化剧烈。其中，山东、宁夏、青海及河南表现为波动熵增，统计年间的城镇公共及生态用水增长速度要大于全流域，而统计年间陕西基本表现为波动熵减，表明陕西的城镇公共及生态环境用水扩充度小于全流域；2008年为转折点，甘肃表现为先熵增后熵减的趋势，而河南及青海则是先熵减后熵增，体现了各省（区）在城镇基础建设及生态环境保护政策上的差异，但城镇公共及生态用水总体上皆有所增长。

统计年间黄河流域的城镇公共及生态用水在用水结构中占比增长了5.0%，达7.6%，说明黄河流域自2003年来，加强了城镇公共设施建设，城市绿地面积不断增长，生态环境治理问题得到高度重视，进而促进了流域范围城镇公共相关产业的发展，推动了生态用水的增加；而内蒙古及宁夏等省（区）的城镇公共及生态用水虽然在统计年间保持熵增状态,但其熵值远小于1,城镇公共及生态用水占有率小于全流域水平,说明部分省(区)的生态用水依然存在被占用现象,生态环境治理程度不足,城镇产业结构有待进一步优化。

3.4.3.4　居民生活用水生态位及其熵值分析

自2005年后黄河流域的居民生活用水生态位表现为稳定的增长趋势,生活用水的占比稳步提升,如图3.4-5所示;统计年间,山西、河南及山东的生活用水生态位增长明显,陕西及青海呈现波动增长趋势,其中陕西的生态位值增长最为显著;甘肃的生活用水生态位自2008年后表现为波动减少态势。此外,宁夏及内蒙古的生活用水生态位基本保持稳定,变化不大。陕西(1.62~2.45)、山西(1.41~2.14)、河南(1.05~1.66)的生活用水生态位熵值大于1,说明统计年间陕西、山西及河南的生活用水占有率高于全流域;而宁夏(0.21~0.44)和内蒙古(0.19~0.54)的生活用水生态位熵值小于1,表明宁夏及内蒙古的生活用水占有率低于全流域。

黄河流域生活用水在用水结构中的占比逐年增加,在统计年间增长了1.5%,原因主要是流域内大部分省(区)的居民生活质量提高显著,居民生活需水量有所增加;就部分省(区)生活用水的波动增长现象而言,主要是节水水平和生活质量相互影响的结果;宁夏、内蒙古等省(区)生活用水占有率不高,且增长不明显,主要是由于该地区城镇化率不高,农村居民人均生活用水量增长不明显。

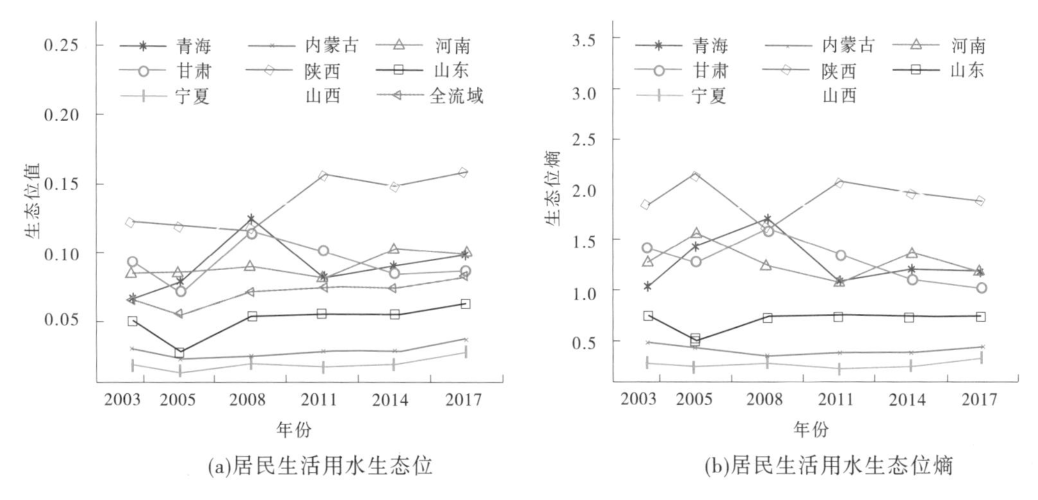

图3.4-5　居民生活用水生态位及其熵值

3.5　发达国家与黄河流域用水结构比较

通过分析比较发达国家和我国流域用水结构的差异,一方面可以明确流域发展的阶段;另一方面可以借鉴发达国家用水结构的发展模式,与国家的水资源管理部署进行比较,来调整流域的用水结构,促进用水结构的合理性。本节利用美国*Estimated use of water in the United States in* 2015及黄河流域2000—2015年的用水资料,通过修正统计口径,得到生活用水、农业用水及工业用水的以5年为间隔的数据。

由图 3. 5-1 可知,黄河流域是我国重要的农业生产地区,农业用水生态位(0. 72~0. 76)在用水结构中始终占据主导地位,工业用水生态位(0. 11~0. 15)则相对较少,这个情形同美国 1950 年的用水结构相似;而作为发达国家代表的美国是典型的工业大国,工业用水生态位(0. 42~0. 52)在用水结构中的优势更加突出,农业用水生态位相对处于劣势地位(0. 31~0. 44);两个区域在生活用水生态位上相对其他的用水类型更为接近。综合而言,两个区域的经济社会发展阶段不同,人口用水所面临压力存在差异。

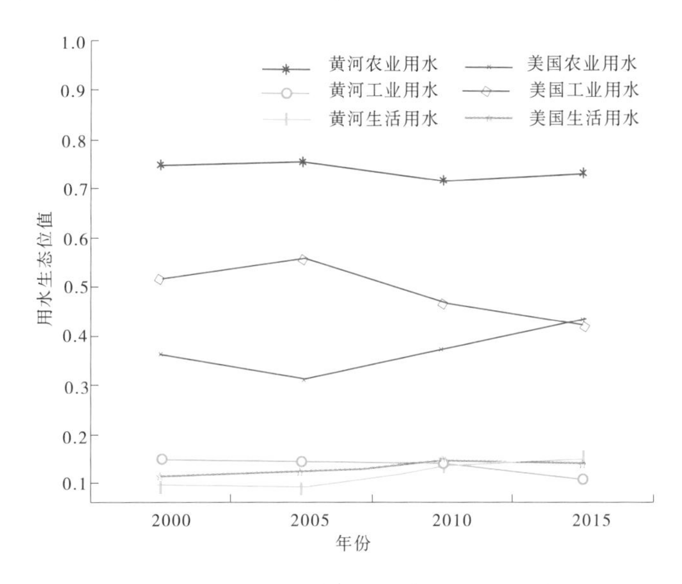

图 3. 5-1　黄河流域与发达国家用水结构比较

就用水结构的变化而言,黄河流域的农业用水生态位自 2005 年后呈现下降后趋于稳定的态势,生活用水生态位持续增长,工业用水生态位表现为持续的下降趋势,2010 年后最为明显。可见,统计年间黄河流域由于种植结构的调整、农业及工业节水技术的进步、产业结构的优化,黄河流域的农业用水及工业用水在用水结构中的占有率逐渐下降。此外,流域经济发展带动居民生活质量提高,城镇化率进一步提高,推动生活用水的占比提高。美国的工业用水生态位自 2005 年后呈现快速下降趋势,农业用水生态位则迅速增长,在 2015 年后农业用水生态位大于工业用水生态位,说明农业用水的水资源捕获能力逐渐大于工业用水的水资源捕获能力,这主要是因为美国重视工业节水管理,提高火电用水的重复利用率,并在注重粮食自给率的前提下,农业有了进一步发展。

从生态位熵值的角度出发,黄河流域的农业用水生态位熵值(1. 68~2. 05)始终大于 1,农业用水的占有率明显大于美国;工业用水生态位熵值(0. 26~0. 31)始终小于 1,相对于美国而言,工业用水占有率较低(见图 3. 5-2)。至 2015 年,黄河流域生活用水生态位熵值为 1. 09,表明 2015 年后生活用水的占有率超过美国。综上所述,黄河流域同发达国家所处发展阶段不同,所面临的水资源问题具有差异,但是发达国家的用水结构依然具有一定的借鉴意义。黄河流域需要面对人口增长、城镇化率提高带来的生活用水扩张及粮食自给问题,因而在未来相当长的时间内,黄河流域要在注重提高粮食种植自给率的同时,加强水资源管理,提高农业用水利用效率,保证农业用水稳中有降;要在提高居民生活质量的同时加强居民节水意识,促进水价调控;要促进流域发展高质量经济产业,革新工业用水技术。

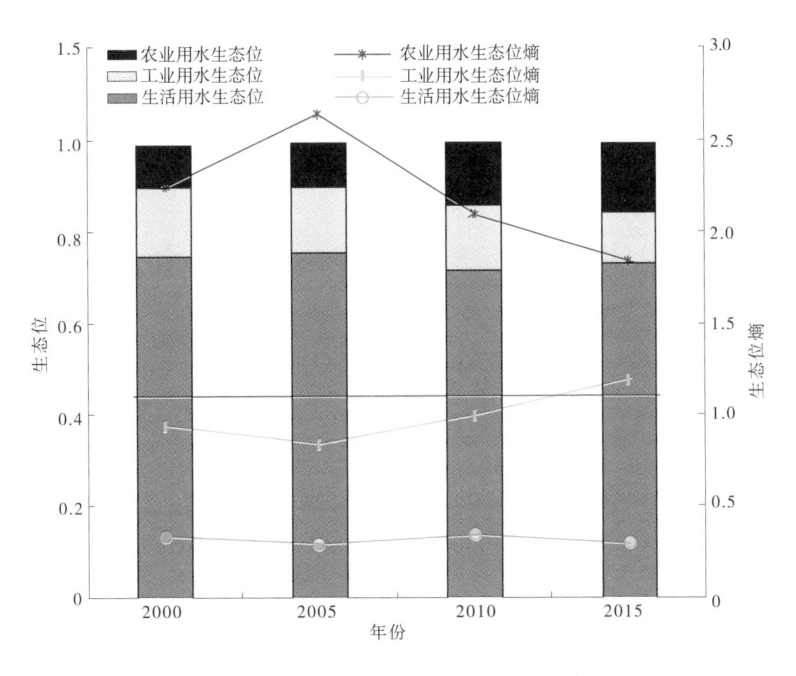

图 3.5-2　黄河流域生态位及其熵值

3.6　小　结

本章在分析了黄河流域近 30 年的供用水演变情况的基础上,基于信息熵理论分析了流域用水结构的时空变化特征,利用生态位及其熵值模型分析比较了黄河流域用水结构和发达国家的差异。分析了黄河流域不同时期流域或区域的用水量、用水结构、用水效率变化特征,揭示流域用水演变规律。主要结论如下:

(1)近 30 年来黄河流域用水结构信息熵呈现持续增长趋势,用水结构均衡度也呈现持续增长趋势,这说明黄河流域的水资源利用结构是向有利于经济社会发展的方向演变的。同时选取黄河流域用水系统用水结构逐步趋于稳定的 2003—2016 年时段,计算黄河流域 9 个省(区)用水系统的信息熵和均衡度,结果表明四川、陕西和山西用水结构的信息熵和均衡度较高,三省用水结构的合理性在黄河流域处于较高水平。青海、甘肃和河南用水结构信息熵处于 1.1~1.2,均衡度处于 0.6~0.7,在黄河流域处于中等水平。宁夏、内蒙古和山东 3 个省(区)用水结构的合理性在黄河流域处于较差水平。

(2)从总体上看,黄河流域及流域内各省(区)的各类型用水生态位中农业用水生态位占据绝对优势,工业用水生态位及生活用水生态位次之,城镇公共及生态用水生态位最小。黄河流域的农业用水生态位总体呈现波动减少趋势,宁夏、内蒙古及山东的生态位熵值大于 1,说明统计年间宁夏、内蒙古及山东的农业用水占有率高于全流域;统计年内多数省(区)的工业用水生态位变化趋势为波动且有所下降,陕西、山西、河南及甘肃的生态位熵值大于 1,说明统计年间陕西、山西、河南及甘肃的工业用水占有率高于全流域。

第4章　多因子驱动和多要素胁迫的流域经济社会需水预测

4.1　变化环境下流域经济社会需水机制

4.1.1　流域水资源需求演变机制与规律分析

4.1.1.1　水资源需求与人口增长的互动机制

水是一切生物生存与发展的物质基础，也是生态环境的重要组成部分。水是人人都需要的及每天都不可缺的生活和生产资料，因此人是驱动水资源需求变化的根本因素，而人口数量变化所带来的对水资源需求的变化是驱动水资源需求变化的最基本动力。人口增长过程受自然因素（自然环境、自然灾害）、经济基础（经济发达程度、文化教育水平、医疗卫生条件）、上层建筑（婚姻生育观、风俗习惯、人口政策）等的影响，但决定性的因素还是生产力的发展水平。在人口增长阶段变化的驱动下，水资源需求也发生相应变化。

4.1.1.2　水资源需求与经济发展的互动机制

经济发展是水资源需求变化的核心动力，而水资源需求的过度增长将在一定程度上制约经济社会发展。从全世界总的趋势来看，第二次世界大战后1950—2000年的50年间，全球经济逐步复苏并进入快速发展时期，总用水量也呈现快速增长趋势，工农业及生活用水总量从13 707亿 m^3 增长到38 113亿 m^3，人均用水量从603 m^3 增长到658 m^3。从1980—2007年我国人均GDP与总用水量的关系来看，随着人均GDP的持续增长，全国总用水量总体呈现增长态势。

4.1.1.3　水资源需求与土地利用变化的互动机制

从土地资源的定义可以看出，土地包括了大气、土壤、生物圈、植物圈和动物界的属性，而水又是大气、土壤、生物圈、植物圈和动物界中不可缺少的物质。可以说，土地是水资源的主要载体，而水资源又在影响土地的属性中扮演着十分重要的角色。

从人类社会的角度来看，水资源和土地资源通过人类对它们的需求与利用而紧密地联系在一起。人类可以直接利用的水资源大都与土地相结合，如地下水、地表径流等。有史以来，农业的发展更是以水土资源的耦合为核心，即使在现代农业发展阶段，水土资源高效耦合利用也是高效农业发展的一个重要领域。

从利用方式来讲，土地利用包括居民点用地、交通用地、耕地、水利工程用地、园地、林地、牧草用地、水产用地等几个方面。土地利用的根本目的是满足人类需求的发展，直接目的是经济效益和生态效益。在追求各种效益的同时，无论利用方式如何变化，都离不开水资源的需求，发展耕地、满足粮食生产离不开水，发展牧草、园地，满足生态需求同样离不开水。可以说，土地利用方式的改变无时无刻不在影响着水需求的变化，而且这是今后促进水资源需求增长的重要因子。

4.1.1.4　水资源需求与气候变化、水资源禀赋的互动机制

气候变化及其对水资源的影响是国际地学界和水资源管理者关注的共同话题。气候变化对水资源需求的影响表现在：随着温度升高导致的蒸发与散发的增加，农业灌溉用水的需求可能增加。然而，由于二氧化碳浓度的增加，作物对水的利用效率提高，可能减少这种影响。在一些地区可能经历生长季节的延长，这可能增加对水资源的需求。火力发电对水的需求可能增加或减少，依赖于将来水资源利用效率的趋势，以及新的电站的发展。在降水增多的地区，水资源的需求可能减少，这取决于农业和市政部门的适应战略。这些需求的可能变化，要求水管理者重新评估现有水需求管理战略的有效性。

适应气候变化影响的一个战略是建立基于市场的水资源在不同利用者之间转换机制。国家应提供激励机制，鼓励水权和水资源在不同用户之间转移。气候变化和需求模式的变化可能增加现有水市场的压力。更多地利用水租赁、水银行、水市场可以增加水权所有者转移水资源到其他用户的机会。水资源的转移可以是长期的，如通过购买水权；也可以是临时的，如在干旱年份签订购水合同。水市场和高价格提供了采取节水措施的激励机制，特别是在有限供给的干旱时期。另外，可以通过节水和用水效率的提高，减少水资源的消耗。市政部门通过加强对个体用水的计量和水价格鼓励节水。农业部门通过改变选择作物和灌溉方法以及技术革新，如栽种耐旱的作物等减少对水资源的消耗。

水资源禀赋指一个国家或地区水资源先天的自然条件，主要包括气候条件和下垫面因素两个方面。水资源禀赋对各地的水资源需求管理具有重要影响。如果一个国家或地区的水资源禀赋较好，所面临的水资源供需矛盾就不突出，只需投入较少的人力、物力和财力就可以提供大量的水资源，以满足水资源需求，甚至可以用贸易的方式满足其他国家或地区的水资源需求。如果一个国家或地区的水资源禀赋很差，水资源自身先天不足，所面临的水资源供需矛盾就非常突出，为了满足水资源需求，将要花费大量的其他资源，代价非常高。因此，根据不同的水资源条件，有的需要拉动水资源需求，有的需要压缩水资源需求。

水资源需求与气候变化、水资源禀赋的互动机制表现在气候变化首先作用于水资源需求，引起波动，进而影响人类对水资源的利用方式，这又反作用于水资源需求；水资源禀赋制约着水资源需求，而人类在经济发展和社会进步导致需求增加时，则会利用各种手段来突破水资源禀赋。

4.1.2　流域水资源 DPSIR 多指标体系及模型构建

严格地讲，水资源需求并无规律可循，或者说涉及水资源需求演变因素繁多，难以考虑全面，各因素对水资源需求变化的作用方式和程度不同，各因素间的相互作用形成不同的驱动力，各种驱动力综合作用，共同驱动水资源需求演变。在建立精细的需水预测方法模型之前，针对不同行业类型和用水结构列出影响指标，再通过一定的分析方法结合黄河流域实际情况筛选出具有决策意义的主要因子，是构建需水预测模型的首要前提。预测未来水资源需求，需要对历史用水的变化规律进行深入分析。本节将在构建流域水资源 DPSIR 多指标体系的基础上，采用主成分分析法定量地解析流域水资源需求演变的主要

驱动因子和胁迫要素,并阐明其机制与变化规律。

4.1.2.1 DPSIR 模型

DPSIR 模型最早是由欧洲环境署提出的用于评估环境状况和解决环境资源问题的概念模型。DPSIR 是一个分层模型,第一层是目标层,本书的目标是对流域水资源进行需水预测,从而实现水资源可持续发展;第二层是准则层,由五部分组成,分别为驱动力(D)、压力(P)、状态(S)、影响(I)、响应(R),其中社会、经济、人口的发展作为长期驱动力作用于环境,压力伴随驱动力产生,是造成环境和资源发生变化的直接原因,状态是在驱动力和压力共同作用下自然资源的现状,影响是驱动力、压力、状态共同作用的结果,响应是应对这些变化所采取的措施,多为法律法规、政策规定等;第三层是指标层,是对准则层具体内容的细化。

DPSIR 模型逻辑关系如图 4.1-1 所示。

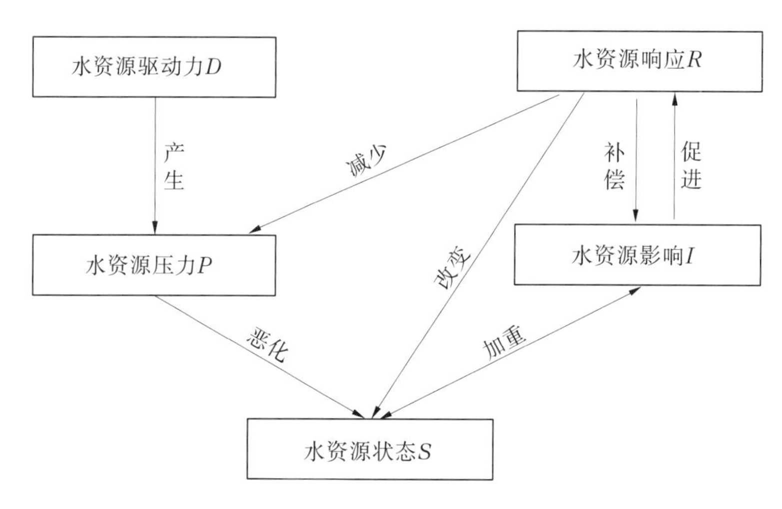

图 4.1-1　DPSIR 模型逻辑关系

4.1.2.2 准则层要素

根据目标层构建黄河流域需水预测模型,在准则层五个子系统的基础上,展开分层分析。

DPSIR 模型中,驱动力准则层是造成自然环境发生变化的潜在因素,包括自然因素和非自然因素两方面。其中,自然因素是指对水资源系统产生影响且不以人类活动而改变的自然条件,例如自然资源蕴藏量、下垫面因素、气候条件等。在水资源系统中,水资源量可以说是水资源系统中起决定作用的基本因素,也是水资源可持续发展利用的重要条件。如果一个国家或地区的水资源量充足,则能直接影响水资源的开发利用;在水资源量匮乏的地区,水资源使用效率、回用率都会对水资源的开发利用有很大影响。此外,气温、降水、融雪都会对水资源量产生一定影响。非自然因素是指与人类活动相关且随之发生相应变化的一些因素,如社会发展带来的 GDP 变化、人口增量、各行业的生产总值等。人是驱动水资源需求变化的根本因素,而人口数量变化所带来的对水资源需求的变化除了是驱动水资源需求变化的最基本动力,也会对人均水源占有量有直接影响。同时,人口数量反作用于水资源系统发展,人口的增长推动了经济的发展,经济又对水资源开发利用起到重要作用。流域的驱动力层考虑了以上所述的一些因子。

压力准则层准确来说应该是在驱动力因素的作用下,对水资源系统中的供给量、质量等造成影响的胁迫要素,是最直接的压力因素或近因。与驱动力不同的是,驱动力多为潜在因素,是整个水资源系统中的基础因素,压力主要是表达人类生产活动对水资源系统产生的影响,人类生产活动主要有工业生产、农业生产、第三产业、生态绿化等。工业用水是在工业生产中所使用的生产用水消耗;农业用水是农业生产中的用水,如林木渔畜用水、灌溉用水;第三产业用水是指再生产过程中为生产和消费提供各种服务的部门在生产活动中的用水,如运输业用水、服务业用水;生态用水是城市绿化等不具有明显经济效益的用水。上述各产业的用水量将直接影响水资源总量,对水资源系统产生胁迫。相同的水资源量在不同的部门用途不一,从而产生的效益也有差异,不同的社会效益给水资源系统带来的压力也是多方面的。黄河流域水资源紧缺,流域内居民的节水观念普遍不强,造成水资源浪费严重,生活用水量比例高,且未来一段时间流域内工业、能源、生活用水量将进一步增长,水资源短缺的黄河流域将面临更大的供水压力,故流域的压力因素考虑了上述影响条件。

状态准则层是在驱动力和压力的影响下的水资源现状,反映了整个水资源系统的性能,是评价指标所涉及的主要表达因素,包括许多方面。流域内土地资源丰富,是全国重要的农业生产基地,灌溉农田粮食生产量超过了全流域粮食生产量的60%,保护其灌溉用水显得极其重要。研究区域的水资源使用率可以通过水资源开发利用程度这一指标体现。当区域拥有充足的水资源量,利用率较低时,水资源的开发利用程度相应低下,同样会造成水资源匮乏。对应地,当区域的水资源承载能力和利用率较高时,在提高开发利用程度的同时使水资源可持续性降低,这也是水资源现状的重要指标。水资源状态还能反映生态环境、水土条件、生物多样性等因素,流域内水流失严重,生物多样性数据难以统计精确,故这里的状态准则层从水资源开发利用程度方面考虑。

影响准则层是驱动力、压力和水资源状态共同作用下的反馈,体现在人类社会的各个方面,例如工业发展、农业发展、生活用水质量等。水资源状态的好坏在根本上影响了水质,污水处理成本高等原因使得废水排放量远远比废水处理量要高,带来严重的经济损失,同时人们的可用水资源减少,水价随之升高。黄河流域受自然条件和气候、风沙量、历史上曾发生过无计划砍伐植被的现象影响,水土保持问题日益严峻,所以植被面积也能体现水资源系统的完整性。流域内水资源总量还直接影响粮食作物种类,在水资源相对充足的地区可选择需水量多的作物,在水资源相对紧缺的区域应选择需水量较少的作物。流域内各省份因为经济发展水平各不相同,工业发展也有很大差异,经济发展快的省份推动了工业的快速增长,而先天水资源量在很大程度上制约了经济的发展。总地来说,水资源系统的变化已经渗透到社会生活的各个行业。在黄河流域驱动力、压力的影响下,流域内水资源系统表现为废水排放量大、森林砍伐严重、农业作物生产方式相对落后，缺乏节水措施推广，牵制了流域的经济发展。

响应是对水资源系统产生影响后所采取的一系列措施。人类认识发展的同时会采取积极的应对方式解决目前受到的影响，这是为水资源系统可持续发展做出的调整行为，会使得驱动力、压力、状态、影响因素全部发生相应变化，通过某种协调再次达到平衡。这些调整主要是为了调整水资源及其管理政策，主要包括水资源管理、环保与产业政策等方面。水管理政策主要包括水价制度、节水激励机制、取水许可制度、水资源项目论证制度等。很多国家都对水价进行了规定。发达国家的经验表明，合理的水价对抑制用水需求具有重要的作用，而且发达国家都将水价作为调节用水的主要手段。但对不同用水类别，水价政策是不一样的。目前，发达国家所采用的水价结构主要有定额水价（水价与用水量无关）、统一水价（单位水价保持不变）、累退水价和累进水价。但不同的国家实际所采用的水价结构不同。一些国家的水价结构表明，采用更有利于节水的水价结构对促进节约用水的效果也是非常明显的，从发达国家的一些研究成果来看，采用累进水价结构或累进水价结构改进对促进节水具有明显的效果。

为加强水资源管理，促进节约用水、水资源的合理开发利用与保护，许多国家都实行取水许可制度和排污许可制度。从各国取水许可的具体规定来看，基本上都要包括以下内容：申请取水许可的资格、申请取水许可的程序、申请的批准、许可证的主要内容、许可证拥有者的权利、许可证的取消和变更、取水费、许可证的继承与转让等。许可证本身的主要内容包括取水量和水质、取水时间、取水地点、取水方式、用途。一些国家的取水许可证还对用水效率做出了具体的规定，如以色列的用水许可证就对提高用水效率做了详细的规定。

水资源需求管理还包括鼓励节水的政策和制度，如公众教育、法规、用水许可证、技术规定以及信息服务等。这些非工程性的管理措施同样具有重要作用，例如瑞典 1963 年立法后，1964—1972 年工业取水量减少了 55%；美国 1972 年修正了水污染防治法后，1973—1983 年工业年取水量减少了 33%；日本 1972 年立法后，1973—1981 年工业年耗水量减少了 17%。

产业政策将对产业发生影响，其调控是通过扶持和压缩某些对水资源需求影响大的产业，以及调整其内部行业结构、种植结构来达到对需水调控的目的。如前所述，产业结构的调整对水资源需求具有驱动作用，因而产业政策是间接调控水资源需求的。

4.1.2.3 指标层确定及建立流域 DPSIR 模型

经过对多个信息来源的分析对比，指标层选取涵盖了多个水资源相关的方面：

（1）水文气象指标。如降水量、气温、流量、蒸散发状况等，是水资源规划配置的首要指标。

（2）消耗性指标。与水资源量的直接使用有关，如工业用水量、农业用水量、生活用水量。

(3)非消耗性指标。这部分不可直接使用,多为运输、发电、废水处理等过程所消耗的水资源量。

(4)与环境相关的指标。如森林面积、公共用水量、生态用水量等。

黄河流域模型指标见表 4.1-1。

表 4.1-1　黄河流域模型指标

序号	指标名称	序号	指标名称	序号	指标名称
1	人均工业产值	11	居民用水量	21	第一产业产值
2	农村消费水平	12	生态环境用水量	22	第二产业产值
3	城镇消费率	13	城镇公共用水量	23	第三产业产值
4	人均 GDP	14	废污水排放量	24	绿地面积
5	人口总量	15	人均用水量	25	工业用水价
6	气温	16	农田有效灌溉面积	26	居民用水价
7	年降水量	17	地表水资源量	27	水土流失率
8	工业用水量	18	地下水资源量	28	城镇化率
9	农业用水量	19	水资源总量	29	人均 GDP 增长率
10	林牧渔业用水量	20	总供水量	30	环保投资额比例

本书在确定模型的评价指标时,应遵循以下原则:

(1)时空敏感性原则。指标的选取根据不同地区的不同时间段,结合当地的实际经济发展情况,可能一些指标在超出一定时段特定区域就会失效。例如,流域的中东部经济发达,西北部经济发展缓慢;南部水资源量充足,受季节影响较大,北部普遍干旱,所以指标要体现针对性。

(2)指标数量适中原则。指标数不宜过多,避免无法抓住主要问题,也不宜过少而缺乏代表性。一般来说,总指标数控制在 30~45 个,每个准则层指标不宜超过 10 个,5~9 个即可。

(3)科学性与完备性原则。指标的选取要明确清晰,协同水资源承载力实际情况,当存在水资源量充足,但废水排放量远超过污水处理量时,仍然认为该地水资源短缺,即在考虑经济的同时要兼顾环境、人口等因素,充分体现指标的综合性与丰富性。

根据以上指标选取原则,选定的每个准则层包含的指标数为 5~9 个,指标层共有 28 个定量指标、1 个定性指标,见表 4.1-2。

表 4.1-2　黄河流域 DPSIR 模型准则层指标体系

准则层	指标	单位
驱动力	人均工业产值(D_1)	万元/人
	农村消费水平(D_2)	元/人
	城镇消费水平(D_3)	元/人
	人均 GDP(D_4)	元/人
	人口总量(D_5)	万人
	气温(D_6)	℃
	年降水量(D_7)	亿 m^3
压力	工业用水量(D_8)	亿 m^3
	农业用水量(D_9)	亿 m^3
	林牧渔业用水量(D_{10})	亿 m^3
	居民用水量(D_{11})	亿 m^3
	生态环境用水量(D_{12})	亿 m^3
	城镇公共用水量(D_{13})	亿 m^3
	废污水排放量(D_{14})	亿 m^3
状态	人均用水量(D_{15})	t
	农田有效灌溉面积(D_{16})	万亩
	地表水资源量(D_{17})	亿 m^3
	水资源总量(D_{18})	亿 m^3
	水资源开发利用率(D_{19})	%
	地下水资源量(D_{20})	亿 m^3
	总供水量(D_{21})	亿 m^3
影响	第一产业产值(D_{22})	亿元
	第二产业产值(D_{23})	亿元
	第三产业产值(D_{24})	亿元
	绿地面积(D_{25})	万亩
	居民用水水价(D_{26})	元/t
	工业用水水价(D_{27})	元/t
	城镇化率(D_{28})	%

注:1 亩 = 1/15 hm^2,全书同。

本书选取了人均工业产值、农村消费水平、城镇消费水平、人均 GDP、人口总量、气温、年降水量等 7 个指标为驱动力指标,涵盖了社会经济和自然资源因素,侧重于社会经济方面。选取了工业用水量、农业用水量、林牧渔业用水量、居民用水量、生态环境用水量、城镇公共用水量、废污水排放量等 7 个指标为压力指标,包括了各个行业的用水情况,流域内人口总量较大、工业发达，因此废污水排放量是较科学的胁迫要素之一。选取了人均用水量、农田有效灌溉面积、地表水资源量、水资源总量、水资源开发利用率、地下水资源量、总供水量等 7 个指标作为状态指标，均与水资源量有紧密关系，在驱动因子和胁迫要素的存在下，反映了资源现状。选取了第一产业产值、第二产业产值、第三产业产值、绿地面积、居民用水价、工业用水价、城镇化率等 7 个指标为影响指标，包含了社会经济、社会环境、生活质量等各个方面，较全面地覆盖了整个水资源系统的影响作用。

响应因子由于涉及国家法律法规，数据难以收集，本书研究中采用定性的方法选取水资源管理程度作为指标，具体可以通过问卷调查、实地走访等方式获得初步结果，进行综合判定。

4.1.3　流域 DPSIR 模型的主成分分析

流域指标层确定代表 DPSIR 模型建立完成，但用以上所有指标要进一步构建精细化需水预测模型工作量巨大，用指标中主成分因子代替原有指标既能保留原始数据信息，又能简化数据和计算过程，这也是采用主成分分析进行降维的主要目的。通过降维过程去除可能引起多重共线性的变量，但也有可能损失一部分原始信息，现阶段的研究表明，主要变量还是会被筛选保留，基本能完全代替原有数据。

4.1.3.1　主成分分析原理

主成分分析是数学上对数据降维的一种方法。其基本思想是设法将原来众多的具有一定相关性的指标 $X_1, X_2, \cdots, X_p$（比如 p 个指标），重新组合成一组较少个数的互不相关的综合指标 F 来代替原来指标。那么综合指标应该如何去提取，使其既能最大程度地反映原变量所代表的信息，又能保证新指标之间保持相互无关（信息不重叠），本书运用 SPSS 数据分析软件进行主成分分析。

4.1.3.2　选取主成分

黄河流域 2000—2017 年驱动力、压力、状态、影响、准则层各指标数据如表 4.1-3～表 4.1-6 所示。

表 4.1-3　黄河流域 2000—2017 年驱动力准则层指标

年份	人均工业产值/(元/人)	农村消费水平/(元/人)	城镇消费水平/(元/人)	人均 GDP/(元/人)	人口总量/万人	平均气温/℃	年降水量/亿 m³
2000	2 378.42	1 850.39	5 190.56	6 091.79	11 022.90	7.46	381.8
2001	2 585.38	1 897.06	5 678.81	6 590.83	11 132.92	7.82	404.0
2002	2 905.07	2 022.13	6 514.02	7 248.10	11 197.33	7.93	404.2
2003	3 366.27	2 079.49	7 080.20	8 098.86	11 258.32	7.48	555.6
2004	3 987.97	2 233.17	7 637.66	9 175.00	11 320.67	7.67	421.8
2005	4 935.58	2 420.73	8 439.94	10 519.44	11 242.87	7.65	431.0
2006	5 779.74	2 644.49	9 350.25	11 884.72	11 302.99	8.33	407.2
2007	6 807.14	2 904.38	10 377.66	13 562.55	11 336.61	8.05	484.1

续表 4.1-3

年份	人均工业产值/(元/人)	农村消费水平/(元/人)	城镇消费水平/(元/人)	人均 GDP/(元/人)	人口总量/万人	平均气温/℃	年降水量/亿 m^3
2008	7 696.97	3 114.49	11 271.39	15 123.67	11 398.20	7.35	433.1
2009	8 299.54	3 327.08	12 287.45	16 722.08	11 453.11	7.96	440.4
2010	9 627.85	3 699.73	13 226.90	18 869.95	11 503.71	7.85	449.2
2011	11 044.65	4 174.47	14 458.31	21 157.45	11 544.46	7.38	489.1
2012	12 297.44	4 644.14	15 942.01	23 376.45	11 592.76	7.18	490.1
2013	13 505.03	5 078.84	17 053.85	25 553.95	11 635.21	8.22	481.6
2014	14 409.69	5 951.19	17 854.69	27 538.78	11 685.58	8.00	486.9
2015	14 886.46	6 399.18	19 084.80	29 377.62	11 743.13	8.16	409.5
2016	15 613.96	6 782.90	20 142.45	31 304.81	11 814.51	8.28	482.4
2017	16 443.16	7 267.44	21 391.05	33 390.37	11 877.45	8.28	488.8

表 4.1-4 黄河流域 2000—2017 年压力准则层指标

年份	工业用水量/亿 m^3	农业用水量/亿 m^3	林牧渔业用水量/亿 m^3	居民用水量/亿 m^3	生态环境用水量/亿 m^3	城镇公共用水量/亿 m^3	废污水排放量/亿 m^3
2000	56.49	277.05	25.30	23.75	—	—	42.22
2001	55.11	305.84	29.41	24.18	—	—	41.35
2002	54.72	271.00	27.96	24.99	—	—	41.28
2003	66.56	287.08	29.98	29.64	8.13	7.73	38.78
2004	64.30	301.37	33.10	29.36	8.29	8.33	39.50
2005	65.43	326.36	31.67	27.91	4.40	9.24	40.66
2006	69.17	358.69	34.62	31.13	8.50	9.99	39.86
2007	69.55	332.70	34.89	29.73	8.13	9.88	40.12
2008	71.86	332.40	31.47	32.23	13.38	9.61	37.25
2009	69.97	342.00	31.08	34.71	16.14	8.94	39.21
2010	73.56	347.99	29.78	36.23	14.38	10.11	40.22
2011	78.74	358.24	33.66	38.87	15.43	11.42	41.43
2012	77.91	346.72	29.85	38.42	18.70	12.00	40.41
2013	71.48	358.57	34.30	37.66	17.99	12.98	39.20
2014	69.51	359.42	33.61	38.56	20.15	13.53	38.80
2015	67.57	360.17	35.18	39.42	18.84	13.45	39.25
2016	66.21	343.76	32.70	40.26	18.76	13.07	38.72
2017	66.99	337.59	33.34	41.81	25.67	13.76	39.87

表4.1-5　黄河流域2000—2017年状态准则层指标

年份	人均用水量/t	农田有效灌溉面积/万亩	地表水资源量/亿 m³	水资源总量/亿 m³	水资源开发利用率/%	地下水资源量/亿 m³	总供水量/亿 m³
2000	424.87	509.45	360.13	362.62	468.33	0.78	400.08
2001	397.84	516.24	332.91	340.48	442.91	0.82	397.56
2002	383.33	510.51	309.28	344.32	429.23	0.89	397.28
2003	635.66	508.45	591.52	396.00	715.64	0.47	357.47
2004	465.29	514.02	422.63	339.33	526.74	0.65	377.06
2005	602.08	535.94	580.20	404.09	676.91	0.53	397.34
2006	446.40	515.90	408.08	369.86	504.57	0.80	415.84
2007	542.47	518.22	509.15	368.61	614.98	0.62	398.46
2008	436.71	520.24	401.08	329.83	497.77	0.77	398.40
2009	508.25	521.62	483.66	380.25	582.10	0.67	402.60
2010	508.62	520.54	482.19	376.91	585.10	0.67	408.67
2011	584.21	531.49	563.98	402.72	674.44	0.62	427.42
2012	616.14	509.61	613.59	418.48	714.28	0.59	417.94
2013	524.53	522.03	514.70	372.01	610.30	0.70	434.52
2014	502.05	526.70	481.32	368.79	586.68	0.73	426.72
2015	422.55	525.57	399.22	327.97	496.21	0.87	424.60
2016	439.32	526.42	411.04	341.88	519.04	0.80	422.07
2017	482.35	527.28	476.06	367.01	572.91	0.73	430.19

表4.1-6　黄河流域2000—2017年影响准则层指标

年份	第一产业产值/亿元	第二产业产值/亿元	第三产业产值/亿元	绿地面积/hm²	工业用水水价/(元/t)	居民用水水价/(元/t)	城镇化率/%
2000	2 621.71	3 158.82	2 409.23	8 142.86	2.00	1.41	31
2001	2 878.29	3 491.91	2 660.13	8 906.16	2.02	1.45	32
2002	3 252.90	3 955.78	2 912.66	10 265.24	2.04	1.47	34
2003	3 789.85	4 608.70	3 222.23	11 823.95	2.06	1.49	35
2004	4 514.65	5 406.00	3 583.79	13 056.31	2.04	1.5	36
2005	5 549.01	6 343.23	4 019.63	15 005.05	2.18	1.64	38
2006	6 532.84	7 393.52	4 493.30	16 023.28	2.22	1.67	39

续表 4.1-6

年份	第一产业产值/亿元	第二产业产值/亿元	第三产业产值/亿元	绿地面积/hm^2	工业用水水价/(元/t)	居民用水水价/(元/t)	城镇化率/%
2007	7 716.99	8 677.15	5 096.00	18 646.46	2.27	1.68	40
2008	8 773.16	9 830.26	5 715.23	20 666.67	2.16	1.59	42
2009	9 505.55	10 973.98	6 406.36	22 078.76	2.22	1.61	43
2010	11 075.6	12 731.59	7 140.03	24 411.93	2.32	1.63	45
2011	12 750.46	14 611.97	7 931.22	25 881.58	2.26	1.56	46
2012	14 256.13	16 396.68	8 749.85	28 266.26	2.41	1.59	48
2013	15 713.38	18 199.65	9 524.37	30 398.36	2.42	1.57	49
2014	16 838.56	19 761.65	10 338.07	32 648.71	2.44	1.55	51
2015	17 481.35	20 934.4	11 378.29	37 081.96	2.53	1.58	52
2016	18 447.13	22 236.93	12 416.68	38 969.20	2.57	1.59	54
2017	19 530.27	23 642.93	1 336 567.11	41 876.08	2.62	1.60	55

4.1.3.3 各准则层指标 KMO 值与 Bartlett 球性检验

KMO 是做主成分分析时有效程度检验指标之一,用于测试变量之间的相关性,其值越接近 1,则说明变量之间的相关性越高,巴特利特球性检验是一种数学术语,用于检测变量之间的独立性。从表 4.1-7 可知,驱动力指标的 KMO 值为 0.764,压力指标的 KMO 值为 0.791,状态指标的 KMO 值为 0.706,影响指标的 KMO 值为 0.680,均大于 0.600,适合进行主成分分析。各准则层指标 KMO 值与 Bartlett 球性检验结果见表 4.1-7。

表 4.1-7 各准则层指标 KMO 值与 Bartlett 球性检验结果

指标	驱动力	压力	状态	影响
KMO 值	0.764	0.791	0.706	0.680
Bartlett 球性检验	21	21	21	21

4.1.3.4 各准则层指标相关系数

在进行主成分因子分析之前,要求各指标变量之间有一定相关性,从图 4.1-2~图 4.1-5 可以很直观地看到驱动力、压力、状态、影响各指标之间具有良好的相关性,其中压力指标中废污水排放量相对关联性小。

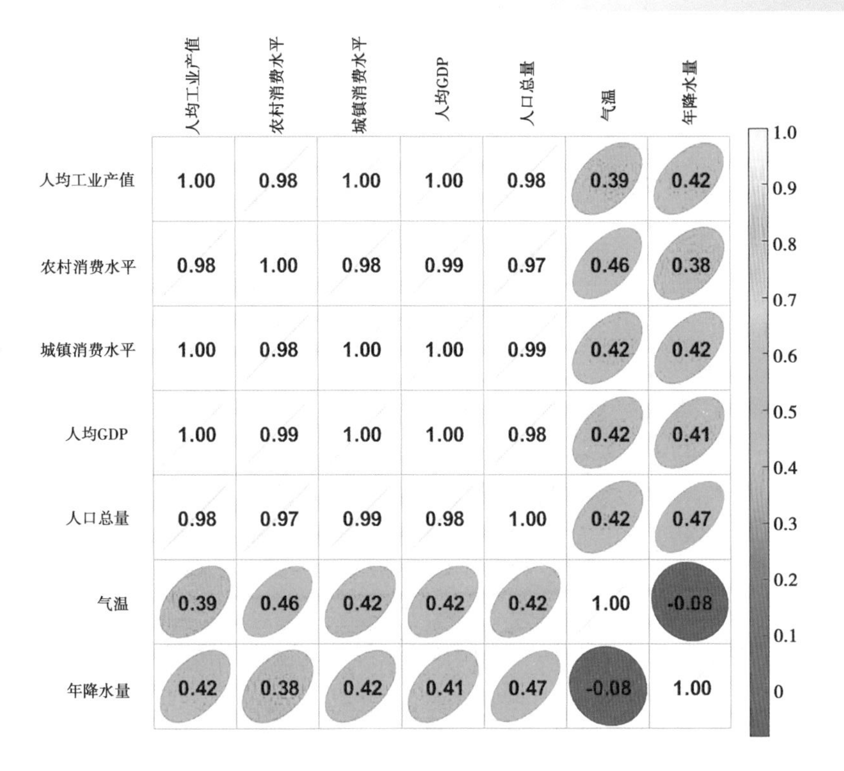

图 4.1-2　驱动力因子相关系数

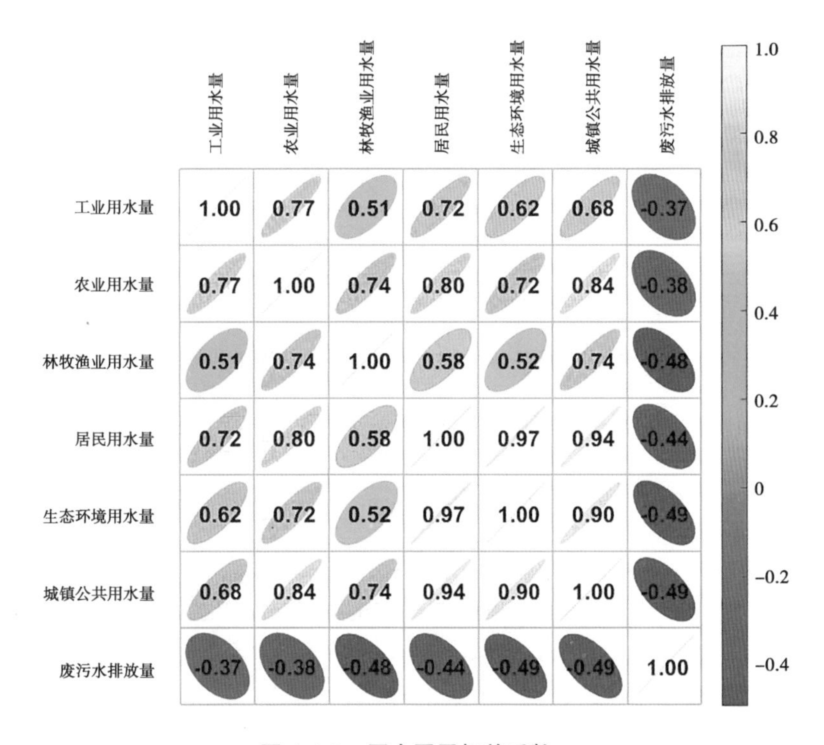

图 4.1-3　压力因子相关系数

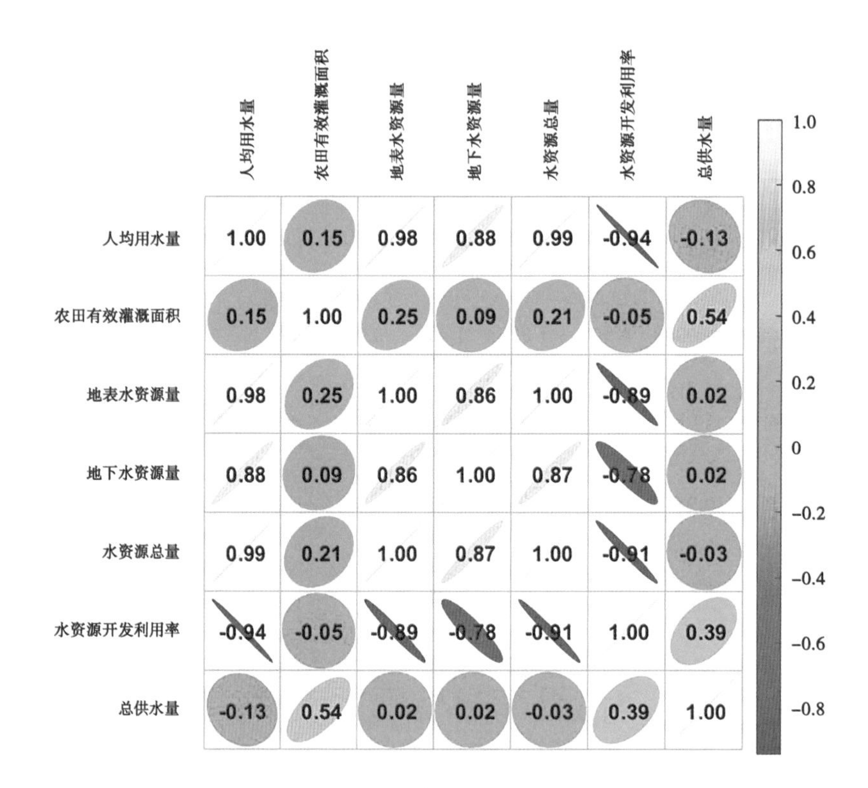

图 4.1-4　状态因子相关系数

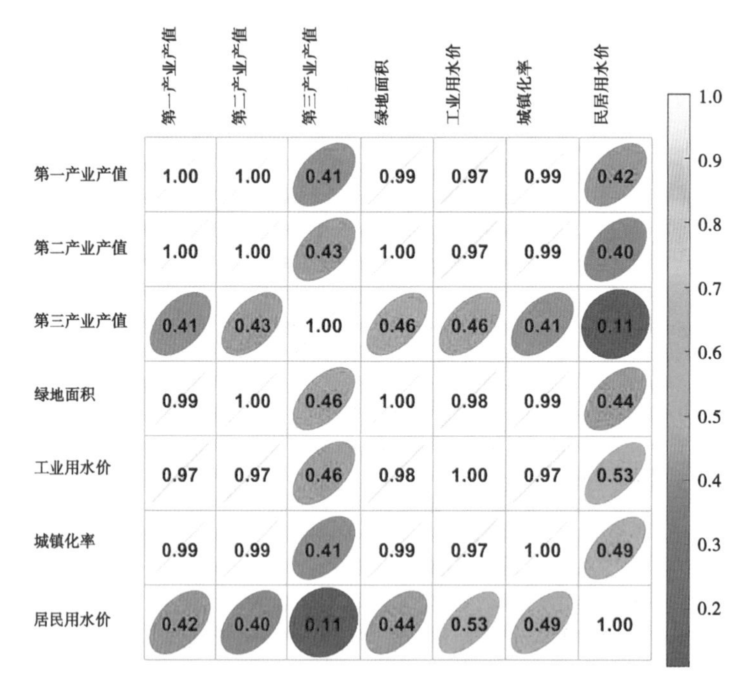

图 4.1-5　影响因子相关系数

4.1.4　流域水资源需求变化的驱动因子和胁迫要素分析

4.1.4.1　驱动因子主成分贡献率

由表 4.1-8 可知，压力第一主成分特征值为 5.35，贡献率为 76.38%；第二主成分特征值为 1.08，贡献率为 15.48%。一般提取特征值大于 1 且累计贡献率达到 85%的因子数作为主成分，几乎保留了原始数据的所有信息。

表 4.1-8　驱动力特征值与累计贡献率

因子	主成分	特征值	贡献率/%	累计贡献率/%
驱动力	1	5.35	76.38	76.38
	2	1.08	15.48	91.86
	3	0.53	7.50	99.36
	4	0.03	0.38	99.74
	5	0.02	0.25	99.99
	6	0	0.01	100.00
	7	0	0	100.00

4.1.4.2　主要驱动因子及主成分得分矩阵

得到主成分个数后，可以根据特征值计算成分得分矩阵，该矩阵能反映主成分与各指标的相关性大小，从而定量地解析驱动指标中的主要因子，从表 4.1-9 可知，在第一主成分中，经济类指标是主要的驱动因子，如人均工业产值、人均 GDP、农村消费水平、城镇消费水平，主成分得分分别为 0.989、0.985、0.994、0.994。人口总量也是所有驱动因子中相关关系较大的因素，换句话说，造成水资源短缺的最主要因素除了经济规模增大，还有

表 4.1-9　驱动力因子成分得分矩阵

指标	主成分	
	1	2
人均工业产值	0.989	0.019
人均 GDP	0.985	-0.057
农村消费水平	0.994	0.007
城镇消费水平	0.994	-0.004
人口增长率	0.989	0.034
年降水量	0.470	-0.733
人口总量	0.470	0.735

人口的膨胀,人口膨胀的作用要远大于其他因素的作用。人口增加直接引发用水需求增加和人均水资源量减少,从而加大社会水循环的通量,加快其循环频度,加重代谢负荷(水污染),导致水短缺和水污染。

第二主成分中,年降水量的因子荷载较大,为0.735,说明水资源变化与气候条件紧密相联,水资源需求还受气候变化的影响。气候变化影响区域降水量、降水分布和流域产流量,会引起需水尤其是农业需水定额等的变化,从而影响水资源需求发生变化。

经济水平是影响用水变化的主要因素之一。国民经济的发展需要大量的水资源作为支撑,对水资源需求量的影响非常明显。经济的飞速发展必将驱动工业用水量的迅速增长,且工业用水量占总用水量的比重也迅速提高。从人均用水量看,一般而言,经济发展水平低时的人均用水量较大,同时单位经济产出的用水量较大。随着经济发展水平的提高,人均生活用水量一般先升高再降低,经济落后和经济非常发达时的人均生活用水量并不高,而在经济中等发达的时候,人均生活用水量要高一些。从反映经济水平的产业结构看,第一、二产业的经济比重越高,总用水量就越大。第一产业是耗水密集型产业,具有需水量与节水潜力大、单位用水产出相对较低、污染强度小但面散而广等特点;相对第一产业,第二产业具有需水量相对较小、要求供水保证率高、单位用水产出相对较大、污染强度高且集中等特点;若以第三产业比重衡量经济发达程度且越高代表越发达,则仅从产业结构升级的角度而言,第三产业比重增加是用水总量从上升过渡到下降的主要驱动力之一。

4.1.4.3 压力因子主成分贡献率

由表4.1-10可知,压力第一主成分特征值为5.00,贡献率达到71.50%,可以认为抓住了主要矛盾;第二主成分特征值为0.76,小于1,累计贡献率为82.39%,故提取第一主成分即可。

表4.1-10 压力特征值与累计贡献率

因子	主成分	特征值	贡献率/%	累计贡献率/%
压力	1	5.00	71.50	71.50
	2	0.76	10.90	82.39
	3	0.59	8.46	90.85
	4	0.45	6.40	97.25
	5	0.13	1.86	99.12
	6	0.05	0.66	99.78
	7	0.02	0.22	100.00

4.1.4.4 主要胁迫要素及主成分得分矩阵

从结果来看,流域水资源主要的胁迫要素是各行业的用水量。区域内的水资源量是有限的,水资源总量对地区的总用水量存在一定的正向作用。不同的水资源丰裕程度,会相应产生不同的经济结构、产业布局、水权分配制度、用水定额、用水结构、用水习惯、节水文化。从保护生态环境和水资源可持续利用方面来讲,区域在某一时期内的水资源可利用量也是有限的,在不考虑区域外调水的情况下,区域内水资源可利用量的多少及优劣就成为水资源需求增长的制约因素。

由表 4. 1-11 可知,居民用水量和城镇公共用水量的主成分载荷分别为 0. 942 和 0. 963,是产生用水压力的主要来源。废污水排放量的主成分载荷为-0. 582,说明流域的污水处理问题不会带来过大的水资源压力。

表 4. 1-11　压力因子成分得分矩阵

指标	主成分
	1
工业用水量	0. 799
农业用水量	0. 903
林牧渔业用水量	0. 767
居民用水量	0. 942
生态环境用水量	0. 901
城镇公共用水量	0. 963
废污水排放量	-0. 582

4. 1. 5　驱动与胁迫要素协同作用下水资源需求变化的状态-影响因素分析

4. 1. 5. 1　状态因子主成分贡献率

由表 4. 1-12 可知,状态指标第一主成分特征值为 4. 68,贡献率为 66. 90%;第二主成分特征值为 1. 61,累计贡献率为 89. 94%,因此提取第一、第二主成分能涵盖大部分原始信息。

表 4. 1-12　状态因子特征值与累计贡献率

因子	主成分	特征值	贡献率/%	累计贡献率/%
状态	1	4. 68	66. 90	66. 90
	2	1. 61	23. 04	89. 94
	3	0. 52	7. 48	97. 41
	4	0. 15	2. 13	99. 54
	5	0. 03	0. 39	99. 93
	6	0	0. 05	99. 98
	7	0	0. 02	100. 00

4. 1. 5. 2　状态因子成分得分矩阵

由表 4. 1-13 可以看出,反映流域内水资源利用度的指标成分载荷呈负相关,在驱动因子和胁迫要素的协同作用下,水资源总量、人均用水量、地表水资源量、地下水资源量的主成分载荷分别为0.990、0.996、0.984、0.904,说明这些因子能说明主要的水资源现状,体现整个水资源系统的基本性能。

表4.1-13 状态因子成分得分矩阵

指标	主成分	
	1	2
人均用水量	0.996	-0.031
农田有效灌溉面积	0.184	0.841
地表水资源量	0.984	0.114
地下水资源量	0.904	0.037
水资源总量	0.990	0.062
水资源开发利用率	-0.939	0.252
总供水量	-0.103	0.907

4.1.5.3 影响因子主成分贡献率

由表4.1-14可知,影响因子第一主成分特征值为5.41,贡献率为77.25%;第二主成分特征值为0.90,累计贡献率为90.05%,因此提取第一主成分能涵盖大部分原始信息。

表4.1-14 影响因子特征值与累计贡献率

因子	主成分	特征值	贡献率/%	累计贡献率/%
影响	1	5.41	77.25	77.25
	2	0.90	12.80	90.05
	3	0.66	9.46	99.51
	4	0.03	0.40	99.91
	5	0.01	0.07	99.99
	6	0	0.01	100.00
	7	0	0	100.00

4.1.5.4 影响因子成分得分矩阵

随着国民经济的发展和人民生活水平的提高,人口向城镇迁移是一种普遍现象,并且随着工业化进程的发展而加快。城镇人口与农村人口的用水水平差异较大,农村居民居住分散,生活用水定额较低,城镇因基础设施较好,用水定额较高,一般是农村居民用水定额的2倍以上,如2000年我国农村居民日生活用水量为89 L,而城镇居民日生活用水量则为219 L。因此,当城镇人口数量增长,水资源现状发生改变,必然会影响城镇化水平的提高。从表4.1-15可以看出,城镇化率是驱动因子和胁迫要素共同作用下的最大影响指标,主成分载荷高达0.991。绿地面积的主成分载荷为0.992,说明流域内植被覆盖率与水资源需求联系紧密。流域内工业、农业发达，故第一产业产值、第二产业产值载荷相对较高，均为 0.985。同时，水价作为调控水资源供需矛盾最灵敏的经济杠杆，即使在不完善的市场机制下，仍是调节需求的关键措施，并影响水资源系统的结构。较高的水价一般有利于减少无谓的损失浪费并促进节水工作的开展，在水价实施过程中，可以看出水价对水资源需求增长起到了很明显的抑制作用。但由于用水户的不同、用水户承受能力的不同、原有水价的不同，调整水价所起的影响作用也不同。在表 4.1-15 的指标中，工业用水价主成分载荷明显高于居民用水价主成分载荷。

表 4.1-15　影响因子成分得分矩阵

指标	主成分
	1
第一产业产值	0.985
第二产业产值	0.985
第三产业产值	0.501
绿地面积	0.992
工业用水价	0.988
城镇化率	0.991
居民用水价	1.524

4.2　考虑物理机制的流域需水预测模型

随着经济社会的不断发展，人类社会因素对水资源的影响愈发显著，对水资源的研究逐渐扩展成受经济社会及自然要素影响的系统性问题。水资源系统是社会-经济-自然可持续发展的信息反馈巨系统之一，具有相对的独立性。水资源系统内部影响因素的相互作用构成子系统，各子系统之间存在相互影响、相互限制的关系，通过子系统与影响因素之间线性与非线性的关系共同构成系统要素的反馈关系。因此，在研究水资源需求预测时，必须考虑到不同系统之间的综合联系。

同时，在复杂多变的水资源系统中，存在大量对用水需求起到不同影响效应的要素，明确这些要素对需水变化的作用程度是准确预测需水量的关键所在。对需水变化起到推动作用的要素视作水资源系统中的驱动因子，而限制需水量增加的要素则是胁迫要素。流域的需水变化是水资源系统中多因子驱动和多要素胁迫共同作用下的结果，研究驱动因子和胁迫要素的变化规律有助于把握流域需水变化的脉络。

此外，物理机制是始终伴随在需水过程中的重要机制。气温、降水量影响作物需水的根本要素，气温上升会导致作物的蒸发量提高，增加对灌溉用水的需求。研究表明，气温变化会影响家庭花园、环境喷洒、家庭游泳池、饮用等用水量，而降水主要影响家庭居民生活用水的室外部分；气温是影响工业需水的主要气象因子，工业冷却用水在工业用水总量中占比近 2/3，气温升高将明显使冷却水与周边的外部环境温差减小，进而增加冷却用水量。可见,研究需水的物理机制有助于极大地提高需水预测的准确性。

综合上述考虑,本书采用系统动力学原理,分析水资源系统中的驱动因子及胁迫要素,探讨需水过程中的物理机制,构建流域需水预测模型,进行不同情景下的需水预测模拟。

4.2.1 需水预测模型方法

4.2.1.1 系统动力学

随着经济社会的发展,水资源的属性和功能变得更加多样化,对水资源的研究逐渐扩展到整个系统。水资源系统与社会、经济、生态环境等外部系统之间的关系变得更加复杂,因而在研究水资源供需管理时,必须考虑到不同系统之间的综合联系。而系统动力学通过定性与定量相结合的数据手段来描述复杂系统中的反馈关系,可在宏观与微观上对复杂多层次、多部门、非线性、大规模的系统进行综合研究,显然适用于大尺度的水资源供需研究。

系统动力学(System Dynamics,SD)自 1956 年由美国 J. W. Forrester 教授提出和创立以来,最早用于解决工业问题,而后发展到经济领域,目前其主要的研究对象为城市社会与世界范围等巨系统。SD 适合处理高阶次、非线性、多重反馈、复杂时变的系统问题,是研究复杂系统运动规律的理想方法。SD 本质为具有时滞的一阶微分方程,描述系统各状态变量的变化率对各状态变量或特定输入的依存关系,根据实际系统的情况和研究需要,将变化率分解为若干流量的描述,使系统概念更加明确。在模型中,流率方程式为主干,描述状态变量(流位)的变化规律,实际上流率方程是以欧拉法数值积分表示,其一般形式为

$$L.K = L.J + DT(IR.JK - OR.JK) \tag{4-1}$$

式中:$L.K$、$L.J$ 为流位向量;$IR.JK$、$OR.JK$ 为流率向量;K 为现在时刻;J 为过去时刻;JK 为 J 时刻到 K 时刻的时间间隔;DT 为计算间隔。

式(4-1)可变形为

$$\frac{L.K - L.J}{DT} = IR.JK - OR.JK \tag{4-2}$$

通过计算机仿真模拟方式反映系统的运行过程,分析系统的结构特性,并进一步对系统行为做出预测。

4.2.1.2 子系统与反馈关系

水资源系统是社会-经济-自然可持续发展的信息反馈巨系统之一,具有相对的独立性,系统内部各影响因素间的因果关系较为复杂,用 SD 因果反馈回路可以简单明确地反映各因素间的本质联系,真实有效地组织和揭示非线性复合系统内部各因素之间及因素内部的反馈机制。

根据水资源系统研究要求,在充分考虑水资源系统内部多要素反馈的前提下,本书将水资源系统划分为供需、经济、人口、生态环境、气候五大子系统。具体子系统结构见图 4.2-1。

(1)供需子系统。供水总量包含地表供水量、地下供水量、调水量及中水再生利用

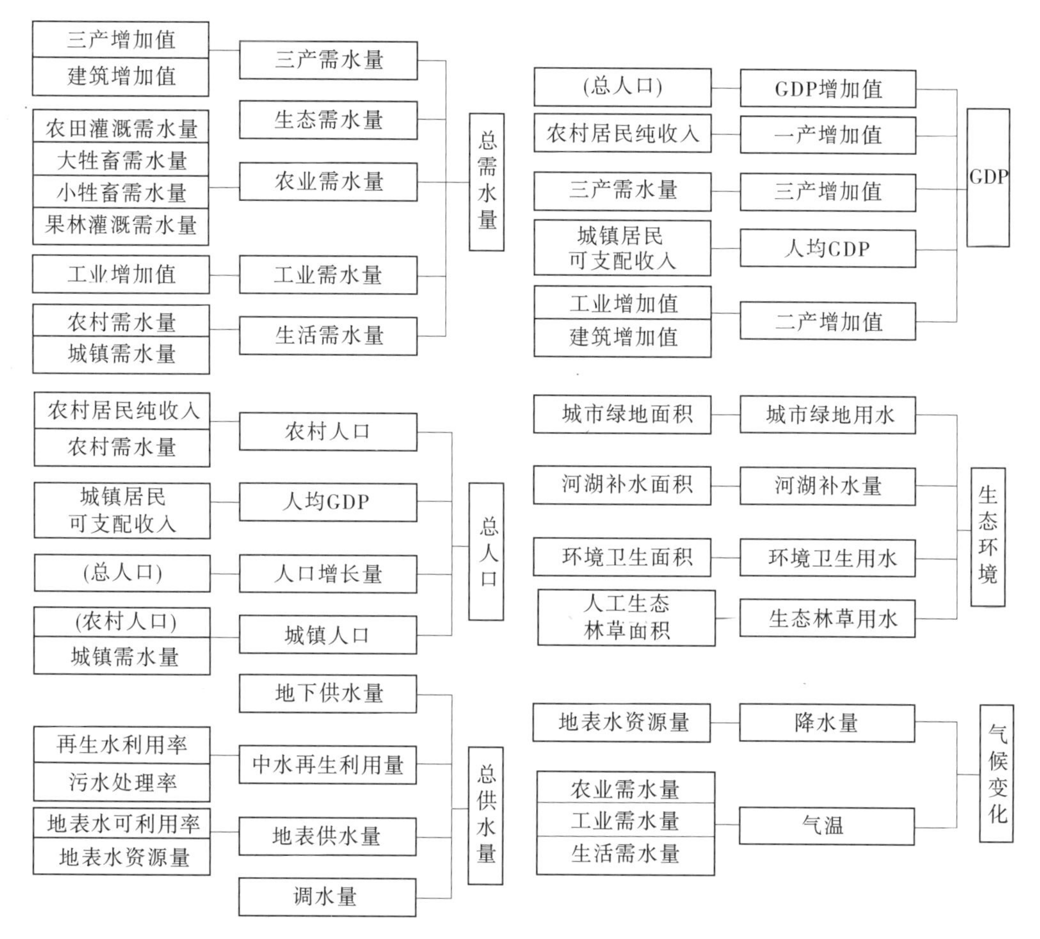

图 4.2-1　子系统结构

量。其中,调水量考虑到了流域在南水北调中补充的水量。需水总量由生活需水量、生态需水量、工业需水量、农业需水量、三产需水量组成。

(2)经济子系统。经济子系统取三大产业的比例作为输入,反映不变价 GDP 的年际变化。建筑业和三产需水量通过建筑业和三产增加值与万元三产综合用水定额确定。工业需水量主要受到工业增加值和万元工业用水量的影响。农业需水量由农田灌溉需水量、牲畜需水量及果林灌溉需水量组成。

(3)人口子系统。人口主要分为城镇人口与农村人口,生活需水量相应分为城镇生活需水量和农村生活需水量。城镇生活需水量综合考虑了城镇用水定额、城镇人口的影响。农村生活需水量主要由农村用水定额及农村人口决定。

(4)生态环境子系统。生态环境需水作为为了保障城乡建设环境保护所需的水量,主要包括城市绿地需水量、河湖补水需水量、人工生态林草需水量与城镇环境卫生需水量。城市绿地需水量主要受城市绿地面积的影响,城市绿地面积和绿地用水定额的变化直接影响城市绿地需水量。

(5)气候子系统。气候表征为气温及降水量。气温主要体现为对农业需水量、工业需水量和生活需水量的影响。降水量则反映为对地表水资源量及地表供水量的影响。

根据对水资源系统内部相关变量制约因素分析,得出具有多重反馈的因果关系结构,主要反馈回路如下:

(1)水资源供需缺口→+缺水程度→-绿地面积增长量→+城市绿地面积→+城市绿地需水→+生态需水→+总需水量→+水资源供需缺口。

(2)水资源供需缺口→+缺水程度→-GDP 增加量→+GDP→+二产增加值→+工业增加值→+工业需水量→+总需水量→+水资源供需缺口。

(3)水资源供需缺口→+缺水程度→-人口增长量→+总人口→-人均 GDP→+城镇居民可支配收入→+城镇用水定额→+城镇需水量→+生活需水量→+总需水量→+水资源供需缺口。

(4)水资源供需缺口→+缺水程度→-GDP 增加量→+GDP→+一产增加值→+农村居民纯收入→+农村用水定额→+农村需水量→+生活需水量→+总需水量→+水资源供需缺口。

(5)总供水量→-缺水程度→-人口增长量→+总人口→+城镇人口→+城镇需水量→+生活需水量→+生活污水量→+污水总量→+污水处理量→+中水再生利用量→+总供水量。

(6)总供水量→-缺水程度→-GDP 增加量→+二产增加值→+工业增加值→+工业需水量→+污水总量→+污水处理量→+中水再生利用量→+总供水量。

其中,“+”为正反馈(使系统振荡或放大控制的反馈),“-”为负反馈(使系统误差减小趋于稳定的反馈)。反馈回路(1)~(4)为负反馈,反馈回路(5)、(6)为正反馈。黄河流域水资源系统反馈关系见图 4.2-2。

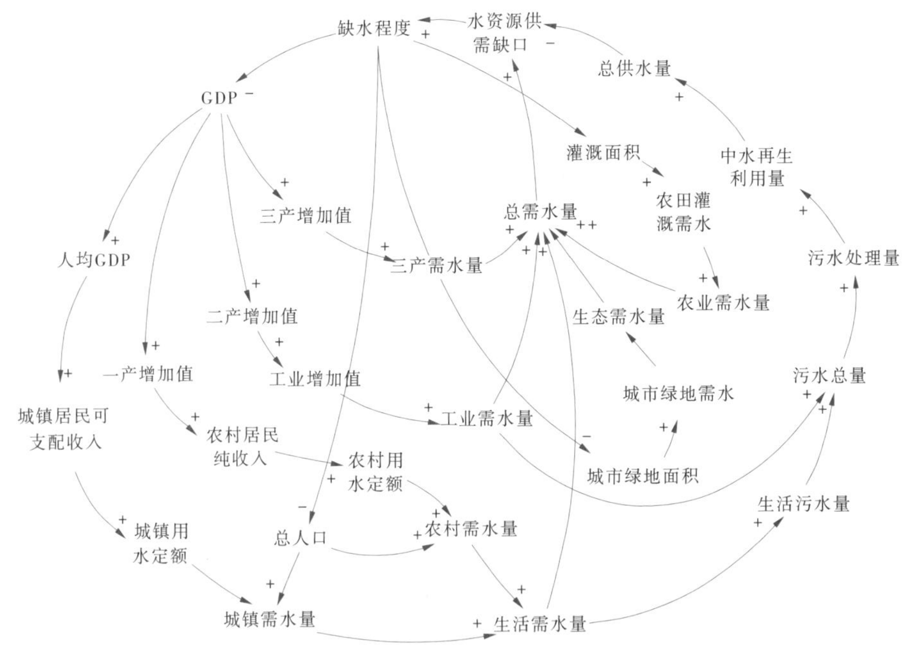

图 4.2-2 黄河流域水资源系统反馈关系

4.2.1.3　多因子驱动及多要素胁迫分析

流域水资源系统是多因子驱动和多要素胁迫共同作用下的复杂供需系统。驱动和胁迫作用见图4.2-3,图中红色变量为胁迫要素,绿色变量为驱动因子。现阶段的流域供需矛盾主要反映为流域内生活水平提高、经济进一步发展及生态环境保护带来的用水需求和流域供水不足之间的矛盾。由供需矛盾可以看出,在流域水资源系统中,多要素在驱动流域需水的增加。近年来,流域人口依然保持增长趋势,城镇化水平在稳步提升,流域经济持续发展,产业结构调整,都驱动着流域需水结构的变化和相关用水需求的增加。此外,从气候变化的角度出发,近30年来,黄河流域的气温上升导致生活饮用、沐浴、洗涤用水、工业冷却用水的需求上升。同时,作物的灌溉需水量与流域的气温变化紧密关联,因而气温的上升势必带来作物需水压力的增加。

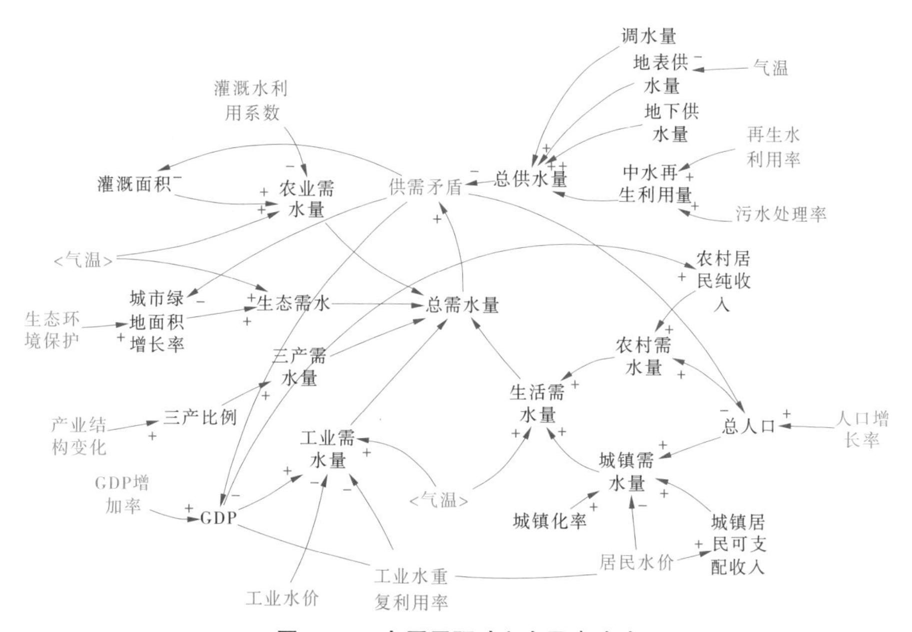

图4.2-3　多因子驱动和多要素胁迫

在各气候因素和经济社会因子的驱动作用下,水资源系统面临需水压力的同时应考虑到需水的相应胁迫机制。供需层面的反馈机制主要体现为缺水程度对流域发展的胁迫影响,进而约束流域的需水量。从气候角度来看,流域的降水量呈下降趋势,年径流量在长时间序列上反映为减少趋势,导致流域内地表供水量下降,进而胁迫流域的用水需求。从水资源管理层面出发,不同的管理策略将导致不同流域需水量。提高节水技术投入,增加工业用水重复利用率,有助于减少工业用水的需求量;同样,提高灌溉供水的节灌效率和水利用效率,可以胁迫农业需水的增长。此外,增加污水处理和再生水技术的投资可以提高整个流域的水利用效率,进而相应地减少部分用水需求。工业及居民用水价格可以保障节水政策在生活和工业方面的实施,对生活需水和工业需水起到较大的胁迫作用。

4.2.2 需水物理机制及计算方法

4.2.2.1 农业需水物理机制

气象因子对灌溉需水的影响相当显著,且灌溉需水占据了农业需水的近85%,因而农业需水的物理机制以研究灌溉需水为主。农业灌溉需水量由灌溉农业的种植结构、面积、区域布局和灌溉定额确定。降水、气温等气象因子直接影响作物的生长,尤其对作物灌溉定额的影响更为直接。灌溉定额是作物需水量与有效降水利用量的差值,在诸多气象因子中,降水和气温是影响农业灌溉定额两个最直接的气象因子。

一方面,气温升高将增加作物蒸散量,从而增加作物需水量。充分灌溉条件下,作物需水量取决于作物种类和参考作物蒸散量(ET_0),气温是影响 ET_0 的诸多气象因子中最为重要的因素,气温的升高将显著地增加作物对水分的需求。另一方面,气温升高对作物生长期也有一定影响。温度是影响植物生长期的关键因素之一:气温升高将导致春季物候期提前,秋季物候期推迟,从而生长期延长,增加作物需水量。

降水是作物生长的主要水源之一,储存于作物根区后可以有效地用于作物的蒸散过程,从而减少作物的灌溉需水量。但当降水强度超过土壤的入渗能力或降水超过土壤储水能力时,降水量中将有一部分形成地表径流流走,或形成深层渗漏流出作物根区,从而不能被作物利用。

农田灌溉需水量包括各种农作物灌溉和由于灌溉水由水源经各级渠道输送到田间有渠系输水损失和田间灌水损失在内的灌溉用水量(见图4.2-4)。农田灌溉需水量的计算公式如下:

$$\mathrm{WA}_t = \sum_{i=1}^{M}\sum_{j=1}^{N}\mathrm{WA}_{i,t,j} = \sum_{i=1}^{M}\sum_{j=1}^{N}\sum_{k=1}^{T}\left(\frac{I_{j,k}\times A_{i,k}}{A_i}\right) \tag{4-3}$$

式中:WA_t 为第 t 年农业灌溉需水量,万 m^3;$\mathrm{WA}_{i,t,j}$ 为第 t 年第 i 个子流域第 j 月的农业灌溉需水量,万 m^3;$A_{i,k}$ 为第 i 个子流域第 k 种作物的有效灌溉面积(或播种面积),万亩;A_i 为第 i 个子流域所有作物的有效灌溉面积(或播种面积),万亩;$I_{j,k}$ 为第 j 月第 k 种作物的灌溉定额,m^3/亩;T 为种植作物种类数,依据各分区实际确定为4;N 为一年的月份个数,12。

根据气象因子对农业需水影响分析结果,物理机制对农田灌溉需水的影响主要包括对作物生长期、作物需水量和有效降水利用量的影响。本书主要考虑后两个因素对农田灌溉需水量进行了修正。农业需水主要考虑气温和降水两个气象因子:气温将直接影响蒸发能力,从而影响作物需水量;降水的变化主要影响有效降水的利用量。

考虑非充分灌溉的情况,作物的灌溉需水定额可以通过下式计算:

$$I_{\mathrm{irr}} = \frac{\alpha K_{\mathrm{c}} E_{\mathrm{p}} - P_{\mathrm{e}}}{\eta} \tag{4-4}$$

式中:I_{irr} 为灌溉需水定额,mm;η 为灌溉水利用系数,是作物利用的灌溉水量与毛灌溉水量的比值;α 为非充分灌溉系数,是作物利用水量与作物需水量的比值;K_{c} 为作物系数;E_{p} 为潜在腾发量,mm,P_{e} 为作物利用的有效降水量,mm。

在本书的研究中,未来气温和降水的变化主要影响了 E_{p} 和 P_{e},忽略气候因子的变化

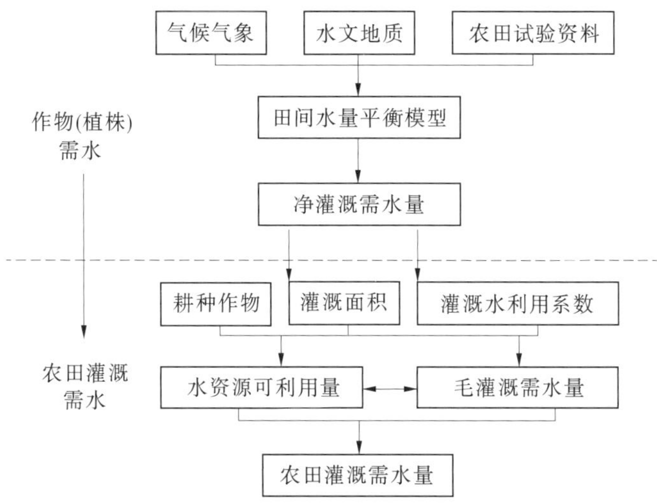

图 4.2-4　农业灌溉需水预测总体思路

对灌溉水利用系数、非充分灌溉情况和作物种植结构的影响。

(1)潜在腾发量。

利用气候模式预估未来气温、相对湿度、风速、大气压等结果,根据 Penman-Monteith 公式计算 E_p。

参考作物腾发量(ET_0)的计算采用比较公认的(FAO 推荐)彭曼-蒙特斯方程:

$$ET_0 = \frac{0.408\Delta(R_n - G) + \frac{900}{T + 273}\gamma U_2(e_s - e_d)}{\Delta + \gamma(1 + 0.34U_2)} \tag{4-5}$$

式中:ET_0 为参考作物腾发量;R_n 为冠层表面净辐射,G 为土壤热通量;e_s 为饱和水汽压;e_d 为实际水汽压;Δ 为饱和水汽压与温度曲线斜率;γ 为湿度计常数;U_2 为 2 m 高处风速;T 为平均温度。

(2)有效降水量。

有效降水是储存于作物根区后可以有效地用于作物的蒸散过程的降水,主要影响因子包括降水特性、土壤特性、作物蒸腾蒸发速率和灌溉管理等,一般规定阶段降水量小于某一数值时为全部有效,大于某一数值时用阶段降水量乘以某一有效利用系数值确定,多数情况下不考虑阶段需水量和下垫面土壤储水能力,其计算公式一般为

$$P_e = \min(\alpha P_t, K_c E_p) \tag{4-6}$$

式中:α 为有效降水系数,其值与一次降水量、降水强度、降水延续时间、土壤性质、地面覆盖及地形等因素有关;P_t 为时段降水量。

在不同气候情景下有效降水计算中,主要考虑降水量变化对有效降水的影响,有效降水系数取值如表 4.2-1 所示。

表 4.2-1　有效降水系数 α 取值

月降水量/mm	<5	5~30	30~50	50~100	100~150	>150
有效降水系数	1	0.85	0.80	0.70	0.58	0.48

4.2.2.2 工业需水物理机制

工业是国民经济发展的主要推动力量,并随着工业化进程的加快,逐渐成为水资源需求大户。工业用水除受产业结构、生产规模等因素的制约外,气候要素亦对其产生一定的影响。

气候要素对工业需水量的影响体现在各个环节,但这种影响大部分是间接影响。气温是影响工业需水量的主要气候因子。通常情况下,工业生产过程中,工业用水主要用于加工、冷却、净化等环节。其中,冷却用水量最大,约占整个工业用水量的60%,以增温为背景的气候变化导致工业冷却水的效率降低,使得工业需水量增加。据有关资料,基于我国现有的冷却效率,初步估计气温每升高1 ℃,全国工业冷却需水量增加1%~2%。从万元产值用水量的角度可以将万元产值用水量划分为万元产值用水量的趋势项和扰动项,其中扰动项即可看作气温变化对万元产值工业用水产生的影响。将万元工业用水量序列划分为趋势项和扰动项:工业用水量=万元产值用水量变化的趋势项+气温变化引起的扰动项。

工业需水量的变化还受许多因素影响。概括起来主要有三个方面:一是人为因素,主要是用水管理水平、节水情况及节水技术的发展;二是产业结构的变化,取决于新建、扩建、改建工业的类型和规模,工业的发展速度;三是气候因素,可以概述为气温要素对工业用水过程的影响作用。本书所考虑的主要是三个方面因素共同作用下的工业需水变化。

一般而言,常用的工业需水预测方法主要是多元回归分析方法,即对历年工业产值与用水量资料进行统计分析,建立数学模型,分析经济、产业结构、用水管理及气候因子等要素对工业需水量的驱动和胁迫作用,进而得出工业需水量的变化趋势。万元工业增加值需水量的数学模型为

$$\ln(\mathrm{IWG}) = b_0 + b_1\ln x_1 + b_2\ln x_2 + b_3\ln x_3 \tag{4-7}$$

式中:IWG为万元工业增加值需水量;x_1为工业水重复利用率;x_2为工业水价;x_3为气温变化量。

在本书中,认为一般工业、建筑业与第三产业的需水受到其所处地区的水资源条件、企业规模、建厂时期、工艺状况、管理水平及水费所占成本的比例等因素影响,即不同行业、不同地区、不同规模、不同工艺、不同的经济状况、不同的水资源条件,其需水情况有明显差异。本书对于一般工业、建筑业和三产的需水预测,主要采用单位增加值需水量法,即等于万元增加值用水量与相应的经济发展指标的乘积:

$$\mathrm{WI}_t = \sum_{i=1}^{M} (\mathrm{IGDP}_{i,t} \times \mathrm{IWG}_{i,t}) \tag{4-8}$$

$$\mathrm{WC}_t = \sum_{i=1}^{M} (\mathrm{CGDP}_{i,t} \times \mathrm{CWG}_{i,t}) \tag{4-9}$$

$$\mathrm{WT}_t = \sum_{i=1}^{M} (\mathrm{TGDP}_{i,t} \times \mathrm{TWG}_{i,t}) \tag{4-10}$$

式中:$\mathrm{IGDP}_{i,t}$、$\mathrm{CGDP}_{i,t}$和$\mathrm{TGDP}_{i,t}$分别为第i个子流域第t年的一般工业、建筑业和第三产业的增加值规模,亿元;$\mathrm{IWG}_{i,t}$、$\mathrm{CWG}_{i,t}$和$\mathrm{TWG}_{i,t}$分别为第i个子流域第t年的一般工业、建筑业和第三产业的万元增加值用水量,m^3/万元。

4.2.2.3　生活需水物理机制

生活需水预测主要包括饮用水需水量、洗漱需水量、环境清洁需水量、洗衣需水量、洗澡需水量和烹饪加冲厕用水。其中的饮用、洗衣、洗澡及环境清洁用水皆与气候要素相关。相关研究表明,气温相差大直接导致居民的洗澡、洗衣用水量不同,在气候区不同的城市人均生活用水定额会有所浮动,例如我国气温较高的南方地区生活用水定额明显高于北方地区,也反映了生活需水量与气温具有一定的正相关关系。

不同的气候要素对生活用水的影响程度不同,其中降水和气温对居民家庭生活用水影响最大。气温升高导致蒸发增大,会增加家庭花园、环境喷洒、家庭游泳池、饮用等用水量。此外,天气炎热,人容易出汗,增加了洗澡、洗衣的用水量,进而增加了生活用水量;而降水主要影响家庭居民生活用水的室外部分,如家庭花园、家庭游泳池、洗车等。统计分析资料显示,年降水量减少10%,可以使得人均居民生活用水量提高3.9%;年均温度上升1 ℃,会导致人均居民生活用水量提升6.6%。

生活需水总量的计算方程如下:

$$Q_{total}=Q_{drink}+Q_{wash}+Q_{env}+Q_{laundary}+Q_{bath}+Q_{kitchen}+Q_{toilet} \tag{4-11}$$

(1)饮用水需水量计算方程。

$$Q_{i,drink}=\begin{cases}U_{a,drink}\cdot N_a+U_{c,drink}\cdot N_c & T_i<20\ ℃\\(U_{a,drink}\cdot N_a+U_{c,drink}\cdot N_c)\cdot 0.05T_i & T_i\geqslant 20\ ℃\end{cases} \tag{4-12}$$

其中

$$Q_{i,rigidity}=U_{a,drink}\cdot N_a+U_{c,drink}\cdot N_c$$
$$U_{elasticity}=0.05(U_{a,drink}\cdot N_a+U_{c,drink}\cdot N_c)(T_i-20) \tag{4-13}$$

式中:$Q_{i,drink}$ 为目标家庭年内第 i 日家庭成员饮用需水量,L;$U_{a,drink}$ 为成人每日基本饮用水需求定额,一般取2.5 L/d;$U_{c,drink}$ 为孩童每日基本饮用水需求定额,一般取2.0 L/d;N_a 为家庭中18岁以上成人的数量;N_c 为家庭中18岁以下的孩童数量;T_i 为模拟当日平均气温。

(2)洗漱需水量计算方程。

$$Q_{i,wash}=U_{wash}\cdot S\cdot\left(N_{a1}\cdot\frac{T_1}{24}+N_{a2}\cdot\frac{T_2}{24}+N_c\cdot\frac{T_3}{24}\right) \tag{4-14}$$

式中:$Q_{i,wash}$ 为目标家庭年内第 i 日洗漱需水量,L;U_{wash} 为家庭洗漱一次的需水量,L;S 为正常人一日的洗漱次数,根据问卷调查确定;N_{a1}、N_{a2}、N_c 分别为家庭成员中老人、中青年和孩童的人数;T_1、T_2、T_3 分别为不同年龄段的家庭成员一天在家里的居留时间,h。

(3)环境清洁需水量计算方程。

$$Q_{i,env}=U_{env}\cdot A\cdot|P(e)-R(e)| \tag{4-15}$$

式中:$Q_{i,env}$ 为目标家庭年内第 i 日清洁需水量,L;U_{env} 为单位面积的清洁需水量,L/m^2;A 为家庭居住面积,m^2;$P(e)$ 为家庭拖地发生的频率;$R(e)$ 为0~1之间的随机发生数。

(4)洗衣、洗澡需水量计算方程。

城市家庭中,洗澡过后通常需要换洗衣物,因此洗衣和洗澡几乎是同时发生的,频率几乎一致,导致总用水量差别主要取决于单次发生用水量,用水量呈现定比关系。

$$Q_{\text{laundary}} + Q_{\text{bath}} = \left[\frac{T_{\text{hot}}}{365} + \frac{1}{n}\left(1 - \frac{T_{\text{hot}}}{365}\right)\right] \times \left[BL_0 + \left(\frac{1}{2} + \frac{1}{\pi}\tan^{-1}\left(\frac{x-3}{\alpha}\right)\right) \cdot \Delta BL + \Delta BL_1 \cdot y\right] \tag{4-16}$$

式中：T_{hot} 为研究区一年中气温大于 25 ℃的天数；x 为人均 GDP；α 为伸缩系数，表示人均生活用水随人均 GDP 的变化程度；BL_0 为一次洗澡和洗衣的用水需求；ΔBL 为随经济发展水平波动的洗衣和洗澡用水需求；ΔBL_1 为随用水价格波动的洗衣和洗澡用水需求；y 为居民水价。

(5)烹饪加冲厕用水。

由于烹饪和冲厕需水量几乎不受经济条件、气候变化等客观因素影响，因而该单次发生量可按照定额计算，根据计算结果，现状烹饪加冲厕需水量约占生活总需水量的 23.1%，因此烹饪加冲厕需水量约取现状用水定额的 1/5。

4.2.3 流域气象要素变化趋势分析

4.2.3.1 趋势分析方法

需水的物理机制主要体现在气象因子对需水过程的影响，不同气象因子的变化对需水过程的影响程度不同。考虑物理机制对流域需水的作用，需要明确流域气象要素的变化趋势。因此，本书采用线性趋势法、累积距平法分析流域不同区域的气象因子变化趋势，并结合 Mann-Kendall 趋势检验法识别趋势变化的显著性。

1. 线性趋势法

采用线性趋势法反映气象因子随时间的变化规律。绘制气象因子随时间序列变化的动态曲线，并以合理的直线进行拟合，从而建立 y 和 x 之间的一元线性回归方程：

$$y = b + ax \tag{4-17}$$

式中：y 为气象因子；b 为回归系数；a 为线性倾向率；x 为时间。

2. 累积距平法

累积距平法是一种用于判断变化趋势的方法，同时通过对累积距平曲线的分析，也可以划分序列变化的转折性。对于 n 个样本的序列 x，某一时刻 t 的累积距平表示为

$$\hat{x}_t = \sum_{i=1}^{t}(x_i - \bar{x}) \quad t = 1,2,3,\cdots,n \tag{4-18}$$

式中：$\bar{x}$ 为序列均值。

4.2.3.2 气象因子时序变化分析

本书采用黄河流域 95 个气象站点(见图 4.2-5)的日均数据，分析了流域不同作物种植区域 1981—2018 年的平均气温、最高气温、最低气温、降水量和相对湿度等气象要素的变化趋势及趋势的显著性。

图 4.2-6~图 4.2-8 为黄河流域降水量、平均气温、最高气温、最低气温、相对湿度、平均风速以及日照时数(泰森多边形法)的年际变化趋势和距平百分率。由图 4.2-6~图 4.2-8 可知，近 40 年来黄河流域的年降水量、最高气温、最低气温及平均气温均呈缓慢增加的态势，增加速率分别为 9.971 mm/10 a、0.443 ℃/10 a、0.461 ℃/10 a、0.482 ℃/10 a；流域的相对湿度、平均风速以及日照时数均呈缓慢减少的态势，减少速率分别为 0.871%/10 a、0.024 (m/s)/10 a、15.67 h/10 a。

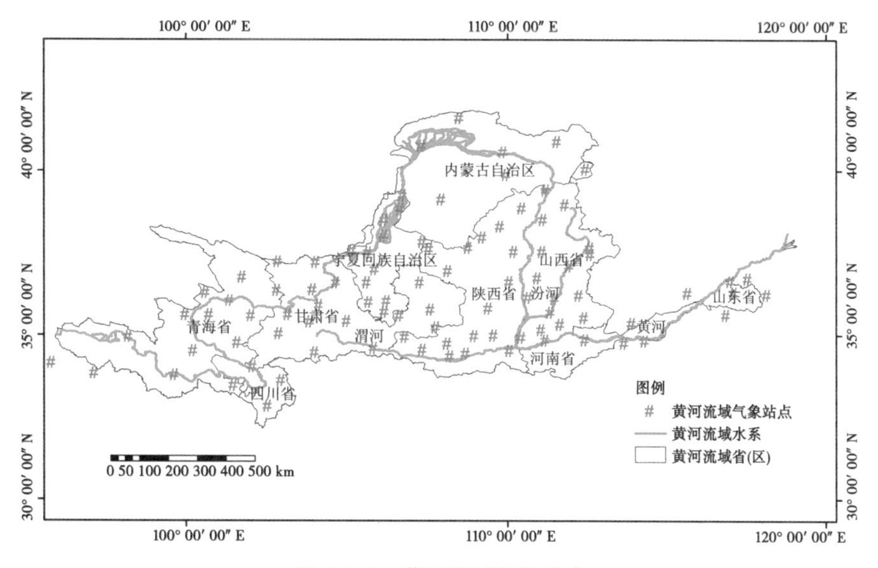

图 4.2-5　黄河流域气象站点

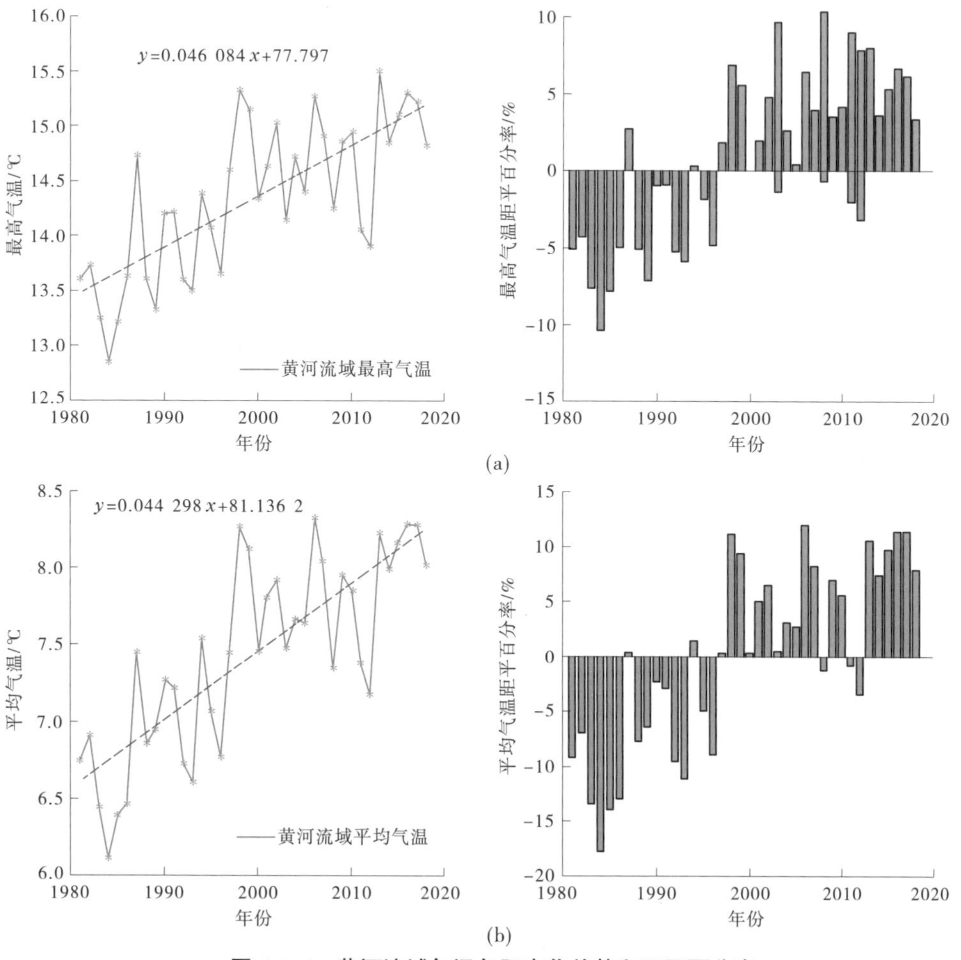

图 4.2-6　黄河流域气温年际变化趋势和距平百分率

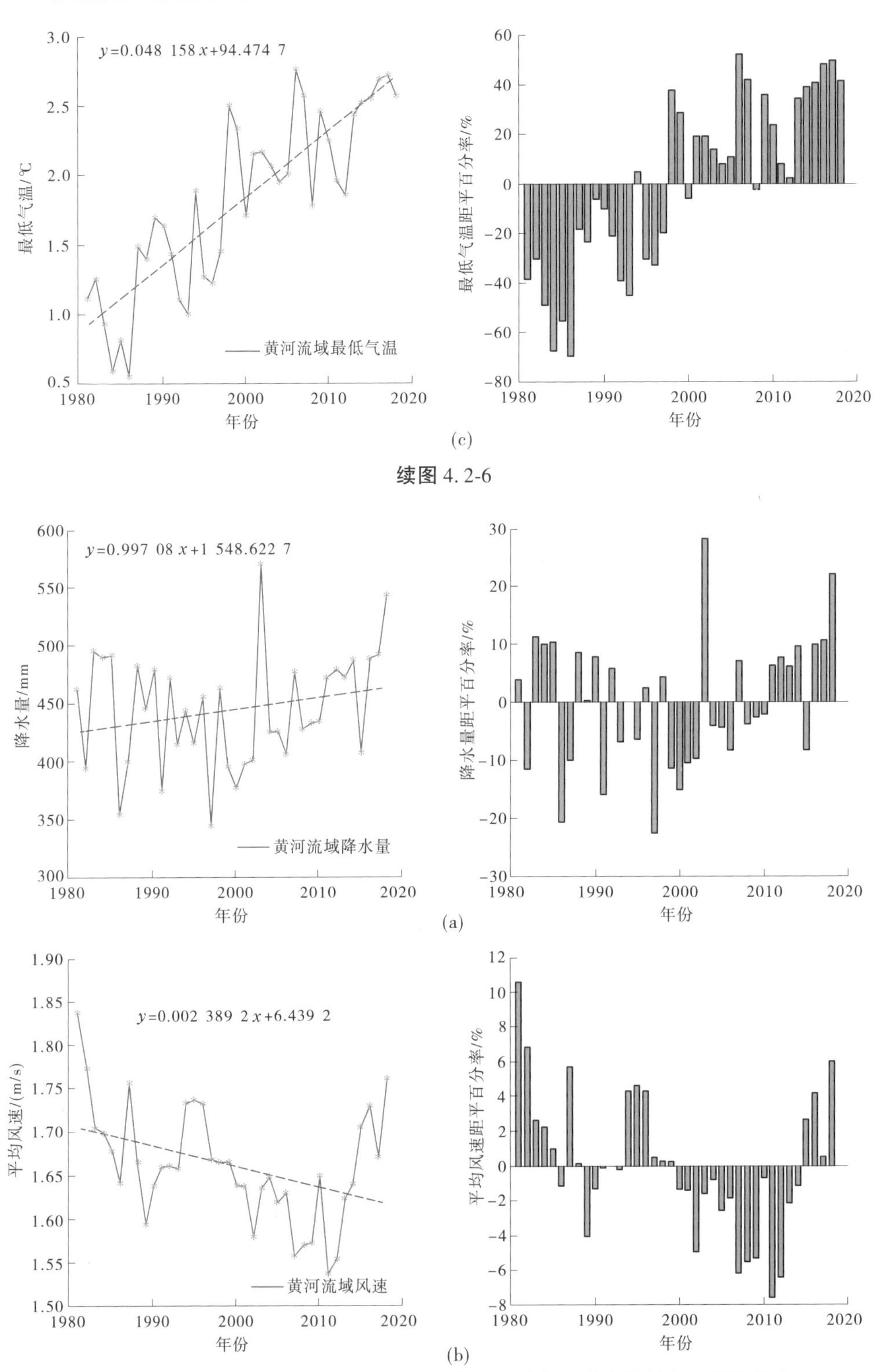

续图 4.2-6

图 4.2-7 黄河流域降水量、平均风速及相对湿度年际变化趋势和距平百分率

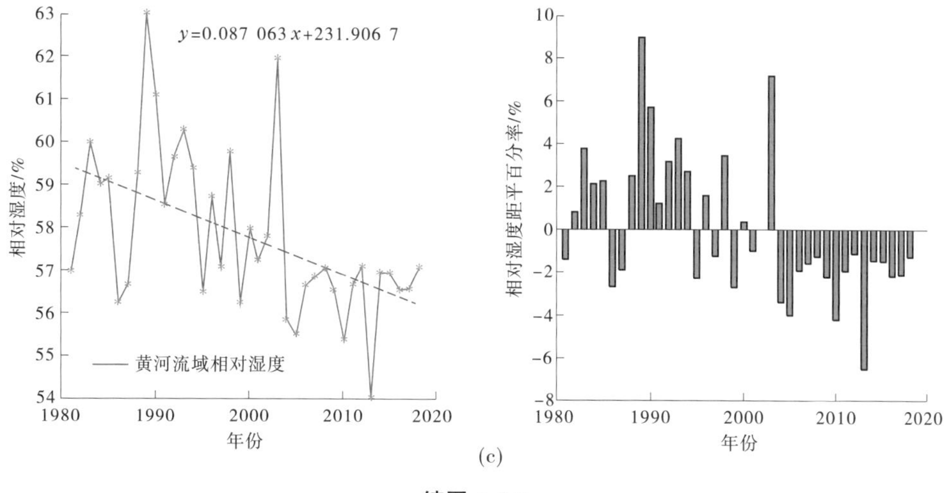

续图 4.2-7

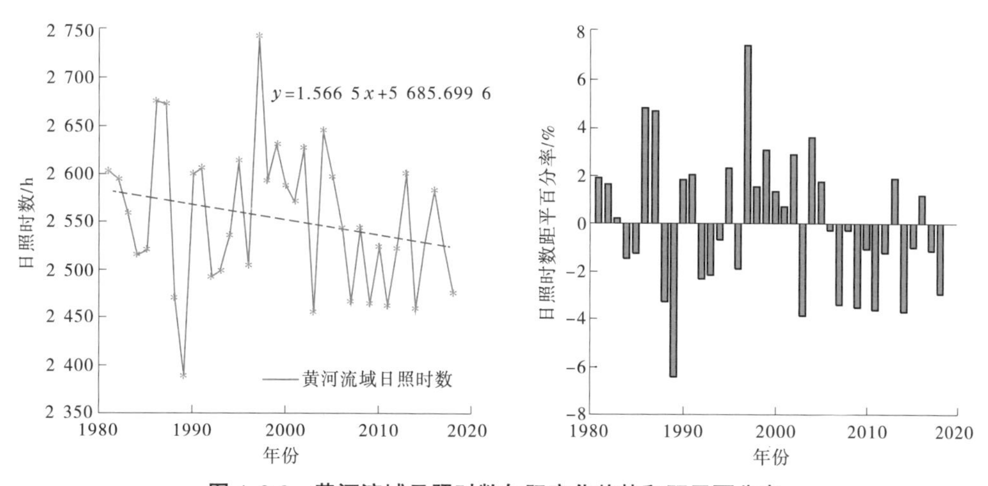

图 4.2-8　黄河流域日照时数年际变化趋势和距平百分率

由表 4.2-2 可知，近 40 年间黄河流域各种植区域的气温皆呈现显著的增加趋势。各区域平均气温增加速率为 0.436~0.451 ℃/10 a，其中春小麦种植区域增加速率最快，棉花种植区域增加速率最慢；各区域最高气温增加速率为 0.403~0.480 ℃/10 a，其中春小麦种植区域增加速率最快，夏玉米种植区域增加速率最慢；各区域最低气温增加速率为 0.465~0.553 ℃/10 a，其中夏玉米种植区域增加速率最快，春小麦种植区域增加速率最慢。

表 4.2-2　黄河流域各种植区域气温的倾向率和显著性

区域	平均气温		最高气温		最低气温	
	倾向率/(℃/10 a)	M-K 统计值	倾向率/(℃/10 a)	M-K 统计值	倾向率/(℃/10 a)	M-K 统计值
春小麦种植区	0.451	5.129	0.480	4.928	0.465	5.431
冬小麦种植区	0.446	4.903	0.462	4.375	0.499	5.632

续表 4.2-2

区域	平均气温		最高气温		最低气温	
	倾向率/（℃/10 a）	M-K统计值	倾向率/（℃/10 a）	M-K统计值	倾向率/（℃/10 a）	M-K统计值
春玉米种植区	0.437	4.526	0.458	4.149	0.469	4.878
夏玉米种植区	0.440	4.878	0.403	3.847	0.553	5.708
大豆水稻种植区	0.441	4.702	0.448	4.400	0.492	5.280
棉花种植区	0.436	4.777	0.445	4.325	0.488	5.255
黄河流域	0.443	5.154	0.461	4.501	0.482	5.557

从表 4.2-3 中可知，黄河流域各种植区域的降水量在时间序列上表现为不显著的增加趋势，其中春小麦种植区域的降水量增加速率最快，为 11.22 mm/10 a；黄河流域各种植区域的相对湿度、平均风速及日照时数的年际变化皆表现为缓慢减少趋势，其中相对湿度的减少趋势比较显著。平均风速及日照时数在大部分种植区域表现为不显著减少，其中夏玉米种植区域呈现显著减少趋势。

表 4.2-3　黄河流域各种植区域气象因子的倾向率和显著性

区域	降水量		相对湿度		平均风速		日照时数	
	倾向率/（mm/10 a）	M-K统计值	倾向率/（%/10 a）	M-K统计值	倾向率/[（m/s）·10 a]	M-K统计值	倾向率/（h/10 a）	M-K统计值
春小麦种植区	11.22	1.23	-0.84	-3.39	-0.03	-2.39	-12.77	-1.33
冬小麦种植区	8.62	1.28	-0.91	-3.04	0	-0.33	-10.85	-0.93
春玉米种植区	8.94	1.26	-0.81	-2.39	0	-0.20	-0.07	-0.20
夏玉米种植区	8.35	0.43	-0.98	-2.89	-0.05	-3.39	-55.59	-2.89
大豆水稻种植区	8.74	1.36	-0.85	-2.49	-0.01	-1.03	-13.96	-1.16
棉花种植区	8.73	1.53	-0.83	-2.67	0	-0.73	-13.17	-1.13
黄河流域	9.97	1.48	-0.87	-3.02	-0.02	-2.77	-15.67	-1.58

4.2.4　模型流图构建

在定性分析水资源系统内部的胁迫反馈关系基础上，本书需要定量分析系统内部不同变量对水资源系统的影响程度。因此，本书基于系统动力学原理，以 Vensim-PLE 为平台建立水资源系统动力学模型。模型以黄河流域为模拟的空间边界，取 2006—2030 年为模拟时间边界，其中 2006—2017 年为模型历史验证年份，2006 年为现状年，时间步长为 1 年，具体模型流图见图 4.2-9 和图 4.2-10。

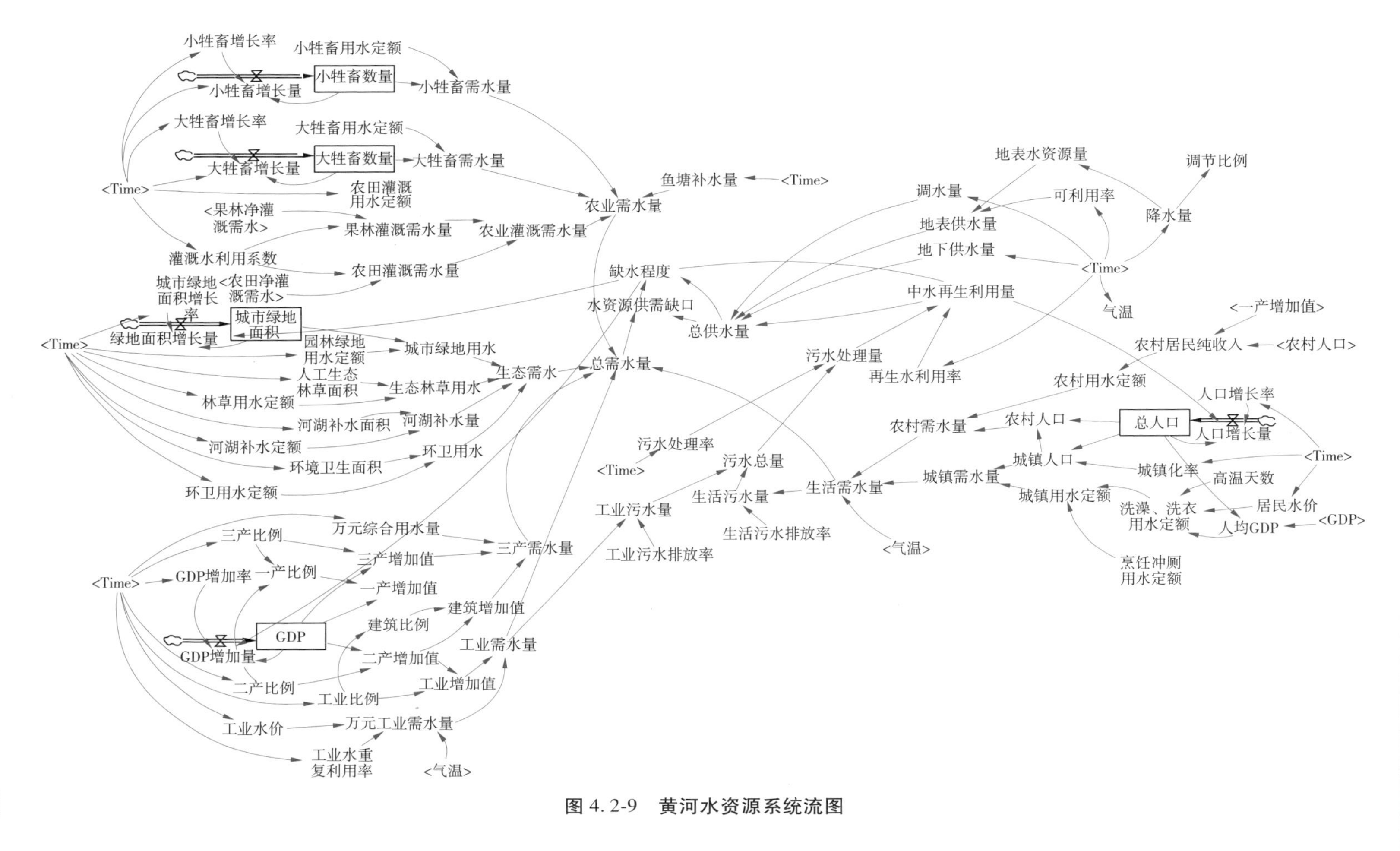

图 4.2-9　黄河水资源系统流图

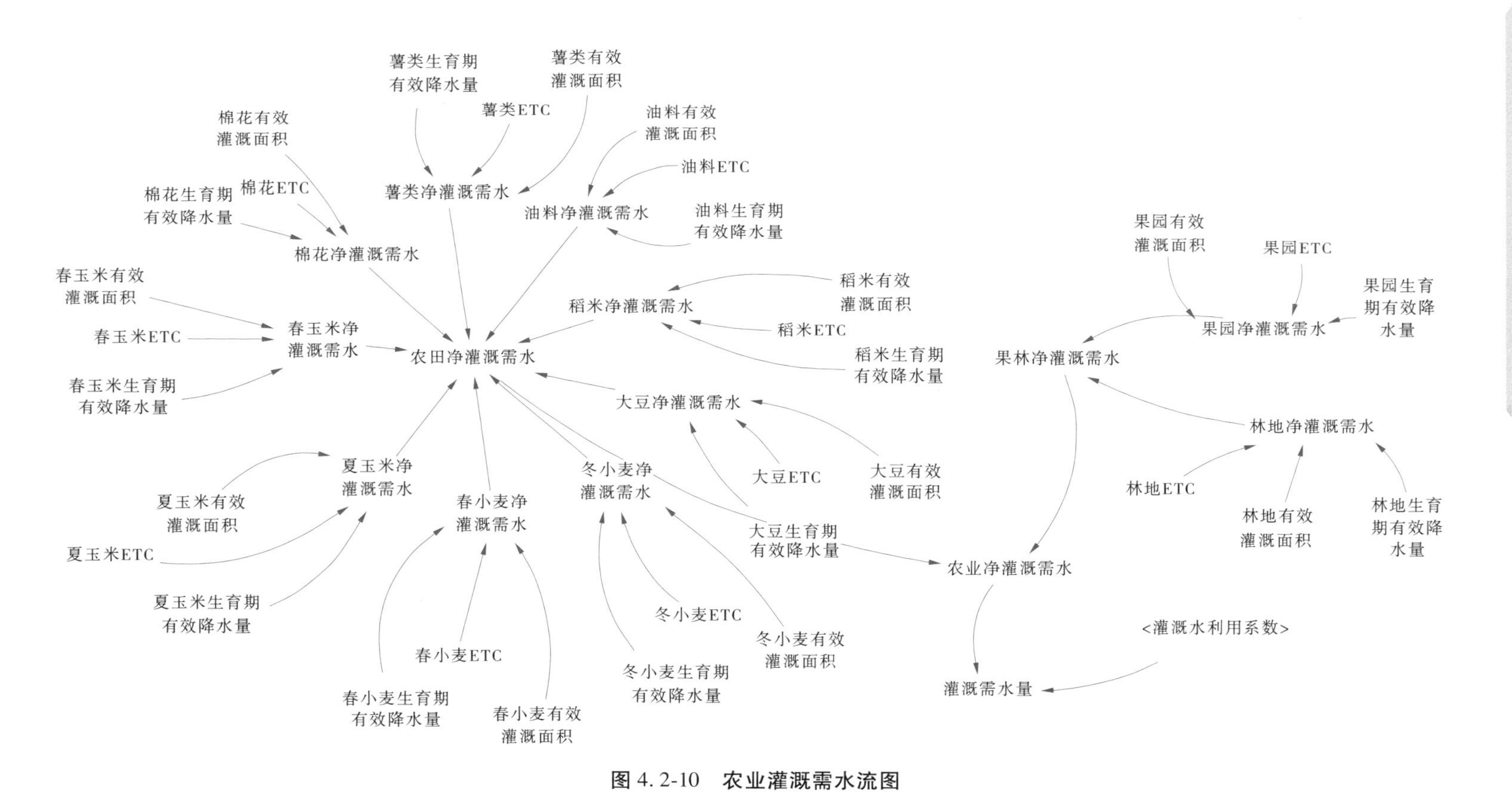

图 4.2-10　农业灌溉需水流图

4.3 黄河流域经济社会需水量预测

4.3.1 不同经济社会发展情景

4.3.1.1 需水情景分析

1. 经济发展态势分析

现阶段黄河流域的经济社会发展主要表现为高速度向高质量转变的发展态势,流域经济仍然以中高速发展为主。流域产业结构在经济新常态的带动下逐步发生转变,第一、第二产业仍占较大比重。此外,黄河流域的水污染和大气污染也较为严重,生态环境用水存在被占用现象,流域的能源利用效率较低,需水压力突出,水资源保障形势严峻。

党的十九大报告指出,新时代中国经济的基本特征是由高速增长阶段转向高质量发展阶段。生态保护是黄河流域高质量发展的生命底线,良好的生态环境是黄河流域可持续发展的基础,是高质量发展的基础,黄河流域的高质量发展必须走生态优先的高质量发展之路,使绿水青山产生巨大的经济效益、社会效益和生态效益。以黄河流域生态保护和高质量发展为主要政策参考,预测未来的经济社会发展态势:

(1)经济发展。高质量的经济发展要求不应仅注重经济发展速度的提升,更要注重经济发展质量和效益。因此,从未来的经济发展侧重来看,经济会呈现缓速增长、重质量的发展趋势。黄河流域是我国重要的粮食产区和能源基地,当前第一、第二产业占较大比重,为促进经济结构优化和转型升级,将会适度增加以服务业为主的第三产业占比。

(2)社会生活。随着社会生产力的进一步提高,社会主要矛盾发生了变化,人民群众对生活质量提出了更高的要求,因此城镇化率会在将来相当长的一段时间内保持增加趋势,生活用水的需求会随着人们对生活质量的要求的提高而随之提高,进而加大节水程度的要求。

(3)生态环境。黄河流域生态环境脆弱,制约着沿线省(区)的经济社会发展。做好生态环境保护工作是黄河流域高质量发展的基础,保护与发展和谐并举,相互促进。改善黄河流域生态状况,不仅需将黄河流域视作一个有机整体,改善全流域整体生态状况,如强化对全流域保护区的建设和管理、加强城市公园绿地建设等。作为流域发展的制约因素,生态环境的治理将来会成为与经济发展并重的要素。因此,城市绿地、河湖补水、生态林地用水的占用现象会逐渐减少,生态用水量会逐步上升。

2. 不同情景设定

在上述经济社会发展分析的基础上,依据水资源系统动力学模型,根据反馈关系和驱动因子的分析结果,选择相关决策参数:GDP 增长率、第三产业占比、人口增长率、城镇化率等驱动因子作为用水需求变化的驱动力参数;城市绿地面积增长率、生态林草用水定额作为生态环境政策调整参数;再生水利用率、农田灌溉定额、灌溉水利用系数、居民用水价、工业用水价及工业水重复利用率等胁迫要素作为水资源管理政策及节水技术反映参数。依照未来不同情景的具体意义,设定参数,拟预测 6 种情形的供需情况,不同情景的相关参数见表 4.3-1 和表 4.3-2。

表 4.3-1　不同情景下经济社会及生态相关参数

情景	时间	GDP 增长率/%	第三产业占比/%	人口增长率/%	城镇化率/%	城市绿地面积增长率/%	生态林草用水定额/(m³/亩)
现状延续情景	2020	6.50	34.11	0.35	54	7	160
	2025	6.50	36.56	0.35	58.5	7	133
	2030	6.50	39.00	0.35	63	7	133
情景 2	2020	6.37	35.82	0.33	54	8.1	200
	2025	6.37	38.38	0.33	58.5	8.1	213
	2030	6.37	40.95	0.33	63	8.1	240
情景 3	2020	5.85	35.82	0.30	54	7.4	200
	2025	5.85	38.38	0.30	58.5	7.4	207
	2030	5.85	40.95	0.30	63	7.4	220
情景 4	2020	6.37	37.52	0.32	55	7.7	200
	2025	6.37	40.21	0.32	60	7.7	213
	2030	6.37	42.90	0.32	65	7.7	247
情景 5	2020	7.15	39.23	0.37	55	7.4	160
	2025	7.15	42.04	0.37	60	7.4	160
	2030	7.15	44.85	0.37	65	7.4	160

表 4.3-2　不同情景下节水相关参数

情景	时间	居民水价/(元/t)	工业水价/(元/t)	工业水重复利用率/%	灌溉水利用系数	再生水利用率/%
现状延续情景	2020	1.6	2.600	82.300	0.525	20
	2025	1.65	2.620	83.150	0.56	27
	2030	1.7	2.650	84.000	0.58	33
情景 2	2020	1.680 0	2.620	82.700	0.536	21.00
	2025	1.732 5	2.670	84.600	0.575 5	28.35
	2030	1.785 0	2.720	86.500	0.6	34.65
情景 3	2020	1.840 0	2.650	83.000	0.567 4	23.00
	2025	1.897 5	2.750	86.000	0.611 8	31.05
	2030	1.955 0	2.850	88.000	0.64	37.95

续表 4.3-2

情景	时间	居民水价/(元/t)	工业水价/(元/t)	工业水重复利用率/%	灌溉水利用系数	再生水利用率/%
情景 4	2020	1.760 0	2.630	83.000	0.55	22.00
	2025	1.815 0	2.715	85.750	0.59	29.70
	2030	1.870 0	2.800	87.500	0.61	36.30
情景 5	2020	1.680 0	2.610	82.500	0.53	21.00
	2025	1.732 5	2.665	84.500	0.57	28.35
	2030	1.785 0	2.720	86.500	0.593	134.65

(1)现状延续情景:结合黄河流域综合规划及相关资料拟定(相应参数包括 GDP 增长率、三产比例、人口增长率、城镇化率、城市绿地面积增长率、生态林草用水定额、再生水利用率、农田灌溉定额、灌溉水利用系数、居民水价、工业水价及工业水重复利用率)。现状延续情景是模型情景分析的基础情景,参数设定尤为重要。其中,考虑到 GDP、城镇化率、三产及人口的现状情势,均保持现状增长水平;而现状水平的再生水利用率、灌溉水利用系数和工业水重复利用率均来自《规划和建设项目节水评价技术要求》中的相关统计结果;而城市绿地面积增长率、居民水价、工业水价则通过黄河流域各省(区)数据统计得到;对于现状延续情景下的农田灌溉定额和生态林草用水定额,则根据相关的定额规范确定。

综上,所设参数可以反映现状延续情景:人口与 GDP 均保持现状增长水平,生态用水存在被占用现象、流域节水程度较低,存在水资源保障形势严峻、流域生态环境脆弱、区域发展质量有待提高等突出问题。

(2)情景 2:该情形下以注重生态保护为主,节水为辅,综合考虑了经济与人口的增长速度放缓的情形(在现状基础上,生态参数提高 15%,节水为一般水平,节水参数基本提高 5%,人口增长速度与经济增长速度减少 5%)。

(3)情景 3:该情形下以注重节水为主,发展生态为辅,综合考虑了经济与人口的增长速度放缓的情形(在现状基础上,生态参数提高 5%,节水为超常水平,节水参数基本提高 15%,人口增长速度减少 15%,经济增长速度减少 10%)。

(4)情景 4:该情形下综合考虑了经济社会发展及节水生态问题(在现状基础上,生态参数提高 10%,节水为强化水平,节水参数基本提高 10%,人口增长速度减少 10%,经济增长速度减少 5%)。

(5)情景 5:该情形下以发展经济社会为主,同时考虑经济发展带来的用水压力及社会进步的反补作用,带动节水和生态发展(在现状基础上,生态参数提高 5%,节水为一般水平,节水参数基本提高 5%,人口增长速度提高 5%,经济增长速度提高 10%)。

(6)黄河综合规划情景:根据黄河流域(片)水资源综合规划中对黄河流域需水情形预测而拟定的情景。

4.3.1.2　各情景经济社会发展水平

1. 人口与城镇化

黄河流域大部分省(区)位于中西部地区,少数民族集中,人口增长较快,高于全国平均水平,2017 年总人口达到 11 866 万人。2025 年以后,社会发展侧重点转向注重民生的高质量发展,人口呈现“低增长率,高增长量”的发展态势。

预计 2025 年和 2030 年黄河流域总人口分别达到 12 820 万~12 860 万人和 13 010 万~13 100 万人,2017—2025 年和 2025—2030 年年均增长率分别为 4.9‰~5.3‰和 3.0‰~3.7‰,详见表 4.3-3。

2017 年黄河流域的城镇人口为 6 270 万人,城镇化率为 52.8%。预计 2025 年和 2030 年城镇人口分别达到 7 499 万~7 715 万人和 8 198 万~8 513 万人,城镇化率分别为 58.5%~60%和 63%~65%,各省(区)城镇化水平提高显著,详见表 4.3-3。

表 4.3-3　黄河流域人口预测

各情景	总人口/万人			城镇人口/万人			城镇化率/%		
	2017 年	2025 年	2030 年	2017 年	2025 年	2030 年	2017 年	2025 年	2030 年
现状延续情景	11 866	12 850	13 070	6 270	7 514	8 233	52.8	58.5	63
情景 2	11 866	12 830	13 050	6 270	7 508	8 219	52.8	58.5	63
情景 3	11 866	12 820	13 010	6 270	7 499	8 198	52.8	58.5	63
情景 4	11 866	12 830	13 040	6 270	7 698	8 473	52.8	60	65
情景 5	11 866	12 860	13 100	6 270	7 715	8 513	52.8	60	65

2. 国内生产总值发展预测

1)国内生产总值(GDP)预测

考虑到黄河流域目前经济发展进入新常态,由快速发展转向高质量发展,预计未来一段时间内,黄河流域经济社会将呈缓速、重质量的态势发展。

2017 年黄河流域国内生产总值为 39 659 亿元,预计到 2025 年和 2030 年黄河流域国内生产总值分别达到 62 028 亿~65 956 亿元和 82 421 亿~93 122 亿元,2017—2030 年年均增长率为 5.85%~7.15%,至 2030 年,流域国内生产总值较 2017 年增长了 108%~135%,详见表 4.3-4。

表 4.3-4　黄河流域国内生产总值预测

各情景	2017 年/亿元	2025 年		2030 年		2017—2030 年增长率/%
		GDP/亿元	增长率/%	GDP/亿元	增长率/%	
现状延续情景	39 659	63 956	6.50	87 625	6.50	121
情景 2	39 659	63 566	6.37	86 561	6.37	118
情景 3	39 659	62 028	5.85	82 421	5.85	108

续表 4.3-4

各情景	2017 年/亿元	2025 年		2030 年		2017—2030 年增长率/%
		GDP/亿元	增长率/%	GDP/亿元	增长率/%	
情景 4	39 659	63 566	6.37	86 561	6.37	118
情景 5	39 659	65 931	7.15	93 122	7.15	135

2）三次产业结构预测

当前产业结构以第一、第二产业为主，未来一段时间内将进入结构调整阶段。2017 年黄河流域三次产业结构为 6.6∶59.7∶33.7，根据国家产业结构调整和西部大开发战略的实施，预计到 2030 年水平，黄河流域三次产业结构将调整为 4.7∶52.7∶42.6。第一产业增加值占国内生产总值（GDP）的比重将持续下降；第二产业增加值所占比重逐渐减少，主要是内部产业结构转型，黄河流域是全国能源重化工基地，根据国家发展的需要，今后能源工业要实现高利用效率和高质量发展，同时积极增加制造业和高新技术产业；第三产业比重提高较快。

3. 工业

黄河流域资源条件雄厚，拥有“能源流域”美称，经济发展潜力巨大。随着国家产业结构的调整，国家投资力度向中西部地区倾斜。第二条欧亚大陆桥的贯通，使整个黄河流域经济带都在大陆桥的辐射之内，这些都为黄河流域经济的发展提供了良好的机遇。

2017 年黄河流域工业增加值为 19 257 亿元；到 2025 年和 2030 年将分别达到 31 044 亿~32 998 亿元和 39 527 亿~44 659 亿元。2030 年，工业增加值主要分布在龙门至三门峡区间、兰州至河口镇区间和三门峡至花园口区间，占全流域总量的 71%；84%的工业增加值分布在陕西、山西、河南、内蒙古、甘肃等省（区），详见表 4.3-5。

表 4.3-5　黄河流域第二、第三产业增加值预测　　单位：亿元

各情景	工业增加值			建筑业增加值			第三产业增加值		
	2017 年	2025 年	2030 年	2017 年	2025 年	2030 年	2017 年	2025 年	2030 年
现状延续情景	19 257	32 009	42 022	3 016	3 557	4 156	13 094	23 379	34 174
情景 2	19 257	31 814	41 512	3 016	3 535	4 106	13 094	24 397	35 447
情景 3	19 257	31 044	39 527	3 016	3 449	3 909	13 094	23 806	33 752
情景 4	19 257	31 814	41 512	3 016	3 535	4 106	13 094	25 560	37 135
情景 5	19 257	32 998	44 659	3 016	3 666	4 417	13 094	27 718	41 765

4. 建筑业及第三产业

2017 年黄河流域建筑业增加值为 3 016 亿元,随着城市化和工业化进程的加快,建筑业增加值的发展速度将提高较快,预计 2025 年和 2030 年将分别达到 3 449 亿~3 666 亿元和 3 909 亿~4 417 亿元,详见表 4. 3-5。

2017 年黄河流域第三产业增加值为 13 094 亿元。为促进经济结构优化和转型升级,将会适度加快以服务业为主的第三产业的增长速度,预计 2025 年和 2030 年第三产业占比分别为 38. 9%~42%和 39%~44. 9%。至 2025 年和 2030 年第三产业增加值将分别达到 23 379 亿~27 718 亿元和 33 752 亿~41 765 亿元,详见表 4. 3-5。

5. 农林灌溉面积

1) 农田有效灌溉面积

根据黄河流域的实际情况,今后农田灌溉发展的重点是搞好现有灌区的改建、续建、配套和节水改造,提高管理水平,充分发挥现有有效灌溉面积的经济效益,在巩固已有灌区的基础上,根据各地区的水土资源条件,结合可能兴建的水源工程,适当发展部分新灌区。

灌区续建配套与节水改造发展灌溉面积主要考虑《全国大型灌区续建配套与节水改造规划报告》共中的大型灌区新增加灌溉面积,黄河流域内的灌区已被列入《全国大型灌区续建配套与节水改造规划报告》共计 33 处,其中甘肃 3 处、宁夏 2 处、内蒙古 6 处、山西 8 处、陕西 10 处、河南 4 处,大型灌区续建配套与节水改造 2000—2020 年将增加灌溉面积 346 万亩。

新建、续建灌区发展灌溉面积主要集中在青海引大济湟、公伯峡和李家峡等黄河谷地灌区改造工程、塔拉滩生态治理工程;甘肃引大入秦、东乡南阳渠等灌溉工程配套,结合洮河九甸峡枢纽的建设,逐步开发引洮灌区;续建宁夏扶贫扬黄工程(“1236”工程)、陕甘宁盐环定灌区;结合南水北调西线工程的实施和黑山峡河段工程的建设,逐步开发黑山峡灌区,2030 年水平黑山峡灌区规划灌溉面积 500 万亩,其中新增灌溉面积 364 万亩(农田有效灌溉面积 212 万亩、林草灌溉面积 152 万亩);陕西尽快完成东雷二期抽黄灌溉工程,在此基础上结合南沟门水库等的建设发展部分灌溉面积;山西省开发马连圪塔水库灌区(引沁入汾);河南省抓紧续建小浪底南岸灌区、故县水库灌区等工程。

据统计,2017 年黄河流域农田有效灌溉面积为 8 252. 18 万亩,根据黄河流域大型灌区续建与节水改造以及新建灌溉工程等,预计 2025 年达到 8 539. 71 万亩,2030 年达到 8 687. 96 万亩,详见表 4. 3-6。

表 4. 3-6 黄河流域农田有效灌溉面积预测 单位:万亩

作物类型	2017 年	2025 年	2030 年
春小麦	223. 05	230. 82	234. 83
冬小麦	2 474. 30	2 560. 51	2 604. 96
春玉米	1 204. 10	1 246. 06	1 267. 69
夏玉米	1 539. 96	1 593. 62	1 621. 28

续表 4.3-6

作物类型	2017 年	2025 年	2030 年
大豆	618.61	640.17	651.28
水稻	300.01	310.46	315.85
棉花	249.88	258.59	263.07
油料	883.55	914.33	930.21
薯类	758.72	785.16	798.79
林地	294.57	343.15	379.19
果园	299.75	349.17	385.85
果林	594.32	692.32	765.04
农田	8 252.18	8 539.71	8 687.96

2)果林灌溉面积

大力发展林果业,一方面可以逐步扭转农业内部各产业发展不协调、结构单一、农业产业化程度低的局面,另一方面也是改善农民生产生活条件、尽快脱贫致富的重要途径。2017 年黄河流域果林灌溉面积为 594.32 万亩,根据林牧发展思路,预计到 2025 年和 2030 年分别发展为 692.32 万亩和 765.04 万亩,详见表 4.3-6。

6. 鱼塘补水面积

2017 年黄河流域鱼塘补水面积为 63.0 万亩,预计 2025 年、2030 年分别提高到 67.5 万亩和 69.7 万亩。

7. 河道外生态环境

黄河流域河道外生态环境包括城镇生态环境和农村生态环境两部分,其中城镇生态环境指标包括城镇绿化、河湖补水和环境卫生等;农村生态环境指标主要包括人工湖泊和湿地补水、人工生态林草建设、人工地下水回补等三部分。

2017 年黄河流域城镇绿化面积为 43 981 hm^2,环境卫生面积为 46.8 万亩。预计 2025 年和 2030 年水平黄河流域城镇生态环境绿化面积分别为 75 568 ~ 81 708 hm^2 和 105 988 ~ 120 335 hm^2,河湖补水面积包括流域内主要的湿地湖泊,面积为 291.9 万亩(流域内面积>3 km^2 的湖泊),环境卫生面积分别为 72.9 万亩和 83.5 万亩。

根据黄河流域情况,对流域内地下水超采区,今后将采取限制开采措施,使地下水位逐步自行恢复,不规划专门的人工回补地下水措施。人工生态林草建设指标的预测,与林牧灌溉面积中的林草灌溉指标预测进行了协调,并参考省(区)意见,结合黄河流域的实际情况,预测 2025 年和 2030 年水平黄河流域生态绿地面积分别为 228.3 万亩和 311 万亩,详见表 4.3-7。

表 4.3-7　黄河流域生态绿地面积预测

各情景	2017 年/hm²	2025 年		2030 年		2017—2030 年年均增长率/%
		绿地/hm²	增长率/%	绿地/hm²	增长率/%	
现状延续情景	43 981	75 568	7	105 988	7	141
情景 2	43 981	81 708	8.05	120 335	8.05	174
情景 3	43 981	77 569	7.35	110 585	7.35	151
情景 4	43 981	79 615	7.7	115 365	7.7	162
情景 5	43 981	77 569	7.35	110 585	7.35	151

4.3.2　需水情景比较

(1)现状延续情景:该情景下假设模型在产业发展、人口增长保持现状的水平下运行,水资源管理程度较低,节水程度不高,水利用效率较低,分析水资源的供需趋势。各决策变量指标值维持现有发展趋势不变。至 2030 年,第三产业占比为 39%,GDP(不变价下同)达 87 625 亿元,流域总需水量为 554.78 亿 m^3,流域缺水量达 61.1 亿 m^3。

(2)情景 2:考虑到黄河流域生态用水常年被占用的状况,该情景下注重考虑流域生态环境的用水需求。通过增加城市绿地面积的增长速度,提高城市环境绿化水平,提高人工生态林地的用水量,回补被占用的生态用水。至 2030 年,生态林地用水定额为 240 m^3/亩,城市绿地面积增长率达 0.081,生态需水量达 32.12 亿 m^3。该情景为一般节水水平,流域总需水量为 540.62 亿 m^3,2030 年流域缺水量达 48.11 亿 m^3。

(3)情景 3:为强化水资源管理力度,大力促进节水技术发展,达到超常的节水水平。由于农业需水量占流域总需水量的 65%,因而节水政策主要作用于农业节水。通过推进农业节水技术投资,不断优化农业节灌水平,提高流域内农业灌溉水利用效率,增加流域节灌面积,并结合工业及生活水价机制来推进生活和工业的节水管理。但是该情景下为了达到超常的节水水平,管理决策上倾向节水,在一定程度上限制了经济社会的发展水平。该情景至 2030 年,GDP 达 82 421 亿元,灌溉水利用系数达 0.64,农田灌溉需水量为 281.67 亿 m^3,流域总需水量为 497.89 亿 m^3,2030 年流域缺水量为 3.39 亿 m^3。

(4)情景 4:为加强水资源管理力度,以尽可能满足经济社会发展、生态环境保护需求,符合可持续发展的基本思想。此情景下充分考虑到将来时段内的经济社会发展趋势放缓、生态需水增加的情形,通过适当调控工业及生活用水价格,促进经济发展带动节水技术的进步,进而提高工业水及农业水的利用效率,推动流域再生水利用的程度,达到强化节水的水资源管理水平。因此,该情景下的管理决策有助于缓解流域的供需矛盾,保持流域经济社会良性发展,可作为本次情景决策的推荐方案。该情景至 2030 年,GDP 达 86 561 亿元,灌溉水利用系数达 0.61,工业水重复利用率为 87.5%,农田灌溉需水量为 297.52 亿 m^3,流域总需水量为 540.62 亿 m^3,流域缺水量达 41.60 亿 m^3。

(5)情景 5:首要突出经济发展的地位,必然伴随对生态的忽视,模型中表现为经济社会需水的上涨,节水管理在节水投资带动下为一般水平。需要在现状趋势发展型基础上提高各产业增长率;产业规模扩大驱动生产用水量增加;伴随经济发展,生活水平与生活质量提高,生活用水将略有增长,相应提高污水排放率。该情境至 2030 年,GDP 达 93 122 亿元,灌溉水利用系数达 0.593,灌溉需水量为 303.99 亿 m^3,流域总需水量为 550.86 亿 m^3,缺水量为 57.05 亿 m^3。

各情景具体的需水结果见图 4.3-1~图 4.3-6、表 4.3-8 和表 4.3-9。综合上述分析,本书推荐情景 4 作为需水预测推荐方案,后续预测成果为情景 4 的详细预测结果。

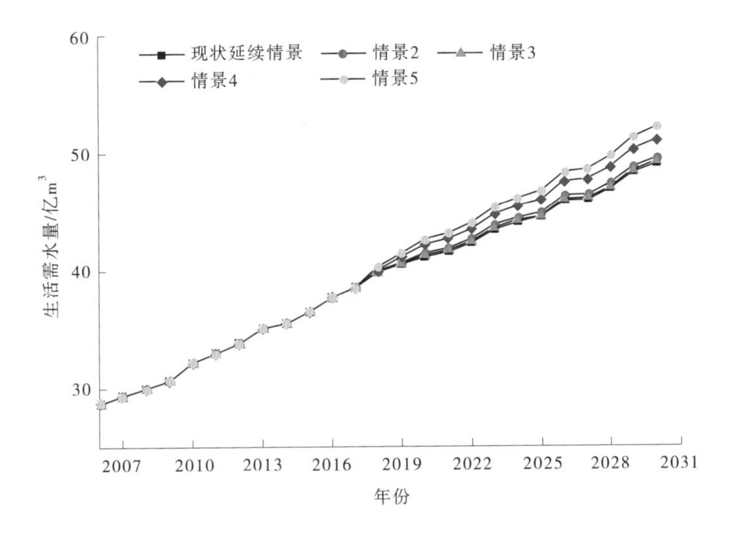

图 4.3-1　黄河流域生活需水量预测

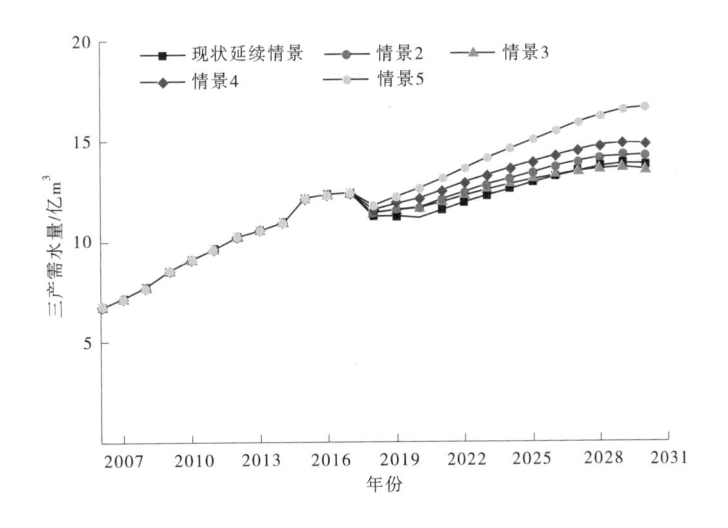

图 4.3-2　黄河流域三产需水量预测

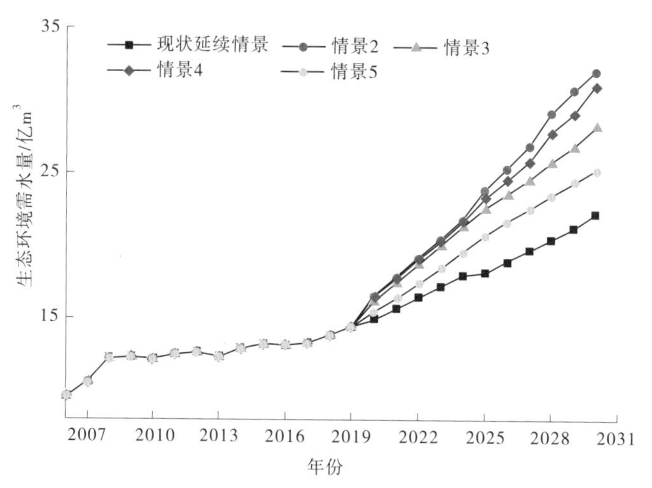

图 4.3-3　黄河流域生态环境需水量预测

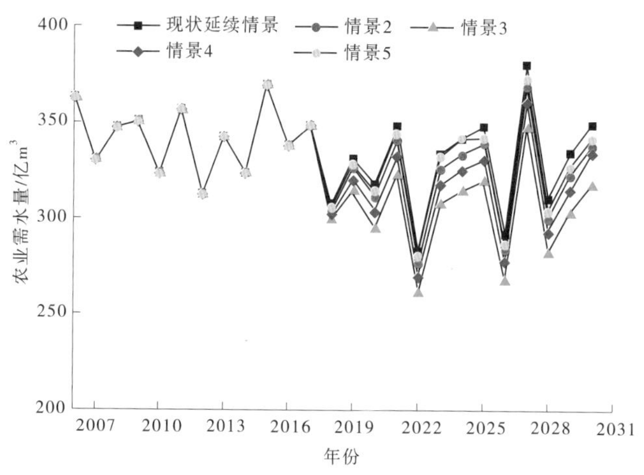

图 4.3-4　黄河流域农业需水量预测

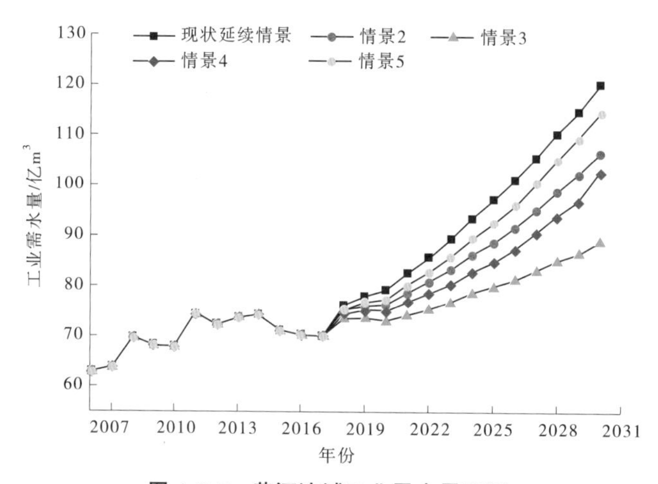

图 4.3-5　黄河流域工业需水量预测

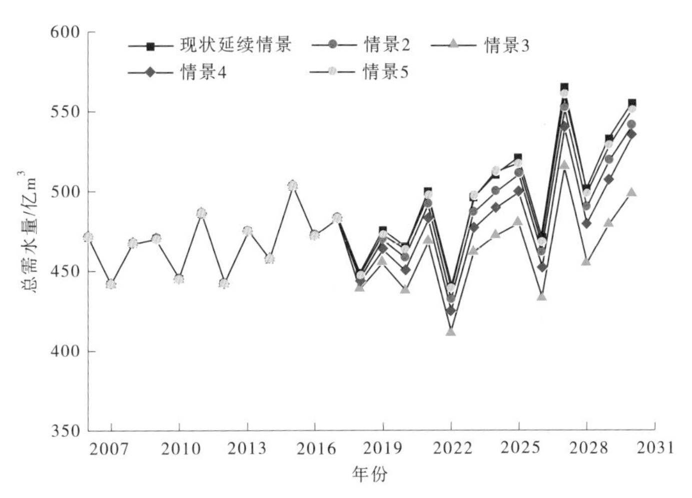

图 4.3-6　黄河流域总需水量预测

表 4.3-8　2025 年黄河流域需水量比较　　单位：亿 m³

需水类型		现状延续情景	情景 2	情景 3	情景 4	情景 5	黄河综规
生活	生活需水量	44.56	44.87	44.68	46.04	46.73	45.05
农业	农田灌溉需水量	312.92	304.50	286.43	297.01	307.43	315.15
	果林需水量	21.79	21.20	19.94	20.68	21.41	16.25
	牲畜需水量	7.07	7.07	7.07	7.07	7.07	10.41
	鱼塘补水量	6.32	6.32	6.32	6.32	6.32	6.32
	汇总	348.10	339.09	319.76	331.08	342.23	348.13
生产	工业需水量	97.34	88.87	80.01	84.91	92.74	105.15
	建筑业及第三产业需水量	12.93	13.41	13.08	13.97	15.06	14.25
生态	生态需水量	18.18	23.90	22.63	23.43	20.79	21.57
总需水量		521.10	510.14	480.16	499.43	517.55	534.15

表 4.3-9　2030 年黄河流域需水量比较　　单位：亿 m³

需水类型		现状延续情景	情景 2	情景 3	情景 4	情景 5	黄河综规
生活	生活需水量	49.10	49.48	49.19	51.13	52.23	48.89
农业	农田灌溉需水量	310.80	300.44	281.67	297.52	303.99	312.50
	果林需水量	24.74	23.92	22.42	23.52	24.20	16.80
	牲畜需水量	7.25	7.25	7.25	7.25	7.25	11.25
	鱼塘补水量	6.45	6.45	6.45	6.45	6.45	6.45
	汇总	349.24	338.06	317.79	334.74	341.89	347.00

续表 4.3-9

需水类型		现状延续情景	情景 2	情景 3	情景 4	情景 5	黄河综规
生产	工业需水量	120.35	106.72	89.02	102.77	114.81	110.40
	建筑业及第三产业需水量	13.80	14.24	13.56	14.85	16.63	16.30
生态	生态需水量	22.29	32.12	28.33	31.13	25.30	24.65
总需水量		554.78	540.62	497.89	534.62	550.86	547.24

4.3.3 推荐情景需水预测成果

4.3.3.1 农业需水预测成果

1. 农田灌溉需水量预测

现状年(2017 年,下同)黄河流域农田灌溉需水量(多年平均)为 316.60 亿 m^3,需水定额为 383.7 m^3/亩。随着节水措施的加强、种植结构的调整和抗旱节水农作物种植面积的推广,在灌溉面积有一定发展的基础上,2025 年和 2030 年黄河流域农田灌溉多年平均需水定额分别为 348 m^3/亩和 342 m^3/亩,多年平均需水量分别为 297.01 亿 m^3 和 297.52 亿 m^3,2030 年水平与现状年相比需水量下降了 19.1 亿 m^3,需水定额下降了 41.7 m^3/亩,农田灌溉水利用系数由现状年的 0.525 提高到 2030 年的 0.61,详见表 4.3-10。

2. 果林灌溉需水量预测

黄河流域果林灌溉定额主要根据当地实际灌溉经验确定。现状年黄河流域果林灌溉需水量为 19.07 亿 m^3,需水定额为 321 m^3/亩。预计到 2025 年和 2030 年水平需水定额分别为 297.9 m^3/亩和 307.7 m^3/亩,需水量分别增加到 20.68 亿 m^3 和 23.52 亿 m^3,2030 年比现状年需水量增加了 4.45 亿 m^3,详见表 4.3-10。

3. 鱼塘补水量预测

黄河流域鱼塘补水定额,主要根据当地实际情况确定。现状年黄河流域鱼塘补水量为 5.9 亿 m^3,补水定额为 940 m^3/亩。预计到 2025 年和 2030 年水平鱼塘补水定额分别为 937 m^3/亩和 925 m^3/亩,需水量分别增加到 6.32 亿 m^3 和 6.4 亿 m^3,2030 年比现状年需水量增加了 0.5 亿 m^3。

4. 牲畜需水量预测

现状年黄河流域大小牲畜需水量为 6.79 亿 m^3,大牲畜需水定额为 44 L/(d·头),小牲畜需水定额为 15 L/[d·头(只)]。预计到 2025 年和 2030 年水平大牲畜需水定额分别为 47 L/(d·头)和 49 L/(d·头),小牲畜需水定额分别为 17 L/[d·头(只)]和 18 L/[d·头(只)]。大小牲畜需水量增加至 7.07 亿 m^3 和 7.25 亿 m^3,详见表 4.3-10。

表4.3-10　黄河流域农业需水量预测　　单位:亿 m^3

二级区 省(区)	农田灌溉需水量			果林灌溉需水量			牲畜需水量		
	2017年	2025年	2030年	2017年	2025年	2030年	2017年	2025年	2030年
龙羊峡以上	0.82	0.71	0.66	0.54	0.72	0.98	0.56	0.56	0.56
龙羊峡至兰州	25.31	23.13	22.56	1.96	2.08	2.30	0.69	0.74	0.79
兰州至河口镇	146.21	134.54	132.15	11.29	12.32	14.10	1.46	1.53	1.59
河口镇至龙门	11.07	10.99	11.61	0.81	1.05	1.40	0.67	0.72	0.76
龙门至三门峡	86.58	79.39	77.68	2.77	2.73	2.79	1.85	1.95	2.04
三门峡至花园口	17.01	15.85	15.76	0.27	0.27	0.28	0.53	0.52	0.50
花园口以下	32.99	29.94	28.98	0.41	0.40	0.42	0.85	0.83	0.81
内流区	3.07	2.81	2.74	1.08	1.14	1.26	0.20	0.21	0.22
青海	15.47	14.28	14.06	1.62	1.95	2.44	0.62	0.61	0.59
四川	0	0	0	0.07	0.07	0.07	0.13	0.13	0.13
甘肃	30.84	27.85	26.81	1.56	1.61	1.75	1.13	1.24	1.34
宁夏	65.58	60.72	60.03	5.14	5.89	7.05	0.52	0.55	0.57
内蒙古	74.39	68.01	66.36	7.17	7.51	8.24	1.17	1.22	1.25
陕西	47.95	45.06	45.21	2.03	2.14	2.37	1.34	1.46	1.57
山西	39.55	36.13	35.21	0.61	0.64	0.70	0.59	0.58	0.56
河南	36.89	33.89	33.23	0.54	0.57	0.63	0.80	0.78	0.75
山东	12.30	11.23	10.95	0.34	0.34	0.35	0.51	0.50	0.48
黄河流域	316.60	297.01	297.52	19.07	20.68	23.52	6.79	7.07	7.25

4.3.3.2　第二、第三产业需水预测成果

1. 工业需水量预测

现状年黄河流域工业需水量为70.14亿 m^3,万元工业增加值需水量为36.4 m^3。随着节水技术的推广和深入,工业产业结构调整力度的加大,同时提高水的重复利用率,工业需水定额具有较大的下降空间。预计2025年和2030年工业需水定额分别为26.7 m^3/万元和24.8 m^3/万元,需水量分别达到84.91亿 m^3 和102.77亿 m^3。2030年比现状年需水量增加了46.5%,需水定额下降了32.03%,详见表4.3-11。

2. 建筑业及第三产业需水量预测

现状年黄河流域建筑业及第三产业需水量为 12.41 亿 m³,综合需水定额为 7.7 m³/万元。随着节水技术的提高,城镇管网漏失率的减小,预计到 2025 年和 2030 年建筑业及第三产业需水定额分别下降为 4.8 m³/万元和 3.6 m³/万元,需水量分别为 13.97 亿 m³ 和 14.85 亿 m³。黄河流域建筑业及第三产业需水量预测见表 4.3-11。

表 4.3-11　黄河流域建筑业及第三产业需水量预测　　单位:亿 m³

二级区 省(区)	工业需水量			建筑业及第三产业需水量		
	2017 年	2025 年	2030 年	2017 年	2025 年	2030 年
龙羊峡以上	0.07	0.08	0.09	0	0.05	0.10
龙羊峡至兰州	9.82	11.90	14.43	1.05	1.13	1.15
兰州至河口镇	16.20	19.50	23.46	2.21	2.41	2.49
河口镇至龙门	7.08	9.21	11.92	0.63	0.76	0.86
龙门至三门峡	22.31	26.69	31.93	5.68	6.44	6.90
三门峡至花园口	8.63	10.37	12.47	1.47	1.68	1.82
花园口以下	5.54	6.62	7.91	1.37	1.49	1.53
内流区	0.42	0.52	0.65	0.11	0.10	0.10
青海	3.30	3.92	4.65	0.53	0.61	0.67
四川	0	0	0	0	0	0
甘肃	11.15	13.52	16.38	1.79	2.00	2.11
宁夏	5.47	6.81	8.47	0.63	0.72	0.77
内蒙古	10.10	12.04	14.34	1.26	1.39	1.44
陕西	15.50	18.69	22.53	3.68	4.14	4.41
山西	10.87	13.54	16.85	1.89	2.19	2.39
河南	9.12	10.94	13.13	1.58	1.79	1.92
山东	4.56	5.45	6.52	1.16	1.24	1.25
黄河流域	70.14	84.91	102.77	12.41	13.97	14.85

4.3.3.3　生活需水预测成果

现状年黄河流域城镇居民生活需水量为 25.69 亿 m³,农村居民生活需水量为 12.86 亿 m³,其需水定额分别为 112.3 L/(人·d)、62.9 L/(人·d)。根据黄河流域人口发展规划,考虑未来生活质量不断提高,用水水平也会相应提高,用水定额逐步增大。预计到 2025 年和 2030 年水平城镇居民需水定额分别为 118 L/(人·d)和 125 L/(人·d),需水量分别为 33.21 亿 m³ 和 38.79 亿 m³。农村居民需水定额分别为 68.5 L/(人·d)和 73.8 L/(人·d),需水量分别为 12.84 亿 m³ 和 12.34 亿 m³,详见表 4.3-12。

表 4.3-12　黄河流域生活需水量预测　　单位:亿 m³

二级区 省(区)	城镇居民			农村居民		
	2017 年	2025 年	2030 年	2017 年	2025 年	2030 年
龙羊峡以上	0.07	0.09	0.11	0.09	0.09	0.09
龙羊峡至兰州	2.09	2.65	3.03	1.07	1.09	1.07
兰州至河口镇	4.68	5.86	6.63	1.37	1.37	1.32
河口镇至龙门	1.29	1.71	2.05	1.10	1.13	1.11
龙门至三门峡	11.75	15.22	17.83	5.82	5.81	5.57
三门峡至花园口	3.31	4.36	5.18	1.57	1.51	1.40
花园口以下	2.32	3.04	3.59	1.81	1.78	1.68
内流区	0.12	0.16	0.19	0.05	0.05	0.05
青海	1.08	1.38	1.61	0.47	0.47	0.45
四川	0.01	0.01	0.01	0.02	0.02	0.02
甘肃	3.60	4.60	5.31	2.37	2.42	2.37
宁夏	1.41	1.82	2.13	0.59	0.61	0.62
内蒙古	2.57	3.20	3.59	0.68	0.69	0.67
陕西	7.31	9.39	10.91	2.94	2.89	2.73
山西	4.22	5.57	6.65	2.77	2.77	2.66
河南	3.61	4.76	5.66	2.29	2.23	2.08
山东	1.86	2.39	2.77	0.75	0.71	0.66
黄河流域	25.69	33.21	38.79	12.86	12.84	12.34

4.3.3.4　生态环境需水预测成果

黄河流域河道外生态环境需水量包括城镇生态环境需水量和农村生态环境需水量。城镇生态环境需水包括城镇绿化、河湖补水和环境卫生等三个方面;农村生态环境需水包括湖泊沼泽湿地补水、林草植被建设需水、地下水人工回补需水等三个方面。现状年、2025 年和 2030 年黄河流域河道外生态环境需水量分别为 13.33 亿 m³、23.43 亿 m³ 和 31.13 亿 m³,详见表 4.3-13。

表 4.3-13 黄河流域河道外生态环境需水量预测 单位:亿 m^3

二级区省(区)	2017 年	2025 年	2030 年
龙羊峡以上	0.02	0.03	0.04
龙羊峡至兰州	0.87	1.61	2.24
兰州至河口镇	6.67	10.80	13.13
河口镇至龙门	0.65	1.18	1.61
龙门至三门峡	2.89	5.15	6.96
三门峡至花园口	0.74	1.37	1.93
花园口以下	0.43	0.80	1.10
内流区	0.24	0.43	0.59
青海	0.30	0.55	0.75
四川	0	0	0
甘肃	1.15	2.15	3.03
宁夏	1.32	2.30	3.03
内蒙古	5.32	8.47	10.10
陕西	2.22	3.85	5.07
山西	1.06	1.98	2.79
河南	0.80	1.49	2.08
山东	0.33	0.58	0.79
黄河流域	13.33	23.43	31.13

4.3.4 总需水量预测及分析

4.3.4.1 河道外总需水量

黄河流域多年平均河道外总需水量由现状年的 482.97 亿 m^3,增加到 2030 年的 534.62 亿 m^3,净增 51.65 亿 m^3,增加最多的省是陕西(12.30 亿 m^3),见表 4.3-14。

表 4.3-14　黄河流域河道外总需水量预测　　　单位:亿 m^3

二级区省(区)	2017 年	2025 年	2030 年
龙羊峡以上	2.55	2.93	3.44
龙羊峡至兰州	44.67	46.25	49.57
兰州至河口镇	185.03	189.20	200.23
河口镇至龙门	25.12	28.22	32.61
龙门至三门峡	140.05	144.74	154.85
三门峡至花园口	34.90	36.70	39.94
花园口以下	45.27	45.85	48.05
内流区	5.60	5.79	6.19
青海	24.06	25.08	27.06
四川	0.39	0.41	0.45
甘肃	55.34	57.04	60.86
宁夏	78.76	81.65	87.63
内蒙古	100.34	101.94	107.17
陕西	84.19	88.60	96.49
山西	62.04	64.46	69.34
河南	55.88	57.54	61.32
山东	22.54	23.12	24.54
黄河流域	482.97	499.43	534.62

1. 城镇、农村需水量

黄河流域城镇需水量由现状年的 121.59 亿 m^3 增加到 2030 年的 187.58 亿 m^3,增加 65.99 亿 m^3;农村需水量由现状年的 361.38 亿 m^3 减少到 2030 年的 347.04 亿 m^3,减少 14.34 亿 m^3,见表 4.3-15。

表 4.3-15　黄河流域河道外城镇、农村需水量预测

流域	城镇需水量				农村需水量			
	现状年/亿 m^3	2025 年/亿 m^3	2030 年/亿 m^3	增长率/%	现状年/亿 m^3	2025 年/亿 m^3	2030 年/亿 m^3	增长率/%
黄河流域	121.59	155.52	187.58	3.39	361.38	343.91	347.04	-0.31

2. 生活、生产和生态需水量

黄河流域多年平均河道外生活需水量由现状年的 38.55 亿 m^3 增加到 2030 年的 51.13 亿 m^3,增加了 12.58 亿 m^3;生产需水量由现状年的 431.09 亿 m^3 增加到 2030 年的 452.37 亿 m^3,增加了 21.28 亿 m^3;生态需水量由现状年的 13.33 亿 m^3 增加到 2030 年 31.13 亿 m^3 增加了 17.80 亿 m^3,见表 4.3-16。

表 4.3-16　黄河流域河道外生活、生产和生态需水量预测　　单位:亿 m^3

水平年	生活需水量	生产需水量			生态需水量	总需水量
		城镇生产	农村生产	合计		
现状年	38.55	82.56	348.53	431.09	13.33	482.97
2025 年	46.04	98.87	331.08	429.95	23.43	499.43
2030 年	51.13	117.62	334.75	452.37	31.13	534.62

4.3.4.2　用水效率分析

根据国家建设“资源节约,环境友好型”社会的要求和未来黄河流域产业结构的调整以及节水水平的提高,黄河流域需水定额低于全国平均水平。其中,工业万元增加值用水量下降显著,由现状年的 36.4 m^3 下降到 2030 年的 24.8 m^3,工业重复利用率由现状年的 71%提高到 2030 年的 87.5%。农田灌溉水利用系数由现状年的 0.51 提高到 2030 年的 0.61;农田灌溉定额由现状年的 384 m^3/亩降低到 2030 年的 342 m^3/亩,下降了 42 m^3/亩,详见表 4.3-17。

表 4.3-17　黄河流域需水定额

流域	水平年	城镇生活/[L/(人·d)]	农村生活[L/(人·d)]	工业/(m^3/万元)	农田灌溉/(m^3/亩)
黄河流域	现状年	112.3	62.9	36.4	384
	2025 年	118	68.5	26.7	348
	2030 年	125	73.8	24.8	342

4.3.4.3　用水结构分析

未来黄河流域用水结构发展趋势将发生较大变化,生活需水量、河道外生态环境需水量占总需水量的比重持续上升,2030 年分别达到 9.56%和 5.82%,分别比现状年提高了 1.6%和 3.1%;农村生产需水量(农田、林牧、渔和牲畜)占总需水量的比重逐渐下降,2030 年下降到 62.61%,比现状年减少 9.55%,详见表 4.3-18。

表 4.3-18　黄河流域用水结构　　%

水平年	生活需水量	城镇生产需水量	农村生产需水量	河道外生态环境需水量
现状年	7.98	17.09	72.16	2.76
2025 年	9.22	19.80	66.29	4.69
2030 年	9.56	22.00	62.61	5.82

综合上述分析，黄河流域不同水平年需水定额是较合理的，也是比较符合流域客观实际的。

4.4 小　结

本章分析主要行业经济社会指标变化特征，研究不同地区、行业的经济社会需水机制，诊断流域需水的驱动因子，揭示变化环境下流域经济社会需水机制；识别流域需水的响应与胁迫要素，利用系统分析方法和需水物理机制，建立多因子驱动和多要素胁迫的经济社会需水预测模型，预测未来流域经济社会需水变化趋势，主要结论如下：

（1）对黄河流域的 DPSIR 指标模型进行主成分分析，分析表明，各准则层之间的指标选取都具有良好的相关性。驱动力指标得到 2 个主成分，特征值分别为 5.71、1.07，累计贡献率达到 89.23%，经济类指标是主要的驱动因子，如人均工业产值、人均 GDP、农村消费水平、城镇消费水平，成分系数分别为 0.983、0.989、0.986、0.985，第二主成分中，年降水量的因子荷载较大，为 0.565。压力指标得到一个主成分，压力第一主成分特征值为 5，贡献率达到 71.50%，居民饮水量和城镇公共用水量的成分系数分别为 0.942 和 0.963。状态指标第一主成分特征值为 4.68，第二主成分特征值为 1.61，累计贡献率 89.94%，从成分系数矩阵得出水资源总量、人均用水量、地表水资源量、地下水资源量的成分载荷分别为 0.990、0.996、0.984、0.904，在主成分中占比较大。影响因子第一主成分特征值为 6.17，贡献率 88.10%，成分系数矩阵中第一产业产值、第二产业产值、第三产业产值载荷相对较高，分别为 0.992、0.991、0.989。

（2）随着黄河流域经济社会进入新的发展阶段，流域经济和人口依然保持相对增长趋势，城镇化进程不断推进，黄河流域对水资源的需求将不断增加，水资源供需矛盾紧张。主要表现为：黄河流域的生活需水量随着流域人口及人均用水需求的增加不断增长，随着产业结构调整，工业需水量呈现缓慢减少态势，生态及三产需水量逐年增加，农业灌溉需水量呈下降趋势。对比 5 种情景下的黄河流域需水预测成果可知，在加强流域水资源管理力度、增加节水技术投资的前提下，保障流域经济、社会协调发展，注重发展经济的同时兼顾流域生态环境保护，满足黄河流域下一阶段的经济社会可持续发展的要求，可作为流域需水预测的最优化方案，该情景至 2030 年，流域农田灌溉需水量下降至 297.52 亿 m^3，工业需水量达 102.77 亿 m^3，生态需水量保持增长，达 31.13 亿 m^3，总需水量为 534.62 亿 m^3。

第5章 水文-环境-生态复杂作用下黄河干流生态需水研究

5.1 黄河干流生态系统演变与生态需水问题

5.1.1 黄河干流生态系统演变过程

5.1.1.1 径流量变化

利用实测资料绘制黄河典型断面1919—2013年的径流变化情况(见图5.1-1~图5.1-3)。

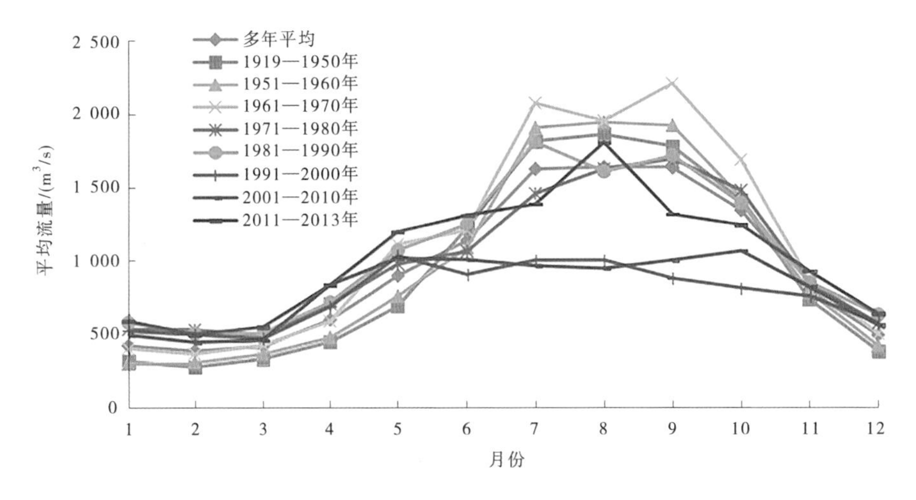

图5.1-1 下河沿断面1919—2013年实测月均流量过程线

在1919—2013年的90多年中,12月至翌年4月的月均流量变化不显著,头道拐和花园口断面在1990年后,2—4月凌汛期平均流量有所增大。中游(头道拐至花园口)维持鱼类产卵敏感时期(4—7月)内的流量过程变化明显。下河沿断面汛期流量和流量过程变化明显。

黄河中游河口镇(头道拐)至花园口1919—2013年的逐年来水量是用花园口水文站减去河口镇(头道拐)水文站实测径流量而得的,其来水量年际变化过程见图5.1-4,该区间径流量呈减少趋势。

典型年黄河中游龙门/潼关断面日均流量对比见图5.1-5,1990年流量涨落非常明显;2000年流量过程平坦,且水量偏少;2015年虽然河道内流量有所回升,但还是缺少天然的涨落变化。

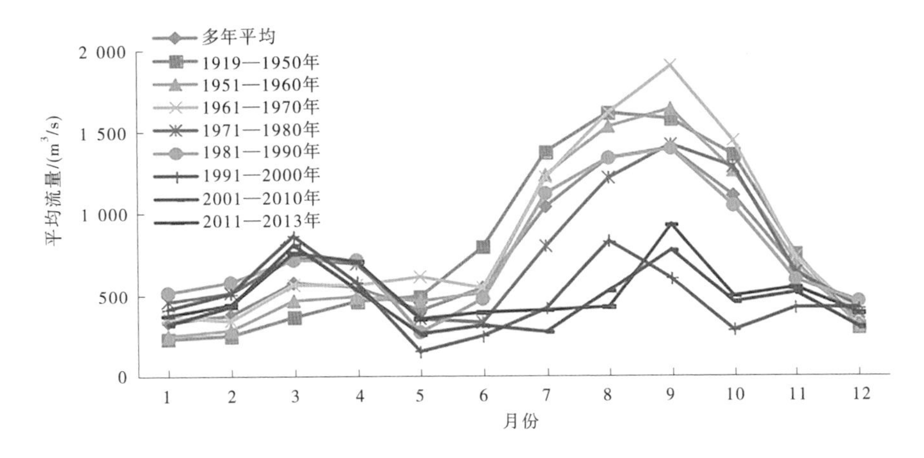

图 5.1-2　头道拐断面 1919—2013 年实测月均流量过程线

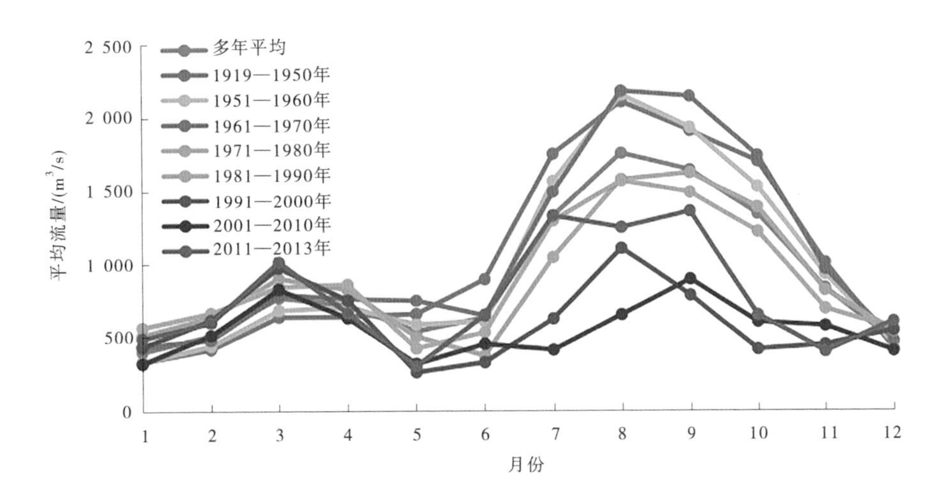

图 5.1-3　龙门断面 1919—2013 年实测月均流量过程线

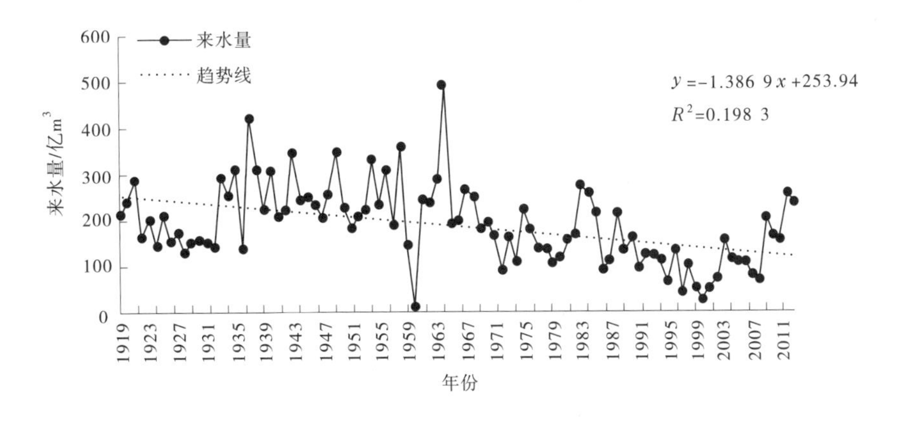

图 5.1-4　1919—2013 年黄河中游来水量

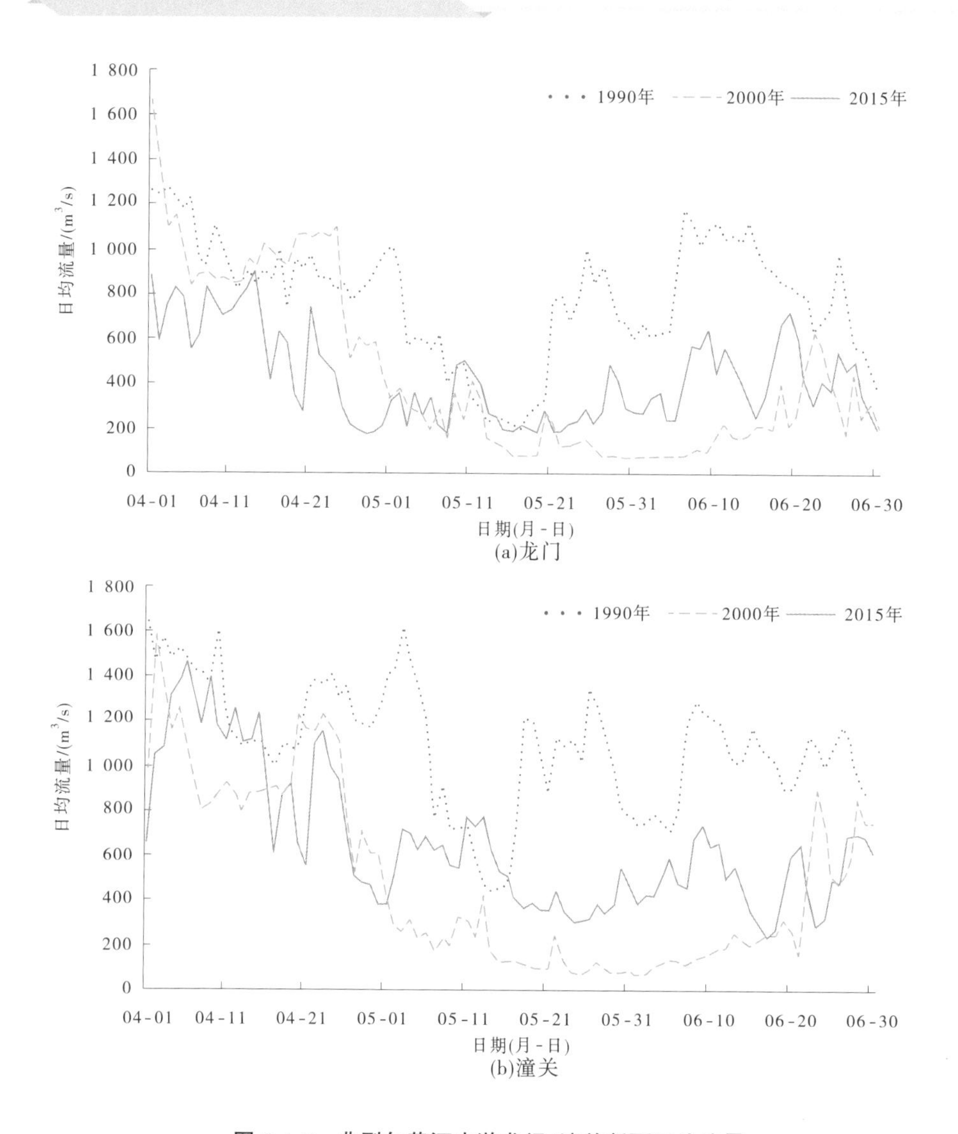

图 5.1-5　典型年黄河中游龙门/潼关断面日均流量

5.1.1.2　水质变化

以 2013 年作为代表年,根据《黄河流域重点水功能区水资源质量公报》,黄河干流宁夏至陕西段水功能区类型包括水源地保护区、农业用水区、饮用工业用水区、排污控制区、过渡区、缓冲区,水质保护目标均为Ⅲ类(见图 5.1-6)。

以 2013 年丰水期、枯水期的全盐量、COD、氨氮、氟化物、挥发酚、石油类 6 个指标评价结果为基础进行水质综合评价,见表 5.1-1。结果显示:①黄河干流宁夏至陕西段的上游(中卫下河沿至金沙湾段)水质较好,综合水质为Ⅱ类;②陕西下游吴堡县柏树坪至龙门段水质较差,其中 COD 为Ⅳ类,氨氮、氟化物、石油类为Ⅲ类(和研究区内其他断面相比也处于相对较高水平),综合水质为Ⅳ类;③其他断面水质中等,综合水质均为Ⅲ类。

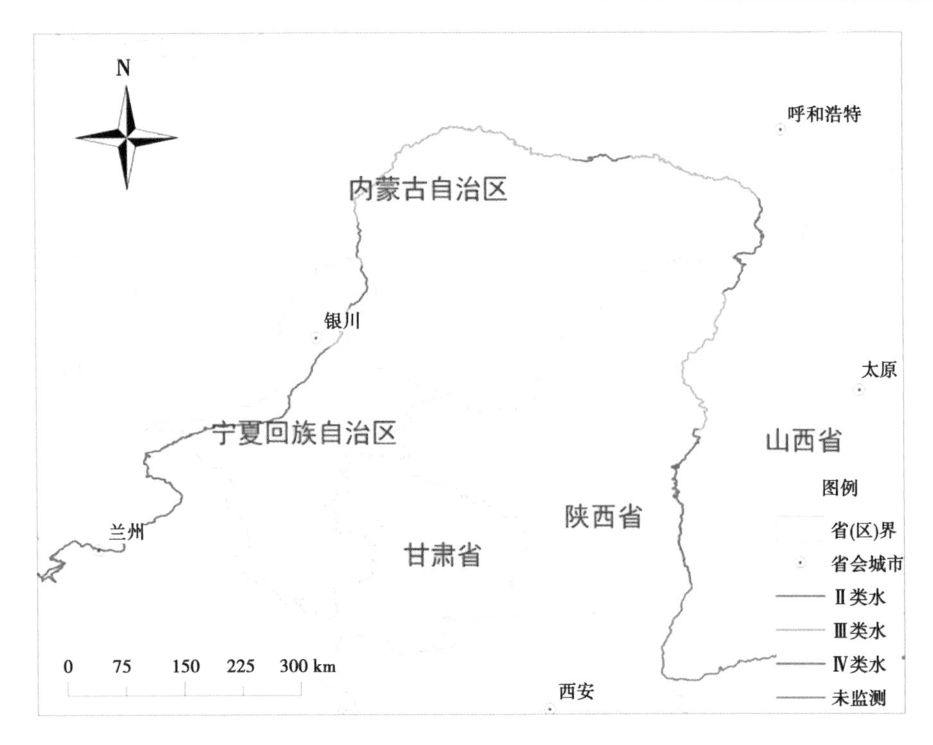

图5.1-6　2013年黄河干流水质等级状况

表5.1-1　黄河干流不同河段单项指标、综合水质、污染主要来源

河段	代表断面	全盐量	COD	氨氮	氟化物	挥发酚	石油类	综合水质	污染主要来源
乌海拉僧庙至包头黑柳树子段	拉僧庙、下海勃湾、黑柳子	较高	较高	较高	拉僧庙中等	麻黄沟、黑柳子中等	较低	相对较差	工业废水(微塑料及合成树脂制造、煤化工)、城镇生活
包头附近	昭君坟、画匠营子、磴口	较低	较低	较高	较低	较低	较低	中等	城镇生活污水
托克托县和准格尔旗段	头道拐、喇嘛湾	较低	较高	中等	较低	较低	中等	中等	工业废水(火力发电)、城镇生活污水
黄河内蒙古出境附近	万家寨水库	较高	中等	中等	中等	较低	中等	中等	工业(炼焦、金属加工)、城镇生活
黄河入境至陕西柏树坪	碛楞和柏树坪	较低	中等	较高	较低	较低	中等	中等	城镇生活,其中柏树坪还包括面源污染
陕西下游龙门段	龙门	中等	较高	较高	中等	较低	中等	差(Ⅳ类)	工业废水(炼焦、铝冶炼、煤化工)、城镇生活污水

由表 5.1-2 可知：从 2006 年、2007 年起，黄河干流多个断面 COD、氨氮浓度下降，整体水环境质量明显好转，2006 年(或 2007 年)是转变的时间节点，这主要归因于“十一五”期间国家水污染防治政策及变革性举措的实施，主要包括污染物总量控制与城镇污水的规模化治理。

表 5.1-2 干流断面多指标对比综合分析

河段	代表断面	COD	氨氮	变化原因	污染行业
宁夏段	银古公路桥	2005 年降低后保持平稳	总体逐年小幅下降	2006 年、2007 年实施的总量控制(侧重工业)	
内蒙古托克托、准格尔旗	喇嘛湾	2006 年、2007 年降低后保持平稳	2009 年大幅下降之后保持在较低水平	2006 年、2007 年实施的总量控制(侧重工业)，2009 年加强城镇生活污水治理	
内蒙古出境附近	万家寨水库	2010 年大幅下降之后保持平稳	总体逐年小幅下降	2010 年工业废水治理见效	炼焦、金属加工

5.1.1.3 生态资源变化

近几十年来，黄河鱼类数量、种类和种群分布，无论在干流还是在附属水域，都呈现减少、衰退的趋势。20 世纪 80 年代黄河干流调查到鱼类 125 种，2008 年(中国科学院水生生物研究所)只调查到 53 种，中下游鱼类种类都有比较明显的下降；20 世纪 50—80 年代黄河鱼类资源锐减，除青海段外，其他河段鱼产量减少了 80%以上；刺鮈、秦岭细鳞鲑等 9 种鱼类被列入《中国濒危动物红皮书》，其中北方铜鱼近十年来已经没有被发现过。20 世纪 80 年代以来，由于入海水量减少，鲂鱼的洄游通道受到影响，近些年来在黄河下游已经很难觅到鲂鱼的踪迹。

黄河干流各河段鱼类基本情况如下：

(1)龙羊峡以上河段——鱼类资源较多，大多为冷水鱼类，以裂腹鱼和鳅科为主。

(2)龙羊峡至刘家峡河段——该河段水库众多，人工养殖鱼类较多，如龙羊峡水库有网箱养鱼，野生鱼类种类和数量较少。

(3)刘家峡至头道拐河段——黄河在刘家峡以上为清水，泥沙含量低，出刘家峡后，泥沙含量急剧增大，水变浑浊，鱼类组成上也发生了较大变化，滤食性鱼类急剧减少，该河段的代表性鱼类有兰州鲇、黄河鲤等。

(4)龙门至高村段——代表性鱼类有黄河鲤、赤眼鳟、草鱼等，其中草鱼数量相对较少。

(5)高村段至入海口——洄游性鱼类较多，代表性鱼类为鲂鱼、鲻鱼和梭鱼，近些年来已经很难觅到鲂鱼的踪迹。

1990—2015 年，由于黄河水土保持工程建设和研究区城市扩张，农田和部分未利用土地被城市建设用地、林地和草原，特别是耕地所取代。与此同时，为了保持耕地的数量，一些洼地在河岸带转化为农田。随着这一趋势，研究区域的水占比和未利用土地占比分别下降了 0.05%和 0.69%，耕地占比下降了 1.12%，呈减少趋势。居住区面积增加了

1.05%。林地面积增加了 0.74%,呈微弱增加趋势。草原面积增加了 0.07%,整体变化不大(见图 5.1-7)。

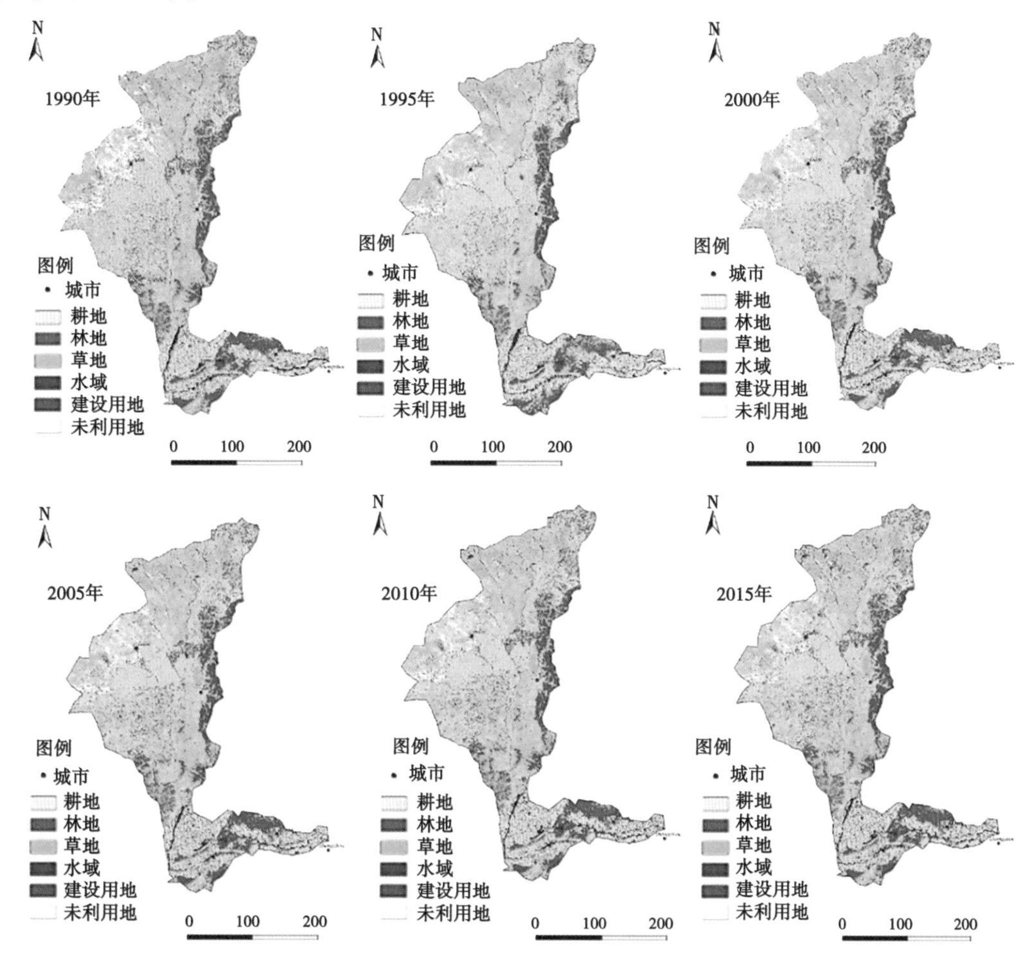

图 5.1-7　土地利用变化(1990—2015 年)

总之,近年来黄河上游地区天然草地生态系统功能退化、水源涵养功能降低;中游植被恢复引致径流下降,接近水分承载上限;下游河道生态变化、河口及三角洲湿地萎缩、生态退化,使得黄河河流生态系统的整体性和连通性减弱。

5.1.2　黄河干流的生态需水问题及保障对象

自河源至内蒙古托克托县的河口镇为黄河上游,干流河道长 3 475 km,流域面积为 42.8 万 km^2;河口镇至河南郑州桃花峪为黄河中游,干流河道长 1 206 km,流域面积为 34.4 万 km^2;河南郑州桃花峪以下的河段为黄河下游,河长 786 km,流域面积仅 2.3 万 km^2。

基于对黄河河流生态系统、水文水资源特性、水资源开发利用程度及水环境状况的认识,可以认为黄河干流生态环境保护目标为水生生物(主要是鱼类)、河道湿地及河道水体功能。黄河干流上、中、下游生境差异大,生态保护目标不同(见表 5.1-3 和图 5.1-8)。

表 5.1-3　黄河干流重要生态保护对象与保护要求

河段	主要控制断面信息		生态功能定位（河流）	重要生态保护对象（涉水）	生态保护需求类型	敏感期	对应生态水文条件要求
	名称	省（区）					
安宁渡至青铜峡	下河沿	宁夏	特有土著及珍稀濒危鱼类重要栖息地	兰州鲇等黄河特有土著鱼类及栖息生境	全年有水，生境维持	5—6月	北方铜鱼等产卵水域要求为较激流型变化水体和洄游通道；兰州鲇产卵水域为缓流型变化水体和一定水面宽，产卵期有淹及岸边（嫩滩、河心滩）水草流量过程
头道拐至河曲	头道拐	内蒙古	特有土著鱼类栖息地及重要湿地保护	兰州鲇等黄河特有土著鱼类及栖息生境	全年有水，生境维持	5—6月、7—9月	兰州鲇产卵水域为缓流型变化水体和一定水面宽，产卵期有淹及岸边（嫩滩、河心滩）水草流量过程
龙门至潼关	龙门	山西、陕西	特有土著鱼类栖息地及珍稀鸟类生境（重要湿地）保护	1. 黄河鲤等黄河特有土著鱼类及栖息生境； 2. 河流及河漫滩（嫩滩）湿地、珍稀保护鸟类栖息地	全年有水，生境维持	4—6月、7—9月	1. 黄河鲤产卵水域为缓流型变化水体和一定水面宽，产卵期有淹及岸边（嫩滩、河心滩）水草流量过程； 2. 黄河水系河流及河漫滩湿地植被发芽期为3—6月，应有一定流量过程以保持土壤水分；生长期6—9月有一定量级的洪水过程
小浪底至夹河滩	花园口	河南	特有土著鱼类栖息地及珍稀鸟类生境、河流生态廊道维护	1. 黄河鲤等黄河特有土著鱼类及栖息生境； 2. 河流及河漫滩（嫩滩）湿地、珍稀保护鸟类栖息地	全年有水，生境维持	4—6月、7—9月	1. 黄河鲤产卵水域为缓流型变化水体和一定水面宽，产卵期有淹及岸边（嫩滩、河心滩）水草流量过程； 2. 黄河水系河流及河漫滩湿地植被发芽期为3—6月，应有一定流量过程以保持土壤水分；生长期6—9月有一定量级的洪水过程

续表 5.1-3

河段	主要控制断面信息		生态功能定位（河流）	重要生态保护对象（涉水）	生态保护需求类型	敏感期	对应生态水文条件要求
	名称	省（区）					
利津以下入海口河段	利津	山东	特有土著鱼类栖息地及河流廊道维护	1. 黄河鲤等特有土著鱼类及栖息生境； 2. 过河口鱼类及洄游通道	全年有水，生境维持	4—6 月，7—9 月	1. 黄河鲤产卵水域为缓流型变化水体和一定水面宽，产卵期有淹及岸边（嫩滩、河心滩）水草流量过程； 2. 黄河刀鲚等河口洄游性鱼类产卵期流速要求在 1.3~2.5 m/s，需要一定距离洄游通道（河流廊道）

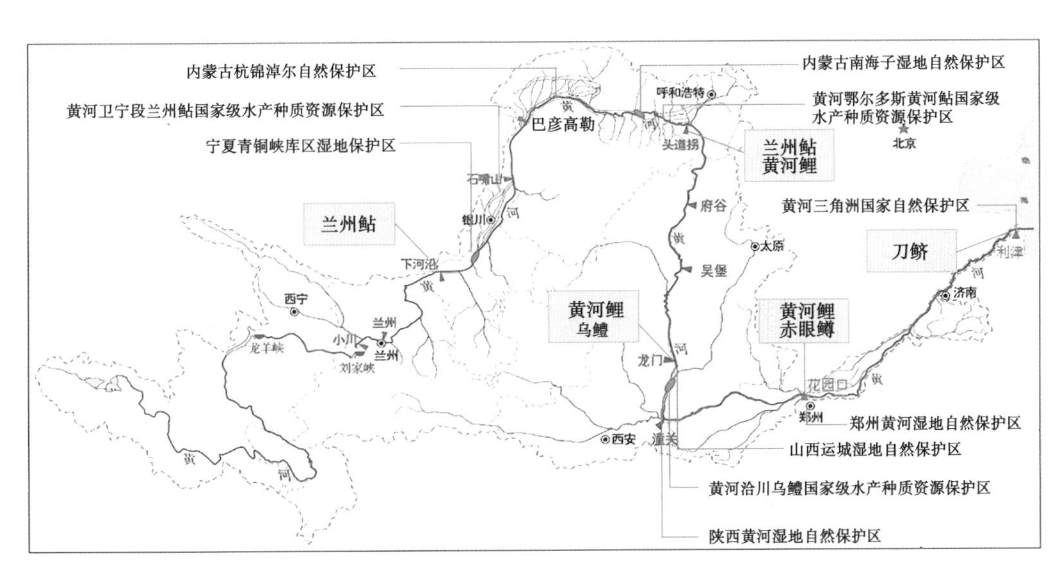

图 5.1-8　黄河干流与河口鱼类种质保护区及自然保护区

基于黄河的生态系统、水文特性、水资源开发利用程度及水环境状况，认为黄河干流主要的生态需水问题如下：

（1）水质问题。人类过度地取用黄河水和干流水库的建设，改变了黄河的水文情势，水文情势变化影响水质，另有外源营养物质输入，导致河道水质恶化，削弱河流自净功能。

（2）湿地萎缩问题。水量调节导致洪峰削平及水文峰效应，导致湿地栖息地面积减小、湿地植物分布高程上移。

（3）重要鱼类繁殖问题。梯级水库的开发导致洄游性鱼类的生殖洄游被阻隔；同时，水库开发和泥沙问题造成的流速降低、流量减少、水体溶氧量低，会造成鱼类栖息地减少，从而导致鱼类死亡，生物多样性遭到破坏。

5.2 河道内生态需水与河道外自然植被变化和需水量

5.2.1 黄河干流生态需水及过程研究

基于对黄河河流生态系统、水文水资源特性、水资源开发利用程度及水环境状况的认识,可以认为黄河生态环境保护目标为水生生物(主要是鱼类)、河道湿地及河道水体功能。黄河河道生态需水量应主要包括以下几个方面:一是保护河道内水生生物正常生存繁殖的水量;二是维持河流水体功能的水量;三是满足河道湿地基本功能的水量;四是维持水陆交错带一定规模湿地的水量。

本书选择生态问题和水环境问题较突出的宁蒙河段(下河沿—头道拐)、小北干流河段(龙门—潼关)为重点研究河段,小浪底以下河段以及河口区湿地生态环境需水综合以往研究成果。

据统计,全球河道生态需水量的估算方法超过 200 种,这些方法大致分为水文学法、水力学法、栖息地模拟法和整体分析法 4 大类。河流生态需水计算方法虽多,但还不成熟,将主要的 4 类方法进行对比,见表 5.2-1。

表 5.2-1 河流生态需水量主要计算方法比较

方法类别	方法描述	适用条件	优缺点
水文学法	将保护生物群落转化为维持历史流量的某些特征	任何河道	方法简单快速,但时空变异性差
水力学法	建立水力学与流量的关系曲线,取曲线的拐点流量作为最小生态流量	稳定河道,季节性小河	相对快速,具有针对性,但不能体现季节性变化规律
栖息地模拟法	将生物响应与水力、水文状况相联系;确定某物种的最佳流量及栖息地可利用范围	受人类影响较小的中小型栖息地	有生态联系和针对性,但成本高、操作复杂、耗时
整体分析法	从河流生态系统整体出发	基于流域尺度的各种河流	需要广泛的专家意见,成本高

其中,基于历史流量数据的水文学法(Tennant 法及其改进方法)的应用最广泛;水力学法中基于曼宁公式的 R2CROSS 法应用较为广泛;栖息地模拟法中以生物学基础为依据的流量增加法(IFIM)应用较为广泛;整体分析法中以河流系统整体性理论为基础的分析方法(南非的 BBM 方法和澳大利亚的整体评价法)最具代表性。这些生态需水核算方法大多建立在一定假设的基础上,研究对象大多选取特定的生物,侧重最小生态流量的计算,生态需水的计算方法虽多,但还不成熟。

梳理黄河干流生态需水的相关研究成果(见表 5.2-2)可以看出,相比于国内其他河流,无论是理论上还是实践上都是比较超前的。在研究时间上一般分为汛期和非汛期,汛期的生态需水量主要考虑输沙水量,非汛期的生态需水量主要考虑用于维持河流基本生态环境功能的水量。

表 5.2-2 已有黄河干流重要断面生态需水

主要控制断面	生态基流/(m^3/s)	敏感期生态流量/(m^3/s)	目标生态水量/亿 m^3			成果来源
			汛期	非汛期	全年值	
下河沿	340	5—6月:600;7—10月:一定量级的洪水过程				黄河流域水资源保护规划(2010—2030年)
	200					黄河水量调度实施细则(2007年)
	最小:82.3(P=75%)/71.2(P=90%)					许拯民等,2009
	适宜:264.27(P=75%)/213.22(P=90%)					
	220					张文鸽等,2008
	最小420;适宜350					郝伏勤等,2006
头道拐		4月:75;5—6月:180	120	77	197	黄河流域综合规划(2012—2030年)
	75				200	黄河流域水资源保护规划(2010—2030年)
	50					黄河水量调度实施细则(2007年)
					197	赵麦焕等,2011
	最小123;适宜244					王高旭等,2009
	484				152.64	马广慧等,2007
	最小80~180;适宜200					刘晓燕,2005
龙门		4—6月:180				黄河流域综合规划(2012—2030年)
	100					黄河水量调度实施细则(2007年)
	最小128;适宜276					王高旭等,2009

续表 5.2-2

主要控制断面	生态基流/(m^3/s)	敏感期生态流量/(m^3/s)	目标生态水量/亿 m^3			成果来源
			汛期	非汛期	全年值	
花园口		4—6 月:200;7—10 月:一定量级的洪水过程				黄河流域综合规划(2012—2030 年)
	200	4—6 月:600;7—10 月:一定量级的洪水过程				黄河流域水资源保护规划(2010—2030 年)
	最小 180~300;适宜 320~400,灌溉期<800					刘晓燕, 2005
	150					黄河水量调度实施细则(2007 年)
	最小 240~330;适宜 450~600	4—6 月:最小 300~360;适宜 650~750,历时 6~7 d(5 月上中旬)800~1 000 m^3/s 水量过程				黄锦辉等, 2016
		7—10 月:最小 400~600;适宜 800~1 200,历时 7~10 d(7—8 月)1 500~3 000 m^3/s 洪水过程				
	最小 172;适宜 327	洪水期 3 322				王高旭等, 2009
	872				275.04	马广慧等, 2007
	200				63	黄河干流生态流量保障实施方案
					160~220	石伟等, 2002
					>250	倪晋仁等, 2002
		4—6 月脉冲:1 700				蒋晓辉等, 2012

续表 5.2-2

主要控制断面	生态基流/(m^3/s)	敏感期生态流量/(m^3/s)	目标生态水量/亿 m^3			成果来源
			汛期	非汛期	全年值	
利津		4 月:75;5—6 月:150;7—10 月:输沙用水	170	50	220	黄河流域综合规划(2012—2030 年)
	75	4—6 月:250;7—10 月:一定量级的洪水过程			187	黄河流域水资源保护规划(2010—2030 年)
	30					黄河水量调度实施细则(2007 年)
					200~220	赵麦焕等,2011
	最小 80~150;适宜 230~290	4—6 月:最小 90~170;适宜 270~290				黄锦辉等,2016
		7—10 月:最小 350~550;适宜 700~1 100,历时 7~10 d(7—8 月)1 200~2 000 m^3/s 洪水过程				
	最小 166;适宜 371	洪水期 2 800				王高旭等,2009
	最小 80~160;适宜 120~250				181	刘晓燕,2005
	50					黄河干流生态流量保障实施方案
		4—6 月脉冲:800				蒋晓辉等,2012

5.2.1.1 黄河干流生态需水过程评估方法

本书以维护河流生物群落完整性为目标，以栖息地模拟法为主要研究方法(利用MIKE 21水动力模型，模拟分析黄河干流重要断面的水位、流速的变化，构建水动力模型；耦合河段代表性鱼类栖息地适宜度曲线，构建黄河重点河段河流生境模拟模型，建立河川径流与代表性鱼类栖息地之间的响应关系)，根据天然径流条件提取水文参照系统关键特征，耦合生境模拟与水文参照系统特征值对栖息地模拟结果进行补充和修正。

1. 指示物种生态需水过程评估

结合河流基本水文气象资料和主要鱼类不同生命周期生活习性，采用MIKE 21模型对河流水文过程的变化进行模拟，分析鱼类不同流量下栖息地变化，通过栖息地模拟法评估指示物种生态需水过程。

指示物种生长期栖息地面积的峰值为$H_{1,max}$，本书将栖息地面积达到峰值面积的1/3时对应的流量范围作为最小生态流量的取值范围，即生长期的最小流量范围为$G_{min}\sim G_{max}$(见图5.2-1)。流量范围的选择主要参考了蒙大拿法对栖息地质量的评估：蒙大拿法认为天然多年平均流量下栖息地质量最佳；流量达到天然多年平均流量的20%~40%时栖息地质量为较好；流量达到天然多年平均流量的40%~60%时栖息地质量为很好。因此，本书选择了1/3来判定最小生态流量范围和适宜生态流量范围。同理，指示物种越冬期栖息地面积的峰值为$H_{2,max}$，最小流量范围为$W_{min}\sim W_{max}$；涨水期的高流量脉冲发生后的低流量事件为指示物种塑造适宜的产卵环境，产卵期栖息地面积的峰值为$H_{3,max}$，最小流量范围为$S_{min}\sim S_{max}$。

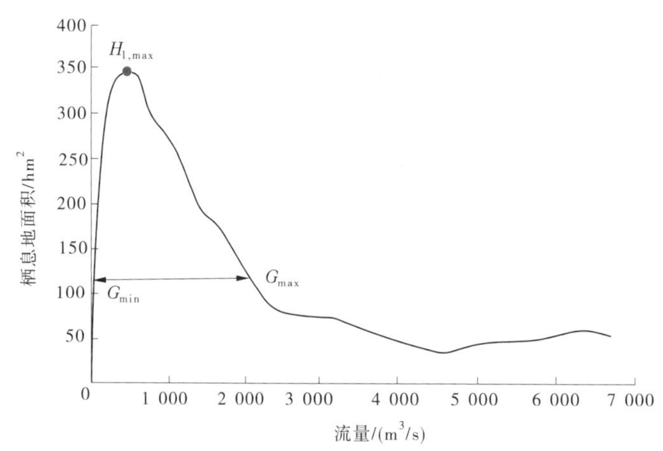

图5.2-1 指示物种生长期流量-栖息地面积曲线

2. 水文参照系统关键特征提取

统计天然流量的最小值N_{min}，将其视为所有土著水生生物能够耐受的流量下限。统计天然情况下高流量脉冲的特征，评估生态需水中的高流量脉冲。统计天然情况下80%的年份能够保证的高流量脉冲次数N，作为生态需水的高流量脉冲所需次数。统计天然情况下每年前N个高流量脉冲的发生时间，分析脉冲发生的主要时间$P_{t,1},P_{t,2},\cdots,P_{t,N}$，作为生态需水高流量脉冲的适宜发生时间。统计天然情况下高流量脉冲的持续时间、峰值流量、上升速率和下降速率的变化范围，将1/3分位数至2/3分位数的区间作为生态需水高流量脉冲持续时间 P_{d}、峰值流量 P_{max}、上升速率 $P_{rate,in}$ 和下降速率 $P_{rate,de}$ 的适宜范围。将天然情况下高流量脉冲的平均流量作为生态需水高流量脉冲平均流量 P_{mean} 的适宜值。

3.耦合生境模拟与水文参照系统的生态需水评估

全年提供生态基流,将适宜指示物种栖息的流量范围和天然流量范围的重叠区间作为基流变化范围 $E_{b,min} \sim E_{b,max}$,如下:

$$E_{b,min} = \max(G_{min}, N_{G,min}) \tag{5-1}$$

$$E_{b,max} = \min(G_{max}, N_{G,max}) \tag{5-2}$$

采用基于水文参照系统得到的高流量脉冲过程。将适宜指示物种产卵的流量范围和天然情况下涨水期低流量变化范围的重叠区间作为繁殖流量的变化范围 $E_{s,min} \sim E_{s,max}$,如下:

$$E_{s,min} = \max(S_{min}, N_{s,min}) \tag{5-3}$$

$$E_{s,max} = \min(S_{max}, N_{s,max}) \tag{5-4}$$

为了维护滩区生命财产安全,本书仅考虑非漫滩洪水。基于流量-栖息地面积曲线,选择适宜指示物种成体和幼体栖息的高流量范围。

5.2.1.2 黄河上游干流断面生态需水过程评估

以兰州断面、下河沿断面和头道拐断面为例分析黄河上游河道内生态需水过程。将青铜峡水库修建前(1958年前)和万家寨水库修建前(1994年前)的河川径流近似视为天然河川径流,统计1946—1956年兰州断面和下河沿断面实测日径流特征。以兰州鲇指示物种(见图5.2-2),模拟不同时期需水流量过程。

通过MIKE 21建立栖息地模拟模型,模拟不同流量下鱼类栖息地分布,见图5.2-3。

采用耦合生境模拟与水文参照系统的生态需水评估方法,得到生态需水过程,见图5.2-4。

兰州断面不同时期需水流量过程:流量较小时栖息地遍布主槽,随着流量的增长,栖息地面积逐渐减小,逐渐集中于水域边缘或河心洲的洞穴或水草中;适宜流量为300~3 000 m^3/s。产卵繁殖季节为5月下旬至7月上旬,雌性成熟个体性腺每年成熟一次,一次性产卵,卵大,具微黏性,附着在水草上,适宜流量350~720 m^3/s。11月至翌年3月,河流主要为鱼类提供冬季栖息地,可完全满足120~200 m^3/s 的流量要求。

下河沿断面不同时期需水流量过程:流量较小时栖息地遍布主槽,随着流量的增长,栖息地面积逐渐减小,逐渐集中于水域边缘或河心洲的洞穴或水草中;适宜流量为300~3 300 m^3/s。产卵繁殖季节为5月下旬至7月上旬,适宜流量350~600 m^3/s。11月至翌年3月,河流主要为鱼类提供冬季栖息地,可完全满足120~260 m^3/s 的流量要求。

头道拐断面不同时期需水流量过程:流量较小时栖息地遍布主槽,随着流量的增长,栖息地面积逐渐减小,且逐渐集中于水域边缘;漫滩后滩区形成适宜的栖息地;适宜的流量范围为200~3 000 m^3/s。对产卵场而言,小流量时模拟河段形成了较大面积的产卵场,随后随着流量的增加,产卵场面积迅速减小;适宜的流量范围为150~500 m^3/s。11月至翌年3月,河流主要为鱼类提供冬季栖息地,可完全满足50~180 m^3/s 的流量要求。

对于兰州断面和下河沿断面,应在5月中下旬保证低流量峰值的高脉冲流量过程,峰

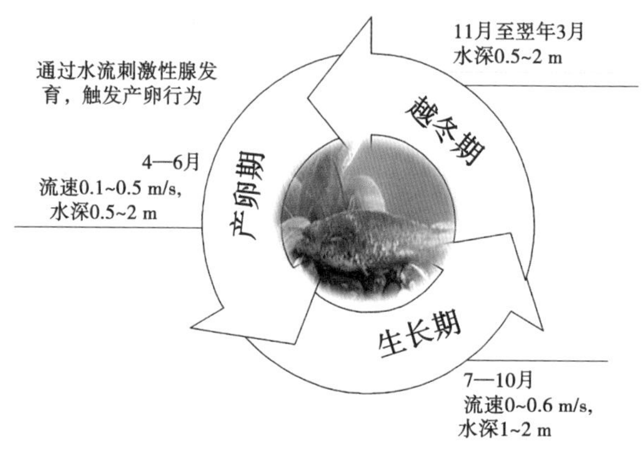

(a)兰州鲇栖息地环境因子

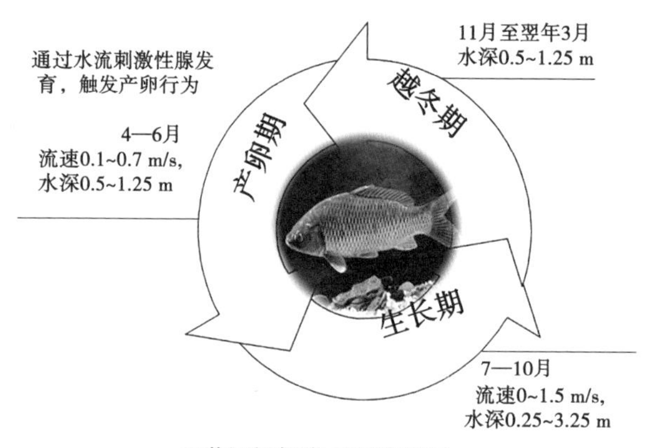

(b)黄河鲤栖息地环境因子

图 5.2-2　兰州鲇和黄河鲤栖息地环境因子

值流量至少应在 1 000 m^3/s 左右,以确保能够为鱼类提供产卵信号;在 5—6 月的高脉冲流量过程中,峰值流量为 1 200~1 600 m^3/s。对于头道拐断面,4 月中下旬应保证出现低流量峰值的高脉冲流量过程,峰值流量至少应在 1 000 m^3/s 左右,以确保能够为鱼类提供产卵信号;5—6 月的高脉冲流量过程中,峰值流量为 1 000~1 400 m^3/s。

5.2.1.3　黄河中游干流断面生态需水过程评估

以龙门断面为例分析黄河中游河道内生态需水过程。将三门峡水库修建前(1957 年前)的河川径流近似视为天然河川径流,统计 1946—1956 年龙门断面实测日径流特征。以鲤鱼为指示物种(见图 5.2-2),通过 MIKE 21 建立栖息地模拟模型,模拟不同流量下鲤鱼不同阶段的栖息地分布(见图 5.2-5),建立流量-栖息地面积曲线,采用耦合生境模拟与水文参照系统的生态需水评估方法,得到生态需水过程(见图 5.2-6)。

流量较小时栖息地遍布主槽,随着流量的增长,栖息地面积逐渐减小,且逐渐集中于水域边缘;漫滩后滩区形成适宜的栖息地;适宜的流量范围为 200~1 800 m^3/s。对产卵场而言,产卵期间(4—6 月) 流量达到 300 m^3/s 时,栖息地面积就会显著增大, 说明在该河段为了使黄河鲤鱼产卵期间有较大的适宜栖息地,流量要达到 300 m^3/s; 在 11 月至翌年 3 月这个时间段, 河流主要为鱼类提供过冬的栖息地, 120~360 m^3/s 的流量完全可以

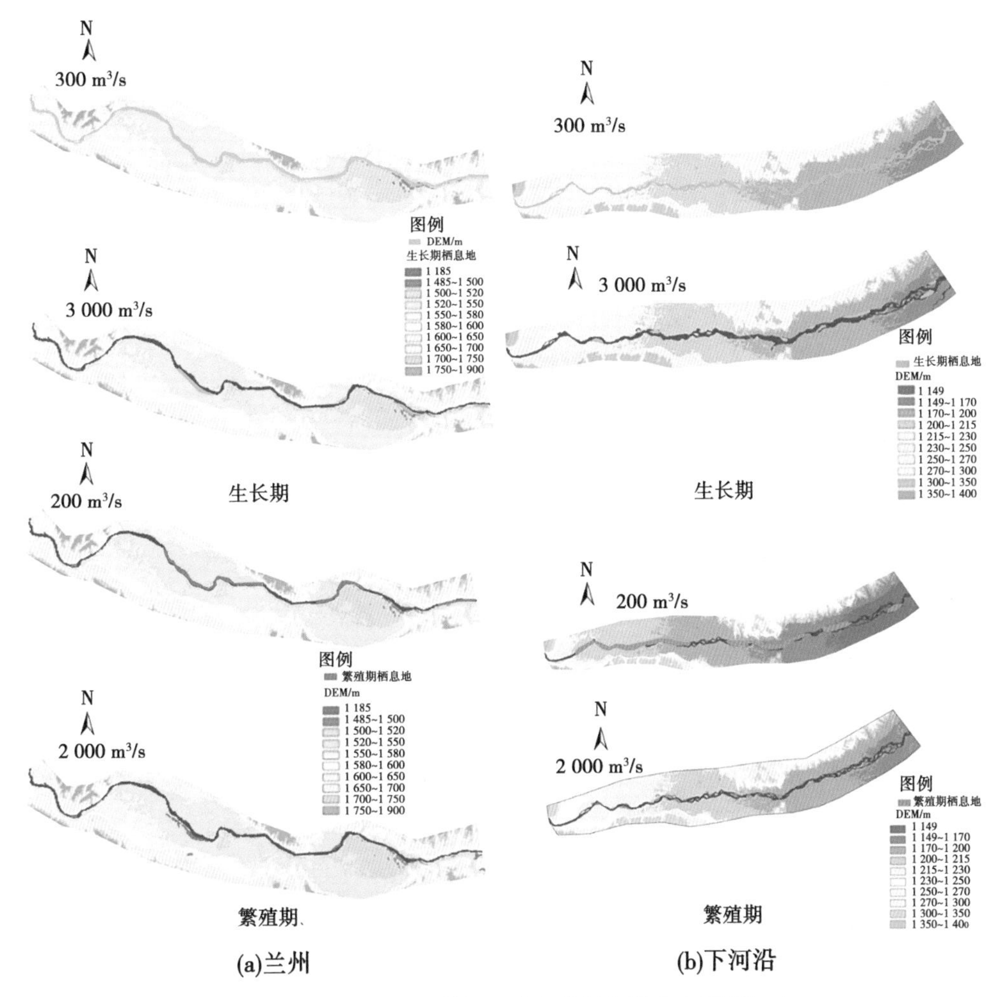

图 5.2-3　不同流量下模拟区域鱼类栖息地分布模拟结果

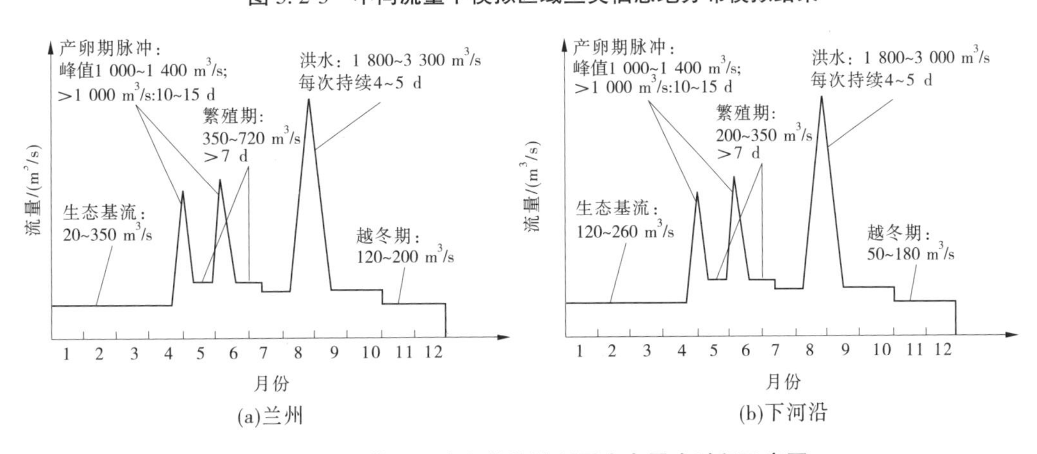

图 5.2-4　黄河干流上游关键断面生态需水过程示意图

满足,考虑到黄河水量的实际情况及鱼类生存的需求,200 m³/s 左右的流量为龙门段鱼类需水的低限条件。

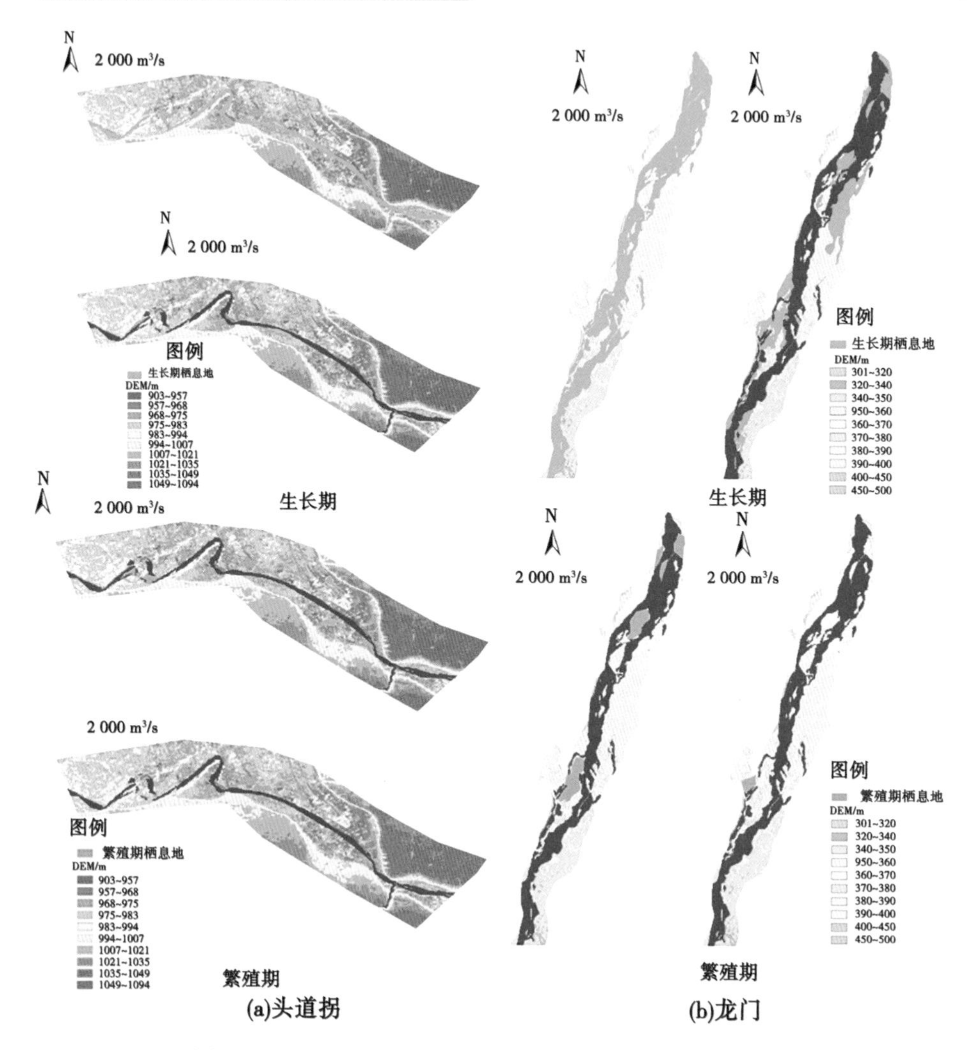

图 5.2-5　不同流量下龙门断面鱼类栖息地分布模拟结果

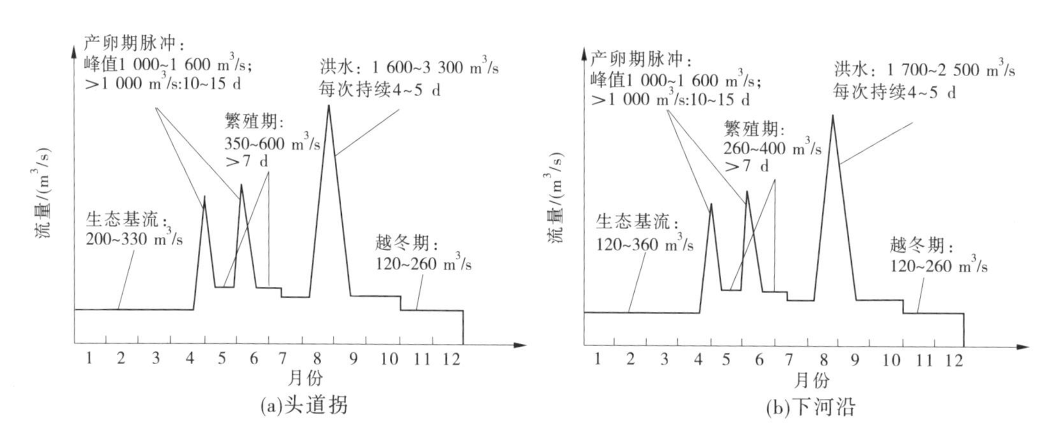

图 5.2-6　黄河干流中游关键断面生态需水过程示意图

对于龙门断面,4 月中下旬应保证出现低流量峰值的高脉冲流量过程,峰值流量至少应在 1 000 m^3/s 左右,以确保能够为鱼类提供产卵信号;5—6 月的高脉冲流量过程中,峰值流量为 1 000~1 600 m^3/s。

5.2.1.4　黄河下游干流断面生态需水过程评估

以花园口断面为例分析黄河下游河道内生态需水过程。将三门峡水库修建前(1957 年前)的河川径流近似视为天然河川径流,统计 1946—1956 年花园口断面实测日径流特征。以鲤鱼为指示物种(见图 5.2-2),模拟不同时期需水流量过程,模拟鱼类栖息地分布(见图 5.2-7),流量较小时栖息地遍布主槽,随着流量的增大,栖息地面积逐渐减小,且逐渐集中于水域边缘;漫滩后滩区形成适宜的栖息地;适宜的流量范围为 100~2 300 m^3/s。对产卵场而言,小流量时模拟河段形成了较大面积的产卵场,随后随着流量的增加,产卵场面积迅速减小;漫滩后滩区形成适宜的产卵场,适宜的流量范围为 100~500 m^3/s。

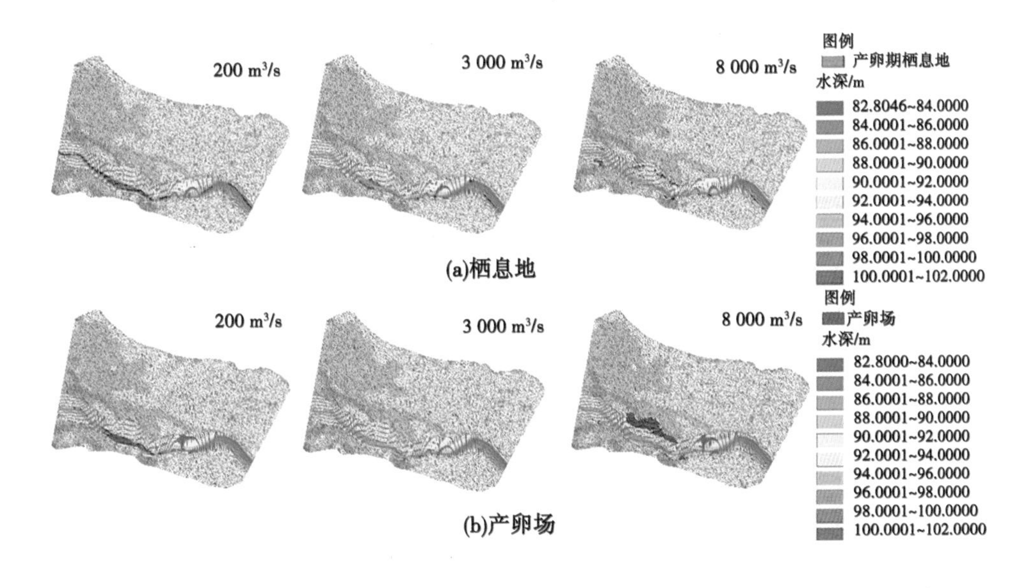

图 5.2-7　不同流量下模拟区域鲤鱼栖息地分布模拟结果

采用耦合生境模拟与水文参照系统的生态需水评估方法,得到生态需水过程(见图 5.2-8)。黄河水少沙多,输沙水量是生态需水的重要组成部分,因此花园口断面洪水的发生时机与流量主要取决于输沙水量的需求。不考虑汛期输沙洪水时,花园口断面年生态需水量为 79 亿~154 亿 m^3,其中非汛期生态需水量为 55 亿~112 亿 m^3。

分析了历史径流过程对本书提出的生态需水过程的保证率,对于生态基流,在水量统一调度以后基本可以得到有效保障,但是高流量脉冲出现了缺失,1946—1956 年的日均流量在 4 月初和 5 月初有比较高的峰值,1991—2000 年 4 月流量平坦,5 月流量偏低,2006—2015 年虽然 5 月流量回升,但整体流量过程平坦,典型年的流量过程也具有同样的特征(见图 5.2-9 和图 5.2-10)。

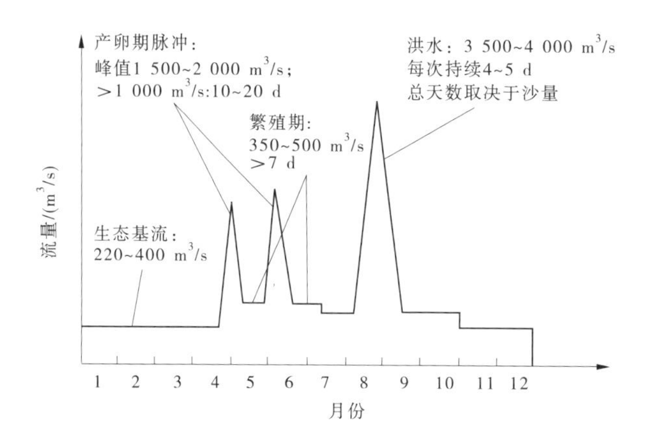

图 5.2-8　花园口断面生态需水过程示意图

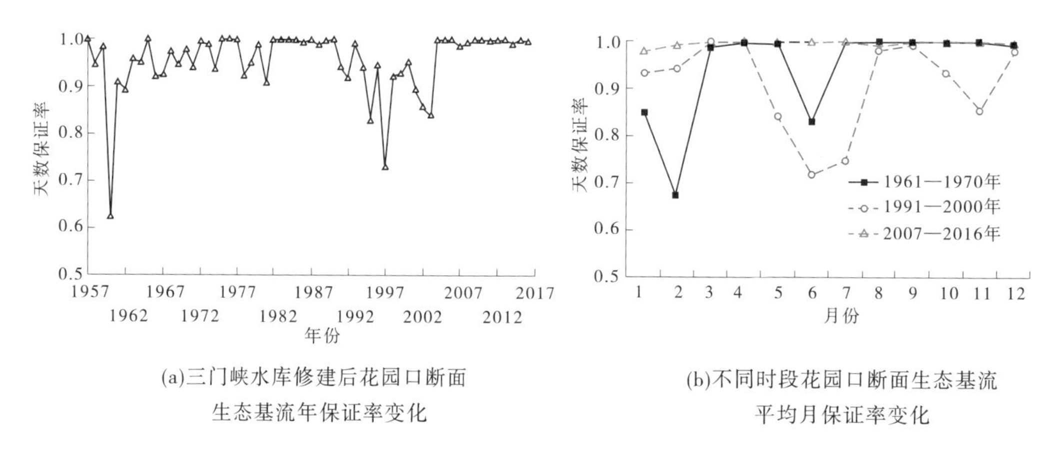

(a)三门峡水库修建后花园口断面生态基流年保证率变化

(b)不同时段花园口断面生态基流平均月保证率变化

图 5.2-9　生态基流变化过程

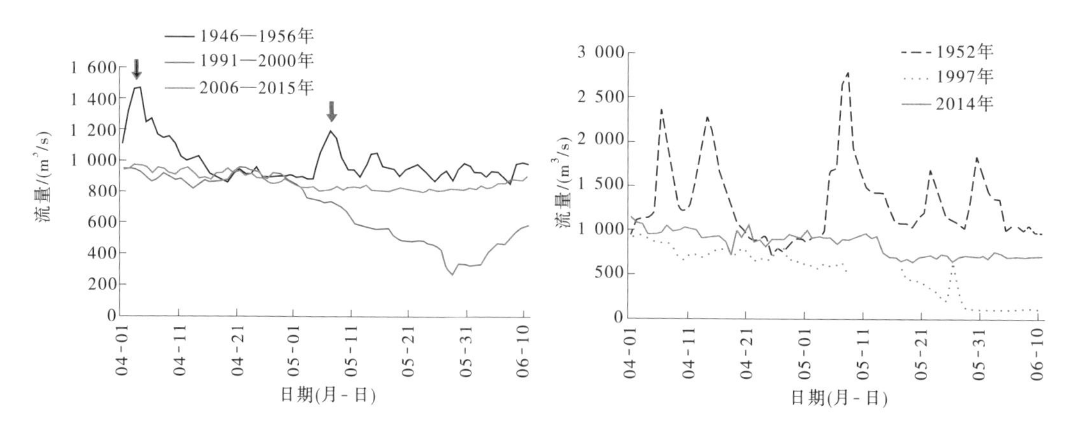

图 5.2-10　高流量脉冲

5.2.1.5　河道外植被变化与生态需水量

利用 1990—2015 年遥感数据，分析黄河中游河口—花园口（见图 5.2-11）景观格局变化对植被生态需水的影响。

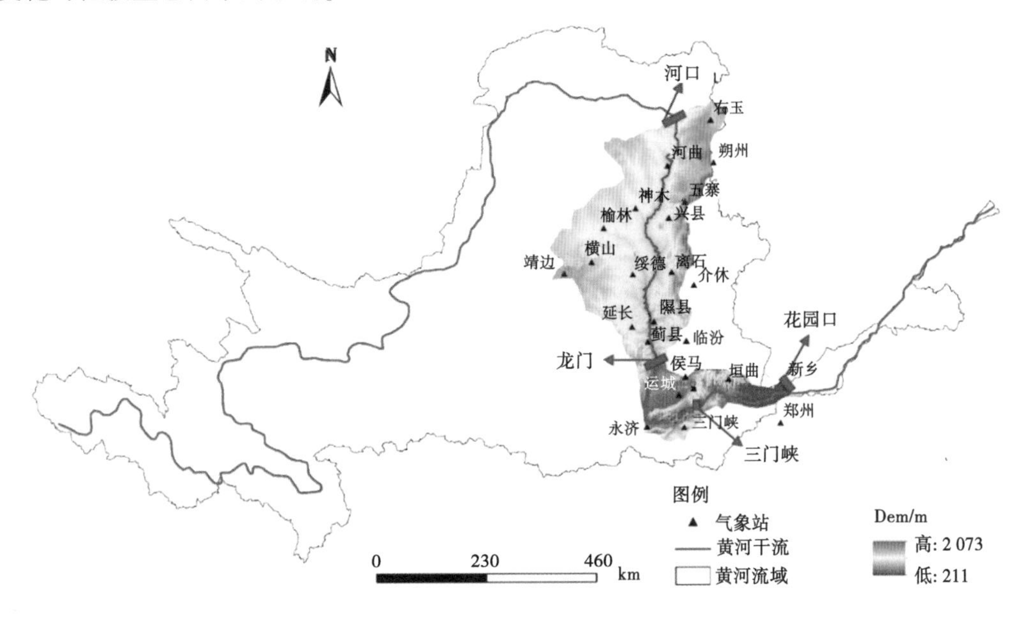

图 5.2-11　研究区位置

为了能够更深入地认识和理解流域景观格局的变化规律，选用类型水平上的斑块密度（PD）、连通度指数（COHESION）、最大斑块指数（LPI）和聚集度指数（AI）；景观水平上选取了香农多样性指数（SHDI）、斑块数目（NP）、分离度指数（SPLIT）、最大斑块指数（LPI）和形状指数（LSI）。

从聚集度指数 AI（见表 5.2-3）看，水体和建设用地变化较大，水体 AI 由 1990 年的 39.49 下降到 2015 年的 32.43，表明水体分离程度有所提高。最大斑块指数表明农田面积减小，空间上呈现连续趋势。斑块的数量增长缓慢，在接下来的 15 年中几乎没有增长。水资源和未利用土地的萎缩，与我国西部造林计划和黄土高原水土保持工程有关，这些工程的实施导致了空间逐渐分割。总之，黄河中游大部分景观类型在空间上被分隔开，聚集度指数和最大斑块指数下降。

在景观水平层面，1990—2015 年，香农多样性指数（SHDI）有所增加，而蔓延度（CONTAG）和连通度指数（COHESION）持续下降。2015 年 SHDI 最大值为 1.344 7，说明本年景观类型多样。1995 年 SHDI 最小值为 1.279 1，说明该区景观以某一种类型为主。1990—1995 年，斑块数量明显减少，但在 1995—2015 年的 20 年中持续增加。可以反映空间变化的三个关键指标：LPI、LSI 和 SPLIT，在 1990—1995 年，变化幅度最大，2000—2015 年，较大的斑块被划分为许多较小的斑块，形状变化复杂多样，分离度变得更大，见表 5.2-4。

表 5.2-3　景观类型水平的景观指数

类型	1990 年			1995 年			2000 年		
	LPI	COHESION	AI	LPI	COHESION	AI	LPI	COHESION	AI
草地	15.19	99.09	53.70	31.65	99.59	55.69	13.26	98.89	54.20
森林	3.80	95.09	61.83	2.59	94.69	61.48	3.06	94.49	61.71
建设用地	0.07	37.07	15.28	0.07	34.58	17.15	0.06	42.94	18.28
耕地	13.81	98.80	55.23	16.51	99.04	55.83	14.93	98.88	55.19
水域	0.34	77.83	39.49	0.35	73.64	36.21	0.29	69.81	31.87
类型	2005 年			2010 年			2015 年		
	LPI	COHESION	AI	LPI	COHESION	AI	LPI	COHESION	AI
未利用地	3.13	97.23	56.05	0.61	91.10	46.27	1.18	93.66	49.24
草地	13.24	99.06	53.97	13.31	99.07	54.00	12.58	98.83	53.36
森林	3.06	94.17	60.70	3.06	94.14	60.54	3.06	94.14	60.51
建设用地	0.07	47.09	21.12	0.09	49.32	22.29	0.10	53.04	23.89
耕地	13.87	98.77	54.69	13.83	98.76	54.45	13.52	98.71	54.23
水域	0.15	67.58	32.70	0.15	70.12	32.29	0.14	71.16	32.43
未利用地	1.26	94.11	49.08	1.26	93.69	48.72	1.21	93.29	47.60

表 5.2-4　景观水平上的景观指数

年份	NP	LPI	LSI	CONTAG	COHESION	SPLIT	SHDI
1990	9 733	15.190 8	82.836 6	32.365 0	98.665 5	15.646 9	1.327 7
1995	9 402	31.649 7	81.968 1	34.361 1	99.175 3	7.446 4	1.279 1
2000	9 782	14.931 5	83.367 0	32.739 7	98.540 2	17.450 2	1.312 2
2005	10 104	13.869 8	84.113 6	31.880 9	98.573 4	16.613 1	1.326 5
2010	10 184	13.826 8	84.329 6	31.743 1	98.568 5	16.640 1	1.328 2
2015	10 636	13.523 0	85.304 0	30.703 0	98.359 4	19.713 3	1.344 7

为了更直观地分析景观格局时空变化，采用移动窗口法形成香农多样性指数（SHDI）、连通度指数（COHESION）和蔓延度指数（CONTAG）栅格图，分析黄河中游干流1990—2015 年景观格局时空演变特征（见图 5.2-12~图 5.2-14）。

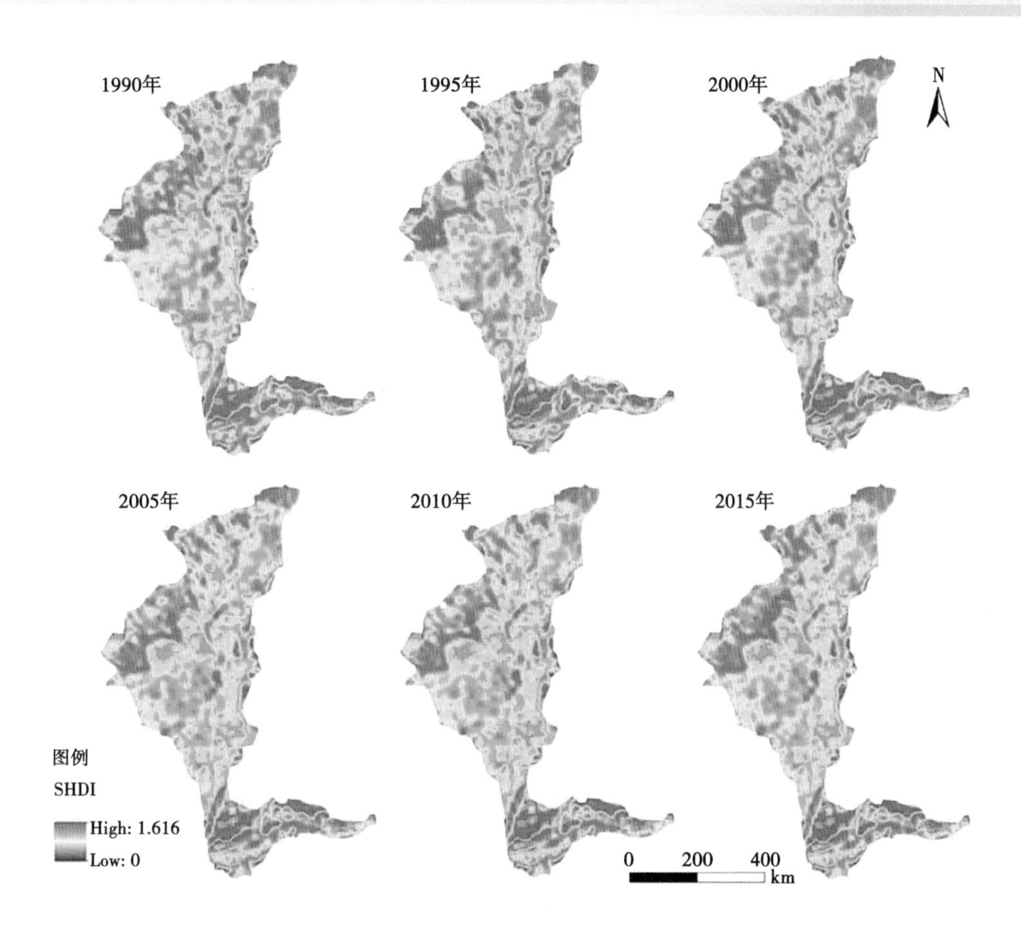

图5.2-12　1990—2015年黄河中游典型区景观香农多样性指数(SHDI)空间分布

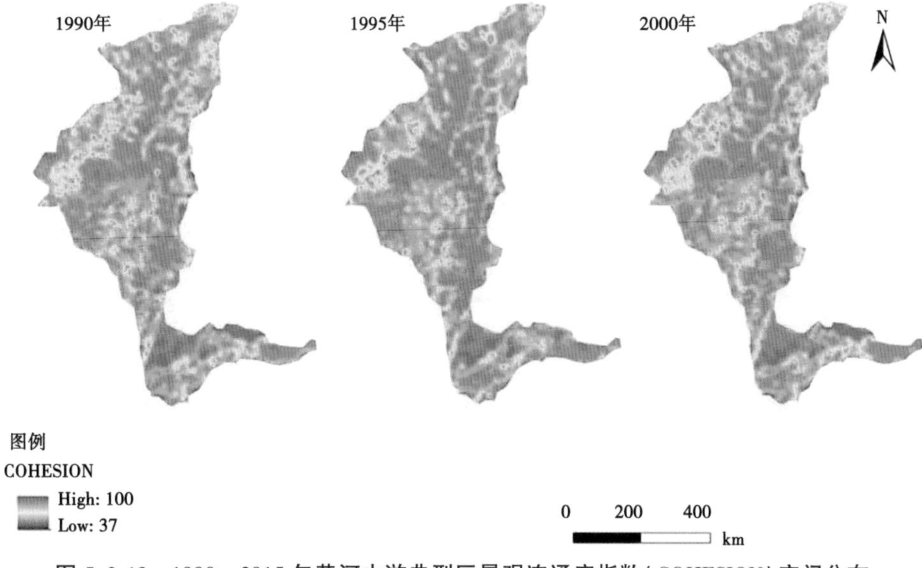

图5.2-13　1990—2015年黄河中游典型区景观连通度指数(COHESION)空间分布

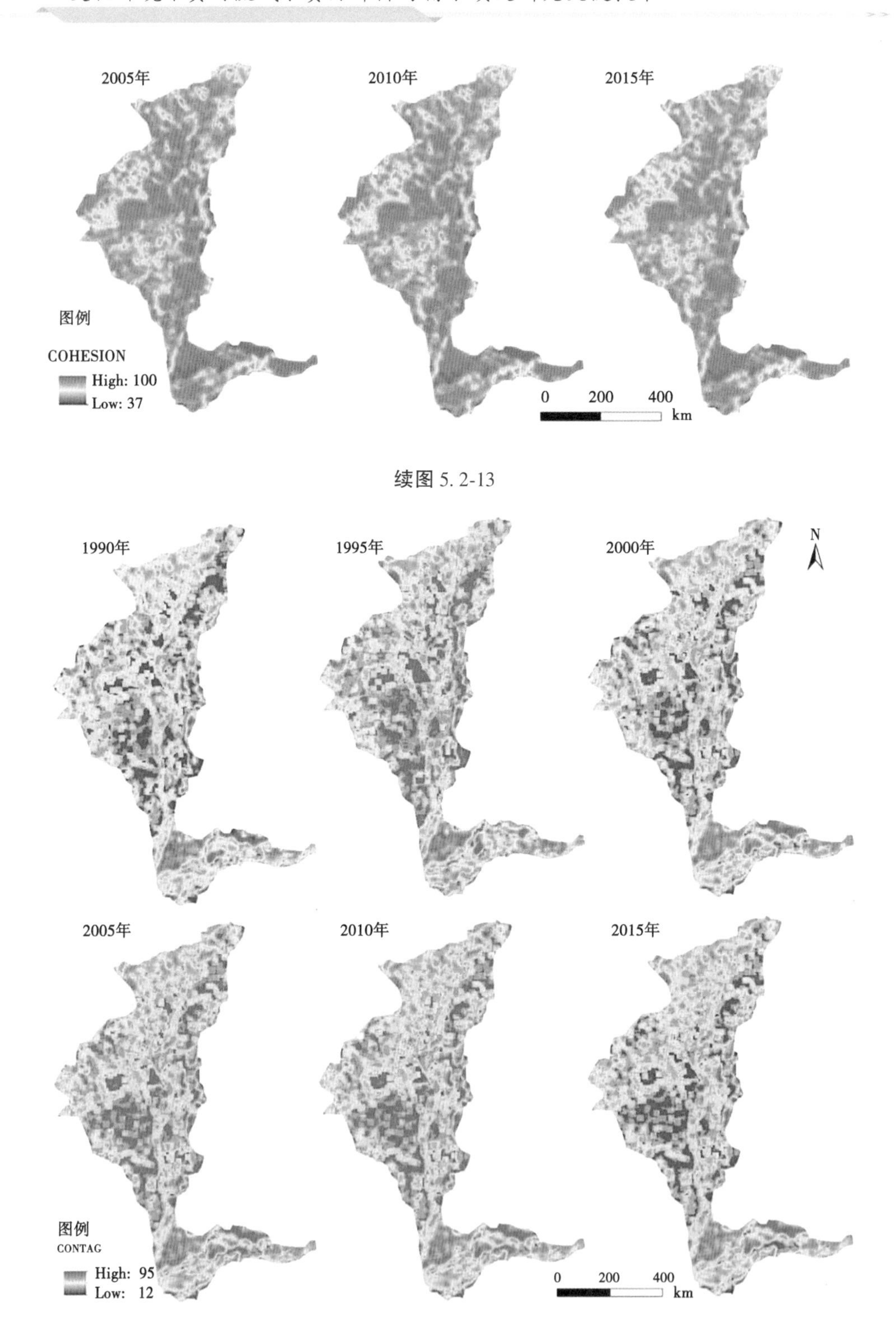

续图 5.2-13

图 5.2-14　1990—2015 年黄河中游典型区景观蔓延度指数(CONTAG)空间分布

由于研究区水土保持和植树造林工作的开展,景观斑块逐渐变为异质和不连续的斑块,生物多样性升高,使得多样性指数升高,蔓延度指数下降。东南部黄河洪泛平原区的景观以耕地为主,景观逐渐趋于均质、连续,出现成片的连通现象;研究区东部(黄河干流东岸)山区景观类型以草地、林地和未利用土地为主,该区域多由离散和形状较不规则的小斑块构成,破碎化程度较高,导致SHDI值较高、CONTAG值较低。

植被生态需水量受植被类型、气候及土壤水分等的综合影响。

$$E = K_s \cdot K_c \cdot ET_0 \tag{5-5}$$

式中:E为植被生态需水量(EWRs),mm;ET_0为潜在蒸散发,mm;K_c为植被生态耗水系数;K_s为土壤水分系数。

K_c的取值随植被覆盖度的变化而变化。

ET_0的采用FAO 56 Penman-Monteith法,在ArcGIS建模计算研究区生态需水量,得到生态需水空间分布图(见图5.2-15)。

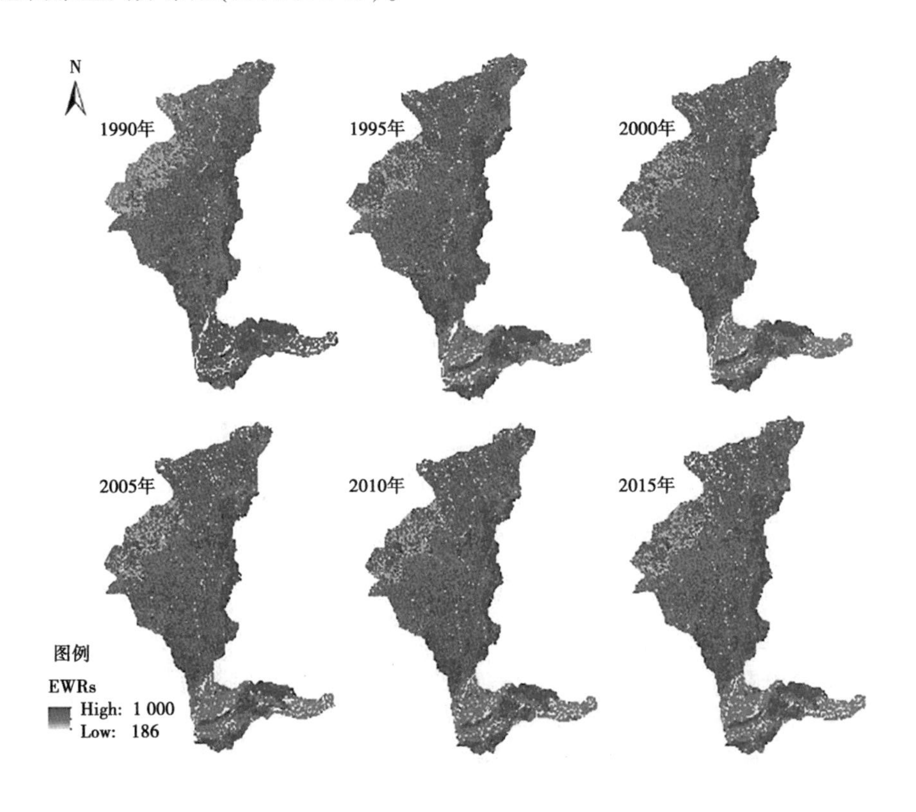

图5.2-15　生态需水空间分布(1990—2015年)

植被生态需水量(EWRs)从1990年的416 mm增加至2015年的557 mm,年均植被生态需水量从133亿m^3增加至180亿m^3,这是由于1990—2015年间研究区植树造林、退耕还林还草等水土保持工程的实施,土地利用发生变化,草地、林地植被覆盖增大,植被生态需水量增大以维持植被生态系统,与景观格局指数的多样性增大和连通性减小相一致。

植被生态需水量与最大斑块指数(LPI)呈显著正相关,与分离度指数(SPLIT)、景观形状指数(LSI)、香农多样性指数(SHDI)呈负相关;景观斑块越破碎,生态需水量越小;景观斑块类型少且连片,生态需水量越大(见图5.2-16)。

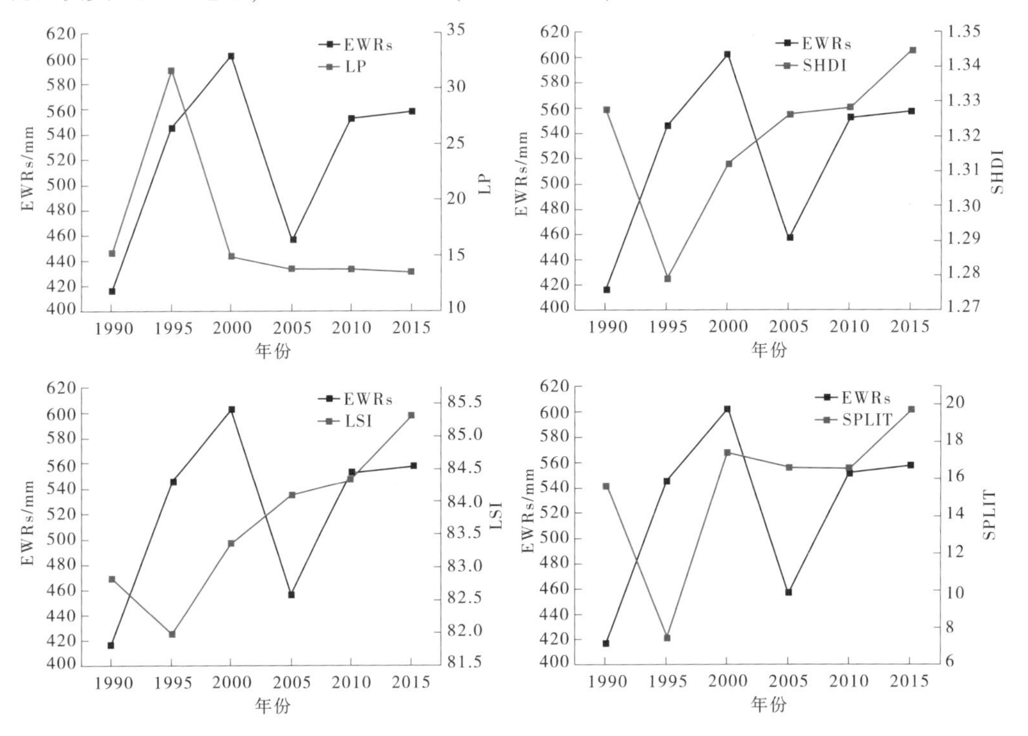

图5.2-16 景观格局指数与植被生态需水量相关性

5.3 河漫滩湿地生态需水的确定

在生态水位(水量)维持的情况下,相应的生态服务价值增加(ESV enhancement),由于黄河上游的发电需求、水库调度及河漫滩土地利用方式的改变等,河漫滩湿地的生态需水往往不能及时得到满足,会对经济的发展产生影响。在生态水位(水量)不能满足的情况下,相应的生态服务价值减少(ESV reduction)。

湿地与水位相关的生态服务价值(ESV)评价对维护生态系统健康具有重要的意义,因此基于生态需水保障的湿地生态效应通过ESV的增量(ESV_s)来评估,ESV_s为基于生态需水保障后的生态服务价值和现状水资源管理下生态服务价值之间的差值:

$$ESV_s = \begin{cases} ESV_0 - ESV_a & ESV_0 > ESV_a \\ 0 & ESV_0 \leqslant ESV_a \end{cases} \tag{5-6}$$

式中:ESV_a为现状水资源管理水平下研究区的ESV,元;ESV_0为基于生态需水保障后的ESV,元。

5.3.1 生态服务价值核算方法

本书结合谢高地等的研究成果的同时,借鉴已有研究,采用以研究区单位面积粮食产量与全国单位面积粮食产量之比这一较为成熟的方法确定了修正系数,进而得到研究区生态系统单位面积生态服务价值(见表5.3-1)。

表5.3-1　研究区生态系统单位面积生态服务价值　单位:元/($hm^2\cdot a$)

一级类型	二级类型	林地	草地	耕地	水域	河漫滩
供给服务	食物生产	0.29	0.38	1.36	0.80	0.58
	原材料生产	0.66	0.56	0.09	0.23	0.34
调节服务	气体调节	2.17	1.97	1.11	0.77	1.29
	气候调节	6.50	5.21	0.57	2.29	4.54
	净化环境	1.93	1.72	0.17	5.55	7.99
	水文调节	4.74	3.82	2.72	102.24	8.63
支持服务	土壤保持	2.65	2.40	0.01	0.93	1.53
	维持生物多样性	2.41	2.18	0.21	2.55	2.50
文化服务	美学景观	1.06	0.96	0.09	1.89	2.54

研究区生态系统服务价值可以通过下式计算:

$$EV = \sum_{i=1}^{n} A_i \times UV_i \tag{5-7}$$

式中:EV为研究区生态系统服务总价值,元;i为用地类型;A_i为第i种用地类型的面积,hm^2;UV_i为第i种用地类型的单位面积生态服务价值,元。

5.3.2　生态服务能值核算结果

基于前述方法,分别求得研究区2000年、2005年、2010年、2015年的ESV(见表5.3-2)。从内容分析,调节服务与供给服务始终是研究区生态系统服务的核心功能;从数值分析,ESV呈现出先上升后下降、研究期末生态系统服务价值低于期初的总体特征。

具体分析如下:

(1)一级服务内容:①从所占比例分析,调节服务所占比例一直保持在80%以上,其次为支持服务,文化服务与供给服务所占比例都较小。分析变化特征,文化服务与供给服务变化不大,调节服务整体上保持上升趋势,而供给服务持续下降。②从数值特征分析,四类服务与总体价值走势一致,都呈现出先上升后下降的特征,2005年为研究时段内各类服务价值最高值,2000年为最低值。

(2)二级服务内容:食物生产、气体调节与水文调节是仅有的价值量上升的服务,而其中水文调节上升最为明显,且2000—2015年稳步上升。此外的其他服务类型价值均下降,其中气候调节、土壤保持下降幅度最大。

表 5.3-2　研究区 2000—2015 年生态系统服务价值　　单位：万元

一级服务	二级服务	2000 年	2005 年	2010 年	2015 年
供给服务	食物生产	24	27	27	27
	原材料生产	4	4	4	4
	供给服务总值	28	31	31	30
		4.6%	3.7%	4.4%	3.7%
调节服务	气体调节	24	25	25	25
	气候调节	39	33	32	32
	净化环境	58	50	44	46
	水文调节	418	655	529	641
	调节服务总值	539	763	630	743
		89.3%	92.1%	91.0%	92.1%
支持服务	土壤保持	12	9	9	9
	维持生物多样性	24	24	21	23
	支持服务总值	35	33	30	32
		5.9%	4.0%	4.3%	4.0%
文化服务	美学景观	2.0	1.7	1.5	1.6
		0.3%	0.2%	0.2%	0.2%
生态服务总值		604	829	692	807

5.3.3　河漫滩湿地生态需水权衡分析

研究区上游的发电需求、水库调度及河漫滩土地利用方式的改变等，造成水文情势发生改变，河漫滩湿地的生态需水得不到满足，会对生态系统产生影响，在农业占主导地位的地区，该影响首先表现为农业用水的短缺。

河漫滩缺水的生态效应可以用水资源短缺造成的作物产量损失产生的价值损失表示：

$$V = q_s Q = \sum_{k=1}^{n} \sum_{j=1}^{m} q_{ks}^{j} Q_{k}^{j} s_j \tag{5-8}$$

$$q_{ks}^{j} = k_{ky} q_{km}^{j} \left(\frac{ET_{kj} - ET_{ka}}{ET_{kj}} \right) = k_{ky} q_{km}^{j} \frac{ET_{ks}}{ET_{kj}} \tag{5-9}$$

式中：V 为经济损失，元；n 为总的生长阶段；m 为不同的植物；s_j 为作物 j 的面积，hm^2；Q_k^j 为作物 j 在 k 月的单位面积的价格，元/hm^2；q_{ks}^j 为作物 j 在 k 阶段在水分胁迫下的产量损失；j 为作物类型；q_{ks}^j 为作物的实际单产，t/hm^2；q_{km}^j 为无水分胁迫下作物的最大单位产量，t/hm^2；k_{ky} 为作物产量响应系数(yield responds factor)，无量纲；ET_{ka} 为作物实际蒸散发(mm)或作物实际耗水量;ET_{kj} 为作物潜在蒸散发(mm)或作物需水量。

以陕西省渭南黄河湿地自然保护区为例,保护区内有大量农田存在,本书以缺水造成的农业损失为例。由式(5-9)可知,用水短缺量与农业损失呈线性关系,但是现实情况下还存在无效蒸腾蒸散发以及其他因素影响实际的用水量,因此当农业缺水量与相应的损失关系非线性变化时,采取权衡优化进行分析,该权衡分析曲线将类似于经济学领域所描述的“生产可能性曲线”(见图 5.3-1):横坐标表示滩地农业用水(%),纵坐标表示生态用水(%),由于非消耗性用水情况(发电、休闲娱乐等)的存在,生态用水同农业用水之间的关系用曲线表示。如果不计蒸散发,农业用水和生态用水之间的关系用图 5.3-1 中假定曲线表示,但是现实中蒸散发是普遍存在的,所以农业用水和生态用水之间的权衡分析用实际曲线来表示。理论上来讲,实际曲线上的任何一点都是水资源的一种分配方式,曲线任意一点的斜率为生态用水效益同农业用水效益之间的比例。

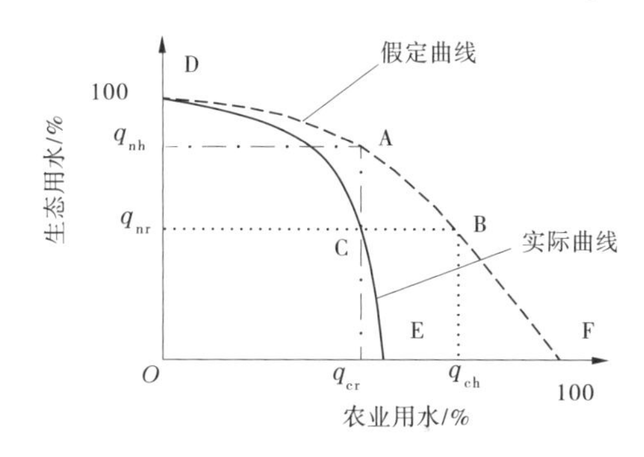

图 5.3-1　农业用水和生态用水之间的利益权衡分析示意图

然而,在水资源严重紧缺的情况下,基于生态需水保障的农业经济损失在现状水资源管理水平和实施水资源管理措施下不可能被利益相关者接受,也就是并没有相应的经济可接受点,使得水资源分配既可满足生态系统健康的维持,又可以使相应的经济损失处于可接受的范围。在此情况下,采用“明显拐点”方法定义经济损失的“可接受”状态(见图 5.3-2)。

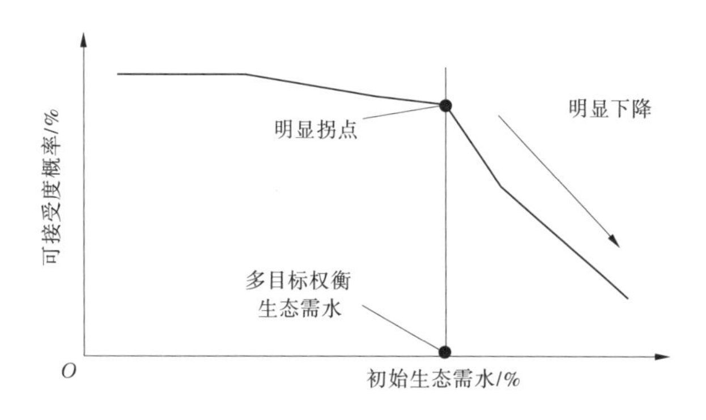

图 5.3-2　水资源严重紧缺情况下多目标权衡生态需水确定方法

以贝叶斯网络为研究平台,评价多目标情景下权衡经济效应和生态效应的生态需水量,多目标权衡生态需水评价贝叶斯网络的主体框架,主要包括初始节点、经济效应评价子节点、生态效应评价子节点和水资源管理措施子节点4部分内容,每一个节点的变化都会影响到与之直接相连的子节点概率分布发生相应的变化,最终对评价结果产生影响,图5.3-3给出了多目标权衡生态需水评价贝叶斯网络结构:

(1)初始节点包括初始生态需水(Initial environmental flow)和来水过程(Water inflow),综合评价不同生态需水等级和来水过程差异对子节点的影响。

(2)基于生态需水保障的经济用水效应评价子节点,受初始节点的影响,反映多目标综合影响下的农牧业经济损失,主要的节点有用水短缺(Water shortage)、产量损失(Production losses)、经济损失(Economic losses)、经济可接受度(Economic acceptability),target N 代表研究区内基于生态需水保障后受影响的指标。

(3)基于生态需水保障的典型系统生态用水效应评价子节点,受初始节点的影响,反映多目标综合影响下的生态功能指标的变化,主要的节点有生态指标(Ecological index)、生态服务价值增加(ESV enhancement),N 反映了研究区内可以表征生态用水效应指标的个数。

(4)水资源管理措施子节点 Water measures,其中可能对评价结果造成影响的水资源管理措施主要有土地利用变化(LUCC)、ET节水措施(ET water saving measures)和调水工程(Water system engineering)。

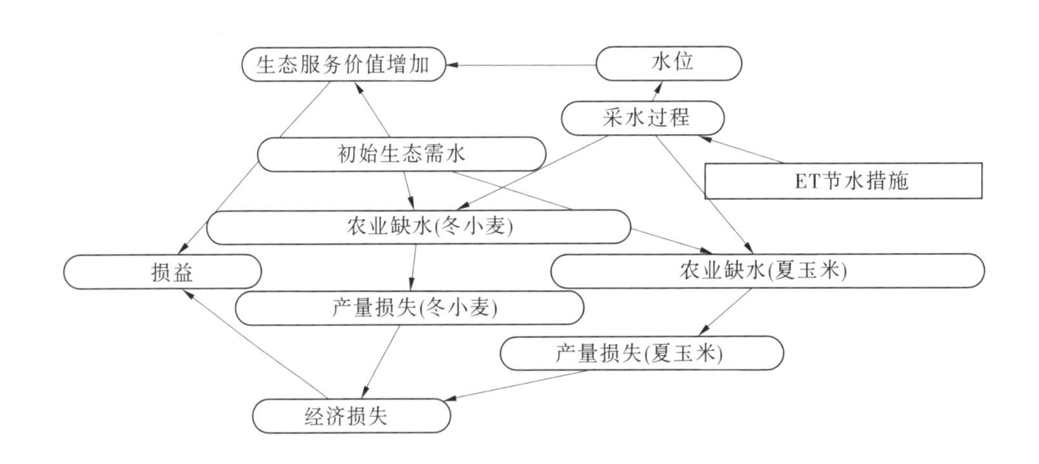

图5.3-3 多目标权衡生态需水评价贝叶斯网络结构

多目标权衡生态需水评价贝叶斯网络部分节点状态划分情况如下:

Initial environmental flow:{0,1,2},分别为最低、适宜、最高等级生态需水。

Water inflow:{0,1,2},分别对应丰水年、平水年、枯水年。

Unit price:{0,1},分别代表低于和高于多年平均值的情况。

Water measures:{0,1},分别代表Yes、No,不同水资源管理措施的实施会对来水过程造成一定的影响,一般来讲会增加径流量。

Economic acceptability:{0,1},分别代表Acceptable、Unacceptable。

其他节点需根据数据分布情况通过专家咨询和公共参与等方式来确定,一般数据来源于子模型运行结果和监测数据等。

本书中主要采取历史流量数据和公式计算得到数据进行各节点 CPT 的构建,比较主观的变量如经济可接受度的确定可以咨询专家意见,因为经济可接受度不仅受到农业经济损失的影响,还受到地区差异和人文条件等因素的影响。大多数情况下,专家只能口头化地描述因果关系的强弱,无法给出定量的概率值,本书采取 Witteman 和 Renooij(2003)的研究成果,将这些口头量词跟实际的概率数值之间建立一定的对应关系,称为概率标杆(见图 5.3-4)。

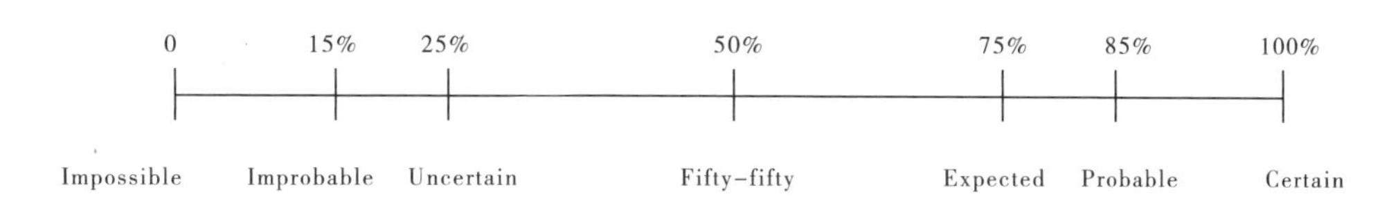

图 5.3-4 概率标杆

5.4 黄河干流重点河段生态需水

5.4.1 黄河流域生态保护与修复目标

5.4.1.1 黄河流域生态功能定位

黄河流域构成我国重要的生态屏障,是连接青藏高原、黄土高原、华北平原的生态廊道,拥有三江源、祁连山等多个国家公园和国家重点生态功能区。黄河流经黄土高原水土流失区、五大沙漠沙地,沿河两岸分布有东平湖和乌梁素海等湖泊、湿地。河口三角洲湿地生物多样,是我国生态战略的核心架构与关键区域,是我国西北、华北及沿黄经济与生态带格局稳定与发展平衡的重要资源与生态空间,对国家生物多样性保护和生态系统安全维护具有核心功能。

5.4.1.2 黄河流域生态保护与修复格局

根据国家生态保护战略要求,构建黄河流域"两区(河源区域、河口三角洲区域)一廊道(黄河干流及主要支流)"生态保护格局,通过强化河源生态保护、河口生态修复、河流廊道功能维持,促进黄河流域生态系统保护与修复。

5.4.2 生态流量管控单元与主要控制断面

在黄河流域生态系统功能定位原则和"两区一廊道"优先保护与重点修复框架下,构建黄河典型和重点河段的生态流量体系及工作思路,主要包括重点河段生态功能定位与保护目标识别—水域和水流规律生态适宜性分析—重要控制断面及生态流量适应性分析—确定生态流量指标及管控—河段控制断面等。

黄河流域生态水量管控框架体系及生态流量管控单元与保护要求见图 5.4-1。

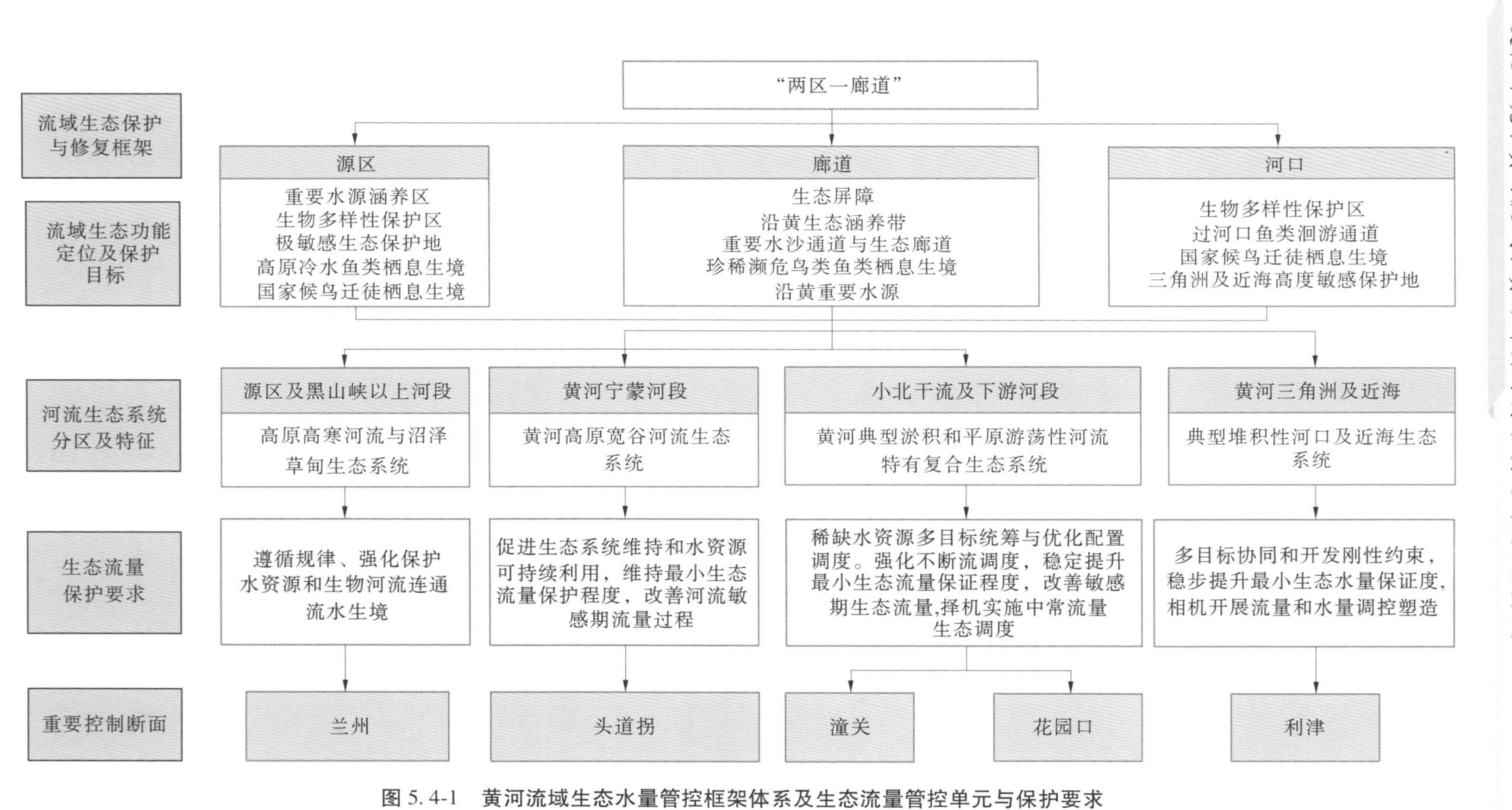

图 5.4-1　黄河流域生态水量管控框架体系及生态流量管控单元与保护要求

5.4.3　中下游生态系统需水研究

2009 年,黄河水资源保护科学研究院开展了水利部公益性行业科研专项“黄河干支流重要河段功能性不断流指标研究”项目,对黄河中下游巩义河段及利津河段的河流生态需水量进行了模拟分析。

“黄河干支流重要河段功能性不断流指标研究”选定黄河鲤作为指示物种和研究对象,综合野外调查、实验室模拟及专家经验,研究建立代表鱼类不同生长阶段的适宜流速、水深、温度、溶解氧等的适宜度曲线;根据黄河水生生物现状及鱼类产卵场及栖息地分布等,构建了巩义、利津河段河流栖息地模型,模拟系列流量过程和栖息地质量之间的定量关系,提出代表物种繁殖期和越冬期生态需水量。综合提出黄河巩义、利津河段黄河鲤繁殖期、生长期、越冬期生态需水量,详见表 5.4-1。

表 5.4-1　巩义、利津河段黄河鲤生态需水综合分析

重点河段	生长发育阶段	水期划分	适宜生态需水量/(m^3/s)	生态需水过程	最小生态需水量/(m^3/s)
巩义	繁殖期	4—6 月	600~750	800~1 000 m^3/s,历时 6~7 d,发生时间为 5 月上中旬	300~330
	生长期	7—10 月	800~1 200	1 500~3 000 m^3/s,历时 7~10 d,发生时间为 7—8 月	400~600
	越冬期	11 月至翌年 3 月	450~600	—	240~330
利津	繁殖期	4—6 月	240~290	—	180
	生长期	7—10 月	700~1 100	1 200~2 000 m^3/s,历时 7~10 d,发生时间为 7—8 月	350~550
	越冬期	11 月至翌年 3 月	230~290	—	80~150

本书在上述研究成果基础上,结合近年来黄河水文情势变化,于 2017—2019 年进行了深化研究,对上述河段水生生物及栖息地质量进行了补充调查和监测,增加了历史流量法,对干支流生态需水研究成果进一步深化研究。在黄河近年来精细化水量调度的基础上,提出了春季小脉冲洪水和汛期一定洪水过程的需求。

5.4.4 主要断面生态流量确定

5.4.4.1 花园口断面

花园口断面位于黄河中下游分界以下十余千米处，是黄河中下游典型游荡河道所在河段的代表断面。黄河巩义至花园口河段是黄河中游较大规模的集中鱼类产卵场所在河段，同时是湿地发育最为完全、分布最为广泛的河段。花园口河段输水输沙和自然、社会服务等承载了河流生态廊道的基本功能，具有生态构型空间格局与多样性保护的核心应力带支撑作用。该河段主要生态保护目标为河流及河漫滩湿地、特有土著鱼类栖息生境、重要鸟类栖息生境、河流基本生态功能、供水保障。

1. 生态基流

针对黄河下游典型湿地的栖息生境保护需水，黄河下游及河口鱼类产卵、越冬、洄游等生物学保护需求，参照黄河下游枯水流量情况要求，从维持黄河生态极限维持条件和保护生物物种及种群安全出发，确定黄河下游花园口生态基流为200 m^3/s，未来规划阶段考虑越冬期适宜水量需求和利津断面水流连续性取300 m^3/s。

2. 敏感期生态流量

敏感期生态流量主要考虑敏感期水生生物和湿地对河流水量、流量和水位、流速等的生物学要求。黄河下游产漂流卵鱼类，对产卵育幼与越冬期的河道流速、流量及变化幅度有阈值要求。黄河下游花园口断面一般普适性鱼类产卵流量要求，为300~1 000 m^3/s；土著产黏性卵鱼类，产卵期及鱼类洄游时段则对河道滩唇水位及流量过程有生态学要求，其平均流量需求为200~1 000 m^3/s。敏感期生态流量原推荐为大流量过程，经过改进后，主要参考了繁殖期仔鱼需水适宜度曲线，本阶段推荐取值为和亲鱼需水曲线的交叉点（300 m^3/s），未来规划考虑到刺激亲鱼产卵需要，较适宜取值区间为650~850 m^3/s，与干支流成果（600~750 m^3/s）基本保持一致。

3. 小脉冲洪水流量过程

本次专题开展过程中，结合当前黄河水量来水条件及水量调度的细化，根据2017—2019年黄河巩义河段水生生物调查，进一步细化黄河鲤不同时期生态习性对径流过程的需求，结合黄河水文情势变化提出敏感期小脉冲洪水流量过程，见表5.4-2。

4. 廊道维持流量

黄河下游河流湿地代表断面基本属于宽浅河道主槽和嫩滩的复合断面类型，湿地补水方式主要有河流洪泛补给和地下水补给。目前河势情境下，黄河下游湿地功能保护水量补给，主要通过调水调沙形成的4 000 m^3/s 流量条件予以实现；而在河床淤积影响下，一般性的中小流量条件已难以形成湿地的有效补给。黄河下游湿地资源保护，应强化黄河水量总量控制和生态保护优先，争取实现黄河下游2 600~4 000 m^3/s 的特殊时段河道塑造流量满足湿地对生态水量的要求。

5. 生态流量耦合

综合生态基流、敏感期生态流量、小脉冲洪水流量过程、廊道维持流量计算结果，确定花园口断面生态流量指标，见表5.4-3。

表5.4-2　黄河中游巩义河段鱼类生命周期表及其流量需求

生命周期	性腺成熟	流量需求
12月	越冬期	满足生态基流即可，最小200 m^3/s，适宜300 m^3/s
1月		
2月		
3月	生长期	
4月	繁殖期，鱼类性腺发育、成熟，合适水流和水温条件下产卵。受小浪底水库水温影响，巩义河段鱼类亲鱼产卵期推迟至5月中下旬开始	鱼类产卵、孵化、育幼等敏感期内生态流量最小320 m^3/s，适宜650～800 m^3/s，其中在5月中下旬鱼类性腺成熟后，需要一定量的脉冲小洪水过程以刺激鱼类产卵，流量过程一般在5月中下旬至6月上中旬，流量在800～1 200 m^3/s小幅度波动，持续时间在7～15 d
5月		
6月		
6月、7月	仔鱼生长期，主要是幼鱼生长、发育期，需要至岸边湿地水草处觅食	在仔鱼生长期，需要一定的河滩湿地洪漫过程，既是河流廊道功能维持需要，也是湿地发育、鱼类至岸边觅食的需要，流量在2 600～4 000 m^3/s，持续时间在7～10 d，时间以鱼苗成长为仔鱼后，一般在6月中下旬
8月		
9月		
10月		
11月	生长期	满足生态基流即可，最小200 m^3/s，适宜300 m^3/s

表5.4-3　花园口断面河流生态需水指标及其过程　　单位：m^3/s

指标体系	现阶段	远期规划(西线后)
生态基流	200	300
敏感期生态流量	320	650～800
洪水小脉冲(择机)	800～1 000，7～12 d	1 000
廊道维持流量(相机)	2 600～4 000，7 d以上	2 600～4 000，7 d以上

5.4.4.2　利津断面

利津断面作为黄河最后一个水文断面，既是黄河过河口鱼类通道，也是三角洲湿地生态控制断面，又是近海水域入海水量控制断面。在黄河河口段、三角洲及近海水域生态保护目标识别基础上，开展生态保护目标需水机制分析，分别应用栖息地法和基于水文变化的生态限度法(ELOHA)，建立河川径流与目标生物栖息地之间的关系，建立黄河入海径流与近海生态状况的响应关系，综合提出利津断面生态流量及过程。

1. 河流生态流量

利津断面生态流量以土著鱼类栖息生境需水和维持河流廊道功能需水为主，其中土著鱼类栖息生境需水以河流栖息地模拟法为主，集成生态观测、控制试验、模型模拟、空间分析等多技术手段，建立了黄河代表物种适宜度标准曲线，构建了黄河重点河段河流栖息地模型，揭示了水生生物状况与河川径流条件响应关系，提出了利津断面生态基流、敏感期生态流量和脉冲生态流量。同时，以黄河下游调水调沙实践为基础，提出廊道功能维持生态水量。利津断面河流生态需水指标及其过程见表 5.4-4。

表 5.4-4　利津断面河流生态需水指标及其过程　　单位：m^3/s

生态流量指标项目	最小生态流量	适宜生态流量
生态基流	75	100
敏感期生态流量	150	230~250
脉冲生态流量(择机)	700~1 000，7~15 d	
廊道维持流量(相机)	2 600~4 000，7~10 d	

2. 河口淡水湿地生态水量

根据中荷国际合作项目“黄河三角洲淡水湿地生态需水量研究”成果，结合黄河来水实际和自然保护区恢复规划，以 1992 年自然保护区的淡水湿地面积作为湿地恢复规模的参考值，划定 236 km^2 补水区域作为黄河三角洲陆域淡水湿地重点保护和修复的规模，分析优势种群和指示性物种的生态需水规律，模拟不同生态补水预案下湿地生态水文变化与湿地生态效果之间的响应关系，综合确定湿地恢复的生态需水量在 2.7 亿~4.2 亿 m^3，适宜生态需水量为 3.5 亿 m^3，生态补水月份确定为 3—10 月，其中 7—10 月以自流引水为主。

2008—2019 年，黄河三角洲划定了 126 km^2 淡水湿地恢复区，共实施 10 次生态补水，累计生态补水 4.1 亿 m^3，平均年补水量 0.4 亿 m^3。通过连续补水，淡水湿地已恢复至 20 世纪 90 年代初水平，栖息地质量提高，生物多样性增加。根据黄河三角洲淡水湿地生态补水实践实施情况及生态效应，充分考虑黄河水资源支撑条件，结合近年来淡水湿地补水范围变化、补水方式改变、恢复目标和格局变化，综合确定现阶段黄河三角洲淡水湿地生态补水量需要每年 6 800 万~7 600 万 m^3。根据 2008—2019 年黄河三角洲生态引水实践和效果，依据大河水位和流量之间的关系，当利津断面日均流量为 2 500 m^3/s 时湿地恢复区满足自流引水条件，当利津断面日均流量为 3 500 m^3/s 时，可实现自流引水设计引水指标，且历时在 11~20 d。根据上述关系，综合确定黄河三角洲湿地生态补水对利津断面流量过程需求为 2 500 ~ 3 500 m^3/s，且持续时间不少于 15 d，总水量为 32.4 亿~45.4 亿 m^3。

3. 近海水域生态水量

采用基于水文变化的生态限度法(ELOHA)研究近海水域生态水量。采用食物网理论和构建技术，应用关键种概念和理论，提出黄河口近海水域生态保护目标，分析代表性鱼类的生态习性及需水机制，研究适宜的盐度阈值，建立黄河入海径流量与近海盐度时空分布的关系,构建入海径流量与近海生态响应的关系,确定维持近海洄游鱼类鱼卵仔稚鱼盐度 27‰等值线低盐区面积 380 km^2 为最小规模,以低盐区面积 1 380 km^2 为适宜规模,计算近海最小生态水量 106 亿 m^3,其中非汛期 60 亿 m^3、汛期 46 亿 m^3;适宜生态水量 193 亿 m^3,其中非汛期 93 亿 m^3、汛期 100 亿 m^3。

4. 生态流量耦合

综合以上计算结果,确定利津断面生态流量指标,见表 5.4-5。

表 5.4-5　利津断面生态流量指标及其过程　　单位:m^3/s

生态流量指标项目	最小生态流量(水量)	适宜生态流量(水量)
生态基流	75(全年 23.6 亿 m^3)	100(全年 31.5 亿 m^3)
敏感期生态流量	150(敏感期 11.7 亿 m^3)	230~250(敏感期 19.6 亿 m^3)
脉冲生态流量(择机)	700~1 000, 7~15 d	
廊道维持流量(相机)	2 600~4 000, 7~10 d	
淡水湿地生态补水量(利津断面计)	2 500~3 500, 15 d(3.27 亿~4.5 亿 m^3)	
近海生态水量	全年 106 亿 m^3,其中非汛期 60 亿 m^3、汛期 46 亿 m^3	全年 193 亿 m^3,其中非汛期 93 亿 m^3、汛期 100 亿 m^3

5.5 小　结

本章针对干流生态需水,考虑了河流生态完整性,基于 MIKE 构建了栖息地模型,耦合水文参照系统特征值的生态需水评估方法,针对河道外生态需水,基于 FAO 生态需水定额核算方法,改进了 K_s 的系数确定方法,计算了生态需水及其变化特征。进一步分析了景观格局变化对植被生态需水的影响机制。基于多目标权衡分析的生态缺水效应,能够量化缺水产生的生态损失,权衡研究确定河漫滩湿地生态需水水位、流量等目标,保障不同等级生态需水过程造成的生态服务功能的变化,主要结论如下:

(1)利用 MIKE 21 水动力模型,构建黄河关键断面指示物种生境模拟模型,模拟指示物种不同流量下的栖息地分布。根据天然径流条件(黄河干流建库前 1946—1956 年径流量)提取水文参照系统关键特征;耦合生境模拟与水文参照系统特征值对栖息地模拟结果进行补充和修正;分析了黄河干流生态系统生态需水内涵,研究干流关键断面的生态流量过程。

(2)选取黄河兰州断面和下河沿断面,耦合鱼类生境模拟和水文参照系统的生态需水评估方法,计算了以兰州鲇为指示物种的不同时期的生态需水,分析了黄河干流生态系统生态需水内涵,研究干流关键断面的生态流量过程。

(3)选取典型黄河中游部分区域,基于 FAO 生态需水定额核算方法,改进了 K_s 的系数确定方法,计算了生态需水及其变化特征。进一步分析了景观格局变化对植被生态需水的影响机制。用单位面积生态系统服务价值当量,核算研究区生态系统服务价值。湿地与水位相关的生态服务价值(ESV)评价对维护生态系统健康具有重要的意义,因此基于生态需水保障的湿地生态效应通过 ESV 的变量(ESV_s)来评估(ESV_s 为基于生态需水保障后的生态服务价值和现状水资源管理下生态服务价值之间的差值)。基于多目标权衡分析生态缺水效应,研究确定河漫滩湿地权衡生态需水水位、流量等目标。

第 6 章　黄河典型支流与河口生态需水研究

6.1　竞争性用水条件下典型支流生态需水

6.1.1　竞争用水典型支流选取

6.1.1.1　主要支流概况

黄河流域支流众多,其中集水面积大于 1 万 km^2 的一级支流有 10 条,径流量从大到小依次为渭河(含泾河)、湟水(含大通河)、洮河、伊洛河、汾河、沁河、无定河、北洛河。而在考虑流域面积计算产水量后,径流深从大到小依次为洮河、伊洛河、湟水、沁河、渭河、汾河、北洛河、无定河。

据第三次全国水资源调查评价初步成果(见表 6.1-1),从径流统计来看,2000 年以后,大部分主要支流的来水量有一定程度的减少,以平均来水减少幅度计算,依次为泾河>北洛河>渭河>汾河>伊洛河>洮河>沁河>湟水,其中汾河、渭河、伊洛河相差不大,减少幅度在 5.0%~6.0%。从水资源开发利用分析,强度从强到弱依次为汾河>沁河>无定河>湟水(含大通河)>北洛河>伊洛河>渭河(含泾河)>洮河。

表 6.1-1　黄河主要支流天然径流变化及水资源开发利用程度

河流	径流变化/亿 m^3			年际变化/亿 m^3	现状地表水资源开发利用程度/%
	1956—2016 年多年平均径流量	1980—2016 年多年平均径流量	2000—2016 年多年平均径流量	最大径流量/最小径流量	
湟水	21.0	21.5	22.06	2.7	36
大通河	29.1	29.6	29.31	2.4	21
洮河	43.9	42.4	40.78	3.9	7
无定河	9.6	9.6	10.60	2.0	36
汾河	17.3	14.6	13.79	4.3	74
渭河	78.1	73.2	69.03	4.7	26
泾河	17.2	15.9	13.50	4.6	23
北洛河	8.6	8.2	7.58	4.4	28
伊洛河	27.2	25.2	23.84	10.7	27
沁河	12.4	11.0	10.73	4.7	59

6.1.1.2 典型支流选取

黄河流域水资源匮乏，肩负着国家安全、生态安全、粮食安全、供水安全、能源安全的重任，水资源刚性需求增长和管理保护压力极大。按照河流所在区域生态功能定位和河流主要生态保护目标重要性，黄河主要支流总体上可分为保护优先型（大通河、洮河等）、多目标协调型（湟水、渭河和伊洛河等）、确保底限型（无定河、窟野河及沁河等）三类。通过选取典型支流，剖析总结水文、生态、环境相互作用下河流生态需水的确定方法、研究思路等，可以提出竞争性用水河流的生态环境需水技术方法和指标。

典型支流的选取遵循以下几个原则：①是黄河一级支流；②水资源开发利用率较高，为用水矛盾突出流域；③流域内水生生态状况良好，鱼类资源较为丰富；④流域内水量条件较好，有一定的水量调配空间；⑤有一定工作基础，便于开展工作。在黄河主要支流中，洮河水资源开发利用率相对不高；湟水、伊洛河、渭河水资源开发利用率中等，且流域内均有国家城市群，水资源开发趋势明显，用水条件相对紧张，属国家重点开发区，社会竞争用水强烈，且流域内均有国家或地方保护水生生物，其中伊洛河流域由于年均变化大，极值比达 10.73，用水竞争最强；无定河、大黑河、祖厉河、清水河水资源量较小，季节变化明显，水生生物资源不多。受小浪底水库建设运行及低温水下泄影响，黄河下游河段鱼类资源破坏极大，伊洛河是黄河下游重要的一级支流，具有相对稳定的生态环境条件，是黄河下游河段仅有的重要鱼类栖息生境，考虑到研究试验便利和资料获取方便，选取伊洛河作为典型支流代表开展黄河典型支流需水研究。

6.1.2 典型支流概况

伊洛河是黄河重要的一级支流，也是黄河下游洪水的主要来源之一，干流洛河发源于陕西省蓝田县，在河南省巩义市神堤村注入黄河，流域面积 18 881 km^2。干流洛河河长 446.9 km；最大支流伊河河长 264.8 km。伊洛河流域多年平均水资源总量 32.31 亿 m^3，平均含沙量 4.4 kg/m^3，是黄河水资源相对丰富、含沙量较少的支流之一。

洛河流域境内生境类型多样，鱼类等水生生物多样性丰富，是黄河中游重要的生态区域。据调查，伊洛河流域共有浮游植物 7 门 82 种属、浮游动物 4 类 69 种、底栖动物 4 大类 9 个种属、鱼类 5 目 10 科 50 种，是黄河中下游鱼类多样性较为丰富的河流。其中，鲤科 37 种，占总数的 74%；鳅科 4 种，占总数的 8%；鲿科、鲇科各 2 种，各占总数的 4%；合鳃鱼科等其余 5 科各 1 种，各占总数的 2%。从鱼类分布上，洛河陕西省内河段尚未开发，基本保持着天然状态，其内鱼种类明显多于其他河段，且保存着干流较大的鱼类产卵场地；上游河段受水电开发影响，鱼类生境多有破坏；中游河段开发严重，鱼类生境破坏严重；下游伊洛河口历史上一直是黄河鲤最主要的产卵场之一，随着黄河干流黄河鲤栖息地的日益萎缩，伊洛河口对黄河中下游黄河鲤的繁殖、生长的作用日趋显著。

伊洛河流域作为中部地区重要的工业基地和连接中西部的重要区域，预计伊洛河流域在未来一段时间内，社会经济将呈持续、快速的态势发展。伊洛河现状地表水供水量 7.31 亿 m^3，地表水消耗量 5.6 亿 m^3，按多年平均黑石关断面天然河川径流量 28.33 亿 m^3 计，地表水开发率为 25.8%，地表水消耗率为 19.8%。随着流域社会经济的发展，社会对水的需求量越来越大，预测 2030 年伊洛河流域的需水总量将达到 24.64 亿 m^3。考虑规划陆浑水库向流域外供水量 0.96 亿 m^3,三门峡市区调水 0.25 亿 m^3。至 2030 年,伊洛河流域总需水量达 25.85 亿 m^3,总供水量达到 24.99 亿 m^3。《伊洛河流域综合规划》规划 2030 年配置河道外总供水量 23.78 亿 m^3,配置地表水耗水量 11.57 亿 m^3,其中流域内耗水 10.36 亿 m^3(陕西、河南两省分别为 0.59 亿 m^3 和 9.77 亿 m^3),通过陆浑水库向外流域供水 0.96 亿 m^3,三门峡市洛河—三门峡市区调水工程补水 0.25 亿 m^3,伊洛河流域地表水资源开发利用率为 47.5%。流域水资源开发利用率显著提高,社会自然竞争用水态势加剧明显。

6.1.3 水文-生态-环境同步观测与调查

6.1.3.1 水生生物调查

黑石关断面至入黄口河段(伊洛河口段)一直是黄河鲤最主要的产卵场之一,随着黄河干流黄河鲤栖息地的日益萎缩,伊洛河口对黄河中下游黄河鲤的繁殖、生长的作用日趋显著。

2018 年 5 月、2019 年 4 月和 5 月项目组分别开展了伊洛河口河段浮游生物、底栖生物、鱼类的系统调查,包括浮游生物种类、密度、生物量,鱼类种类、数量、重量、体长、受精卵和仔稚鱼发育等,并对水生生物生境及鱼类栖息地、产卵场进行了同步监测,包括流速、水深、溶解氧等,见图 6.1-1。

图 6.1-1 伊洛河口水生生物现场调查

根据调查结果,伊洛河口共捕获浮游植物 5 门 16 种;浮游动物 5 门 29 种;鱼类 3 目 3 科 18 种,其中鲤科鱼类 16 种,银鱼科、栉眼鰕鯱鱼科各 1 种。从渔获物组成数量上,以鲦条、似鳊、花鳕和鲫鱼为主,但组成重量以鲤鱼为主。从优势种群分析,鲤鱼和鲫鱼为优势种,餐条、似鳊、花鳕等为主要种。

6.1.3.2 产卵场地形及水生生境因子监测

选取伊洛河入黄口上游 5.5 km 长度河段,两岸以河岸大堤或者两岸高坎作为边界(见图 6.1-2),开展产卵场地形及水生生境因子监测,监测范围涵盖河流主槽、河心洲及河道两岸大洪水淹没滩地等,监测因子包括水下地形、河岸地形和流量、流速、水温、水深、溶解氧等。其中,水下地形采用走航式多普勒流速剖面仪(ADCP)监测,水浅处无法使用 ADCP,则采用传统人工测量法;岸边带陆地地形监测使用全站仪及 GPS-RTK。溶解氧、水温采用便携式水质五参数分析仪进行监测;流速、水深采用走航式多普勒流速剖面仪(ADCP)监测;区域地形地貌采用无人机航拍。

图 6.1-2　现场监测照片

6.1.3.3　水环境调查

伊洛河上游水质优良,为Ⅱ类;河流经过城镇后受人为排污影响,水质较差,为Ⅲ、Ⅳ类。选取化学需氧量(COD_{Cr})、高锰酸盐指数(COD_{Mn})、氨氮(NH_3—N)对各取样断面水质监测结果进行分析表明,洛河水质整体上从上游至下游逐渐变差,上游水质较好,基本上为Ⅱ、Ⅲ类水,至中游水质开始明显变差,至下游入黄口断面,水质全都是Ⅴ类和劣Ⅴ类水;伊河整体水质相对较好,为Ⅱ、Ⅲ类水,且沿程变化不大,仅在局部河段存在水质较差现象。

以伊洛河口黑石关为评价站点,评估近年来 COD 平均浓度整体呈现逐步降低的趋势。高锰酸盐指数、氨氮逐步降低,但总体保持稳定。

6.1.4　代表鱼类生态需水机制研究

6.1.4.1　指示鱼类选取

伊洛河口段共调查鱼类 3 目 3 科 18 种,以黄河鲤和鲫鱼为优势种,餐条、似鳊、花鱼骨等为主要种。考虑本次研究特点,研究河段代表物种选择采用以下原则:①伊洛河的重要土著鱼类;②区系组成具有一定代表性;③生态习性具有一定代表性;④在研究河段为优势种群,具有一定的可捕获性,可进行生物学监测和观察试验和研究。根据以上原则,初步确定黄河鲤和鲫鱼为选择范围,考虑黄河鲤的产卵水温要求至少为 18 ℃,鲫鱼的产卵水温要求至少为 15 ℃,从产卵要求代表性上确定选择黄河鲤作为河段生物多样性和鱼类物种资源保护要求的研究指示鱼类物种。

6.1.4.2　黄河鲤生态习性

黄河鲤,即鲤鱼,属底栖杂食性鱼类,常栖息于流速缓慢的松软河底或者水草丛生的浅水区。鲤鱼繁殖方式为春夏季卵生,每年 3 月下旬亲鱼性腺发育成熟,进入成熟期(Ⅳ期),一般成熟期为 60 d 左右,在Ⅳ期末卵细胞核极化,进入待产状态;4 月上中旬开始陆续进入生殖期(Ⅴ期),卵子成熟后,在流水刺激下自行排出。产卵时间可持续至 4—6 月,在自然状态下,4 月为高峰期,此时河流水温在 18 ℃以上。所产卵为黏性卵,多在河流沿岸流速缓慢浅水、有水草或者附着物的地方产卵,产出后附在水草等附着物上发育。产卵一般在午夜开始至翌日早晨 6—8 时最盛,10 时后产卵完毕。卵孵化的时间为 3~7 d,刚孵出的鱼苗全长 5 mm 左右,头部悬附在水草等附着物上,前三天完全靠卵黄囊维持,三天后逐渐离开水草,第四天开始主动摄食。卵化后的幼鱼有顶水逆游的习性,游到河面宽阔、水流平稳、饵料丰富的河段生长发育。

黄河鲤亲鱼的产卵受产卵场条件变化影响极大,在不符合产卵条件下,不会产卵,成熟卵会逐渐退化。

6.1.4.3　黄河鲤非生物环境关系

1. 水温

黄河鲤为广温性鱼类,能适应较大的水温变化。但其繁殖具有一定的水温要求,比营养和生长的适温狭窄得多。水温的变化决定了黄河鲤产卵的开始和结束。水温的变化是黄河鲤产卵的信号,一般在水温 18 ℃以上方可产卵。此外,水温亦不可太高,由于高温对胚胎发育影响明显,高温抑制胚胎发育,对鱼类产卵也不利。

2. 溶解氧

溶解氧是鱼类赖以生存的基本生活条件之一。水中溶解氧含量正常在 7 mg/L 左右,宜变而不稳定。黄河鲤属需氧量较低鱼类,对溶解氧变化耐受力较强,但在繁殖期对溶解氧需求量增加,一般在 4.0~6.5 mg/L 最佳。

3. 流速

黄河鲤在静水和流水环境中均可生活,但实际现场调查显示,黄河鲤亲鱼在产卵前,一定速率的水流刺激对亲鱼性腺发育、成熟、产卵都具有良好的促进作用。2010—2012 年现场调查和实验室调查发现,黄河鲤栖息地的流速范围在 0~1.5 m/s,其中 85%的个体分布在流速为 0.1~0.7 m/s 的水域。

而亲鱼一旦产卵,卵苗附着于水草上后,流速不宜过大,静水或微流速最适宜鱼卵的破膜、孵化和生长。

4. 水深

黄河鲤属底栖鱼类,一定水深为底栖型鱼类提供适当的活动空间和觅食空间。根据调查,黄河鲤栖息地的流速范围为 0.25~3.25 m/s,其中 80%的个体分布在流速为 0.5~

1.5 m/s 的深水域。

6.1.5 基于河流栖息地模拟法的生态需水及过程研究

6.1.5.1 河流栖息地模型构建及模拟分析

河流栖息地模型是由水动力学模型与鱼类栖息地适宜度指数耦合而成的,水动力学模型计算不同流量各断面流速和水深分布,应用地理信息系统等技术,通过目标物种栖息地适宜度标准,将鱼类所需求栖息地适宜度整合到水力计算单元中,计算各流量下代表物种适宜栖息地面积,从而建立河川径流与鱼类适宜栖息地面积之间的定量关系。

1. 模拟河段选择

根据伊洛河鱼类及产卵场调查结果,结合伊洛河水文水资源特点和区域地形地貌条件,综合确定本次监测范围为伊洛河入黄口至上游 5.5 km 处,位于黄河郑州段黄河鲤国家级水产种质资源保护区的核心区内,是现状调查中伊洛河流域内黄河鲤的重要产卵场之一。河段内伊洛河特大桥上下游河漫滩或心滩广泛发育,水草和芦苇较为丰富,浅水处流速较小,比较适合鱼类的产卵和生长发育。该河段上游 13 km 处分布有黑石关水文站。

2. 模拟因子及时段选择

影响黄河鲤生存状况的生境因子包括流速、水深、水面宽、水温、溶解氧、水质、食物等,其中流速、水深等径流条件对黄河鲤栖息地的影响是最直接和最容易定量的,与水资源管理及水量调度紧密相关,考虑模拟河段水面宽均大于 50 m,满足黄河鲤产卵栖息需要,因此流速、水深是本书河流栖息地模型模拟重点。水温对黄河鲤产卵至关重要,是黄河鲤产卵必需的前提条件,在满足水温前提下才能考虑适宜的河川径流条件;根据连续三年的调查监测,研究河段河流水体溶解氧浓度可以满足黄河鲤繁殖等栖息要求(大于 6 mg/L);关于水质对黄河鲤的影响,将在 6.2 节中与水环境模型耦合研究。因此,本节鱼类栖息地模拟仅考虑水力条件(水深、流速)模拟,该模拟是以河段水温及溶解氧达到黄河鲤生长发育要求为基础的。

黄河鲤早期生活史阶段对鱼类自然资源和物种资源保护具有重要意义,因此河流栖息地构建及模拟重点时段是产卵期(4—6 月),同时兼顾越冬期(11 月至翌年 3 月)。

3. 黄河鲤栖息地适宜度指数研究

在分析黄河鲤繁殖期流速、水深、温度、溶解氧等栖息地生境因子频率分布的基础上,综合应用野外实测法、专家经验法,借鉴单变量格式的思路和方法,应用数值方法,对各生境因子对应的频率值进行归一化处理,建立各范围的栖息地适宜度指数,栖息地适宜度指数为各变量范围对应的频率值与最大频率值之比,综合考虑黄河鲤栖息地模拟因子及时段,以繁殖期为重点建立了黄河鲤栖息地适宜度曲线(见图 6.1-3~图 6.1-5)。

4. 模型构建及模拟

本次借助 DELFT3D 模型,对模拟河段采用正交曲线网格进行划分,网格宽度在 8~15 m,选取流速、水深进行模型校正。经对地形的不断修正和多次调试,该河段水深相对误差集中在 0~0.4 m,流速相对误差集中在 0~0.05 m/s,模拟结果与实测值吻合度较好。

根据产卵期黑石关水文站径流条件,研究河段设置 86 个流量序列,开展 1~100 m^3/s 范围内的河流栖息地模拟,其中 1~80 m^3/s 范围内逐流量开展模拟,80~100 m^3/s 范围内

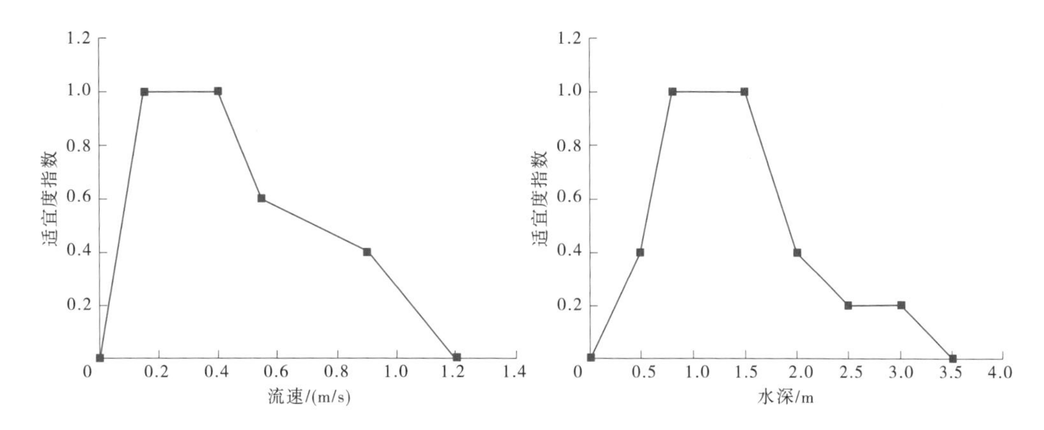

图 6.1-3　黄河鲤产卵期流速、水深适宜度曲线

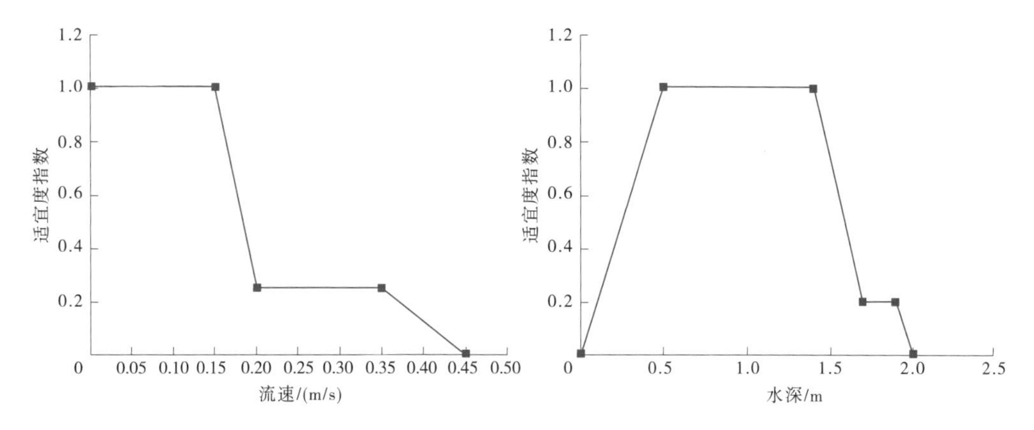

图 6.1-4　黄河鲤仔鱼期流速、水深适宜度曲线

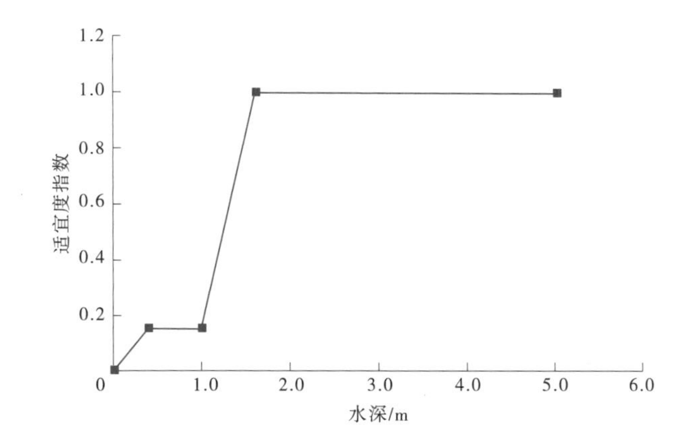

图 6.1-5　黄河鲤越冬期水深适宜度曲线

间隔 5 个流量开展模拟。在此基础上，应用 GIS 技术，模拟各系列流量下黄河鲤适宜栖息地分布状况（见图 6.1-6），图中适宜栖息地分布状况以栖息地适宜度指数来表示，0 代表完全不适合黄河鲤的栖息地状况，1 代表最适合黄河鲤的栖息地状况，值越大代表栖息地

适宜度状况越好。可以看出,黄河鲤繁殖期适宜栖息地主要分布在伊洛河特大桥上下游河流岸边和河心州周边流速缓慢浅水区。

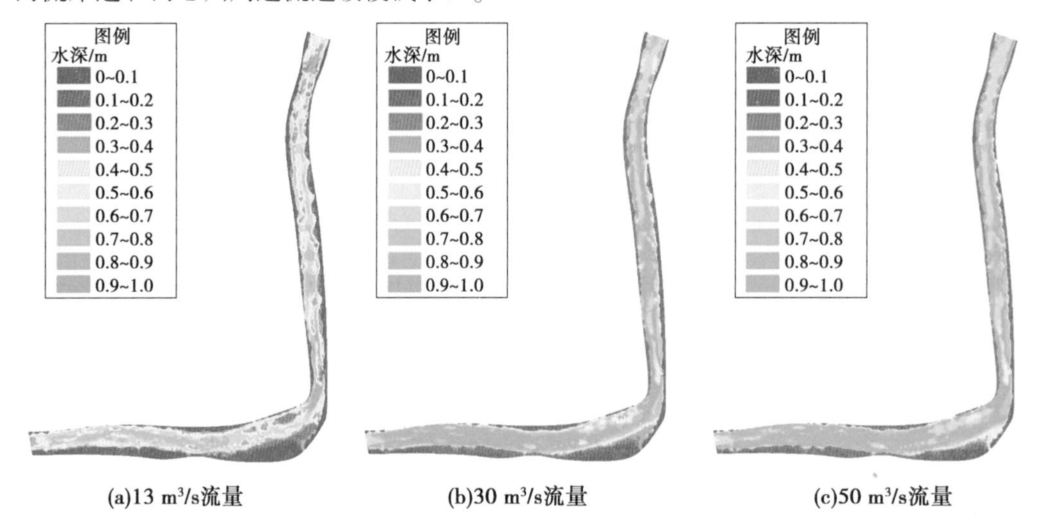

图 6.1-6 研究河段黄河鲤产卵期栖息地分布

6.1.5.2 基于栖息地模拟法确定的鱼类生态流量

栖息地模型的核心是在河流水动力学模型的基础上,结合目标物种栖息地适宜度标准,计算各流量下代表物种适宜栖息地面积(WUA),从而建立目标物种及栖息地与河川径流条件的响应关系。对于以生态发展为唯一目标或主要目标的河流,应选择 WUA 最大值所对应的流量作为生态流量。但是,对于竞争性用水河流,生产用水、生态用水矛盾突出,WUA 最大值所对应的流量过大,将其作为生态流量过于严苛,缺乏可操作性和可实施性。因此,竞争性用水河流生态流量的确定需要以河流自然功能与社会功能基本均衡发挥为目标,统筹考虑生态用水、环境用水、社会用水矛盾综合确定。本书将竞争性用水河流的生态保护要求划分为最小生境和适宜生境两个生境保护等级,对应河流生态系统需水要求分别为最小生态流量和适宜生态流量。最小生态流量是指维持河流生态系统最小生境所需的流量,即维持河道生态系统现状不恶化,为关键性物种如鱼类提供最小生存空间的河流流量;适宜生态流量是指维持河流适宜生境所需的流量,即为维持水生态系统完整性,河道水文情势能满足鱼类正常生存繁殖的水文、水力学要求,生态系统呈健康状态的河流流量。

本书生态流量由适宜生态流量和最小生态流量组成。对于适宜生态流量,考虑到伊洛河水资源供需矛盾尖锐,很多时候河流流量并不能满足维持最大栖息地规模所需生态水量,为使确定的生态流量具有实践操作意义,本书根据黄河鲤各个阶段对于维持种群规模的意义及各阶段需要栖息地规模大小,选择适宜栖息地面积达到最大适宜栖息地面积百分比为 80%~100%作为繁殖期适宜生态流量。对于最小生态流量,选择适宜栖息地面积与流量关系曲线图第一个转折点且曲线斜率最大的流量作为最小生态流量,此时栖息地面积与流量关系曲线处于快速上升部分时,栖息地面积受流量大小影响较大,在此阶段,从河流中取水将使栖息地受到较大损失,可将其作为应该保障的最小生态流量。

1. 繁殖期生态流量(4—6月)

根据研究河段黄河鲤繁殖期适宜栖息地面积与流量关系曲线(见图6.1-7),随流量变化黄河鲤亲鱼适宜栖息地面积呈上升趋势,鱼苗适宜栖息地面积呈下降趋势。因此,该河段适宜生态流量确定综合考虑维持亲鱼产卵需水和鱼苗生存及生长发育需水要求,最小生态流量确定以维持亲鱼产卵需求为主,兼顾鱼苗生长发育需求。

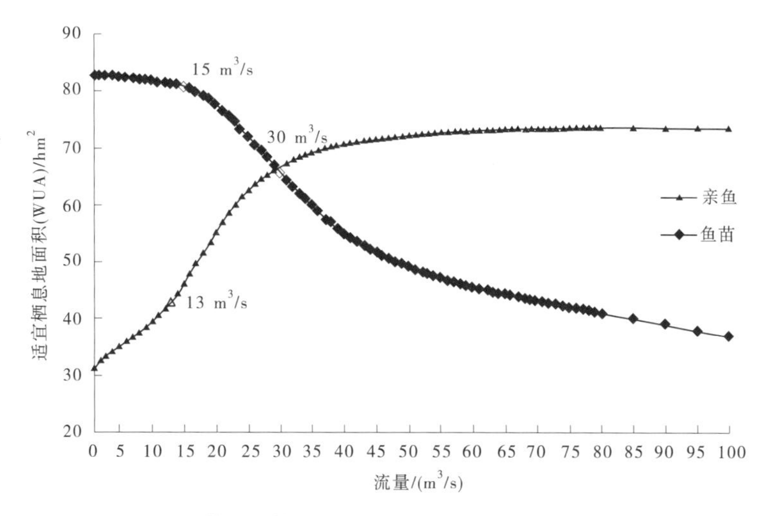

6.1-7　黄河鲤繁殖期适宜栖息地面积与流量关系曲线

1)最小生态流量

根据研究河段黄河鲤繁殖期适宜栖息地面积与流量关系曲线,综合考虑流速、水深因子,流量低于15 m^3/s时,鱼苗对应的适宜栖息地面积处于较高水平,亲鱼对应的适宜栖息地面积较低,但处于上升阶段,因此最小生态流量的确定以维持亲鱼产卵需求为主,兼顾鱼苗生长发育需求。当流量为13 m^3/s时,亲鱼关系曲线快速上升的第一转折点,对流量变化较为敏感,此流量下亲鱼、鱼苗适宜栖息地面积占最大适宜栖息地面积的58%、98%。综合以上分析,考虑4—6月伊洛河来水实际,推荐4—6月黄河鲤最小生态流量为13 m^3/s,此流量范围可以满足亲鱼产卵需水要求,同时兼顾了鱼苗生长发育需求。

2)适宜生态流量

当流量为13~30 m^3/s时,亲鱼栖息地面积与流量关系曲线处于快速上升阶段;当流量为15~45 m^3/s时,鱼苗栖息地面积与流量关系曲线处于快速下降阶段,适宜栖息地面积受流量影响较大。其中,当流量大于30 m^3/s时,随着流量增加,亲鱼适宜栖息地面积增加较慢,而鱼苗适宜栖息地面积减少较快;当流量为30 m^3/s时,亲鱼和鱼苗适宜栖息地面积分别占最大适宜栖息地面积的90%和81%。综合以上分析,考虑4—6月河段来水实际及用水特点,推荐研究河段4—6月黄河鲤适宜生态流量为30 m^3/s,此流量范围可以满足亲鱼产卵和鱼苗生存及生长发育需水要求。

2. 越冬期生态流量(11月至翌年3月)

根据前文所述黄河鲤生态习性,黄河鲤越冬期基本处于半休眠停食状况,活动范围很有限,所需栖息地规模相对较小。根据研究河段越冬期黄河鲤适宜栖息地面积与流量关系曲线可知，即使在较小流量条件下，黄河鲤越冬期适宜栖息地面积也能维持一定规模。因此，径流条件不是影响黄河鲤越冬期栖息地规模的限制因素，可结合河段自净需水作为黄河鲤越冬期生态流量。

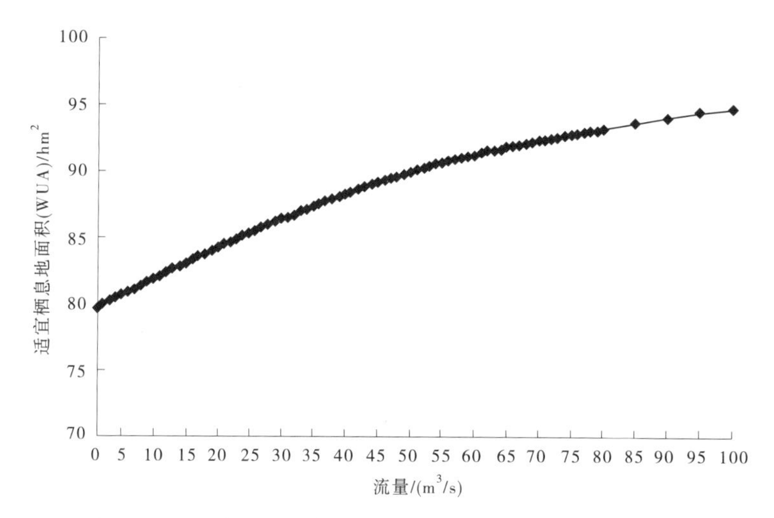

图 6.1-8 研究河段越冬期黄河鲤适宜栖息地面积与流量关系

6.1.5.3 基于流量恢复法的生态流量过程确定

本书应用流量恢复法确定黄河鲤生态流量过程，流量恢复法核心是把自然条件下的河流水文条件作为河流生态系统健康的参考标准，模拟自然流量组成的自然节律，包括数量、发生时间、持续时间等，目的在于设计一种流量过程，使生态系统保持预期的生态健康状态。因受人类用水增加、水库调控、下垫面条件改变等影响，结合伊洛河水文情势变化规律及人类用水变化趋势、水库建设运用情况，考虑河段近年径流过程变化特点，综合鱼类栖息地状况变化规律，本书选择人类社会经济用水快速增加之间(1956—1980 年)时段的径流过程作为参考标准。基于黑石关水文站近 10 年(2009—2018 年)日均流量，推算黄河鲤 4—6 月繁殖期所需脉冲流量范围是 70~90 m^3/s，历时 6~7 d；生长期 7—10 月所需洪水量级为 120~240 m^3/s，历时 7~10 d，发生时间为 7—8 月。

6.1.6 基于多情景目标管控下自净需水规律研究

在入河污染物数量和种类确定或控制条件下，将河流水质维持在良好状态所需河川径流条件称作自净需水，其意含有满足水量、水质、水生态的多重概念。以往研究成果多从量的方面考虑，较少考虑生态系统功能发挥对水质的需求，以及生态系统变化和流量、水质的响应关系。本书建立了基于河道边界条件水动力学与水质相耦合模型，采用现状与控制排污两种情景模式，结合伊洛河生态系统特点及功能性需水组成，不仅以河流水功能区水质目标作为协控因子，并进一步考虑伊洛河河口黄河鲤繁殖期对水质的要求进行自净水量计算，同时考虑不同河流纳污水平，将入河排污口作为分散点源，实现水质、水量及污染源同步输入情景模拟。

6.1.6.1 标志性鱼种群繁育对水质要求分析

水质直接影响着黄河水生生物的繁殖及栖息，水体污染会造成鱼类的生长发育滞缓、生殖能力减弱。同时,污染会造成水体富营养化,引起水中藻类多样性减少,优势度提高,鱼类的可利用食料减少,影响到鱼类的多样性和数量。根据野外监测结果和实践经验,地表水Ⅲ类的标准可以满足和保证鱼类繁殖,黄河水域的Ⅲ类水质对于鱼类胚胎发育的影响几乎接近阈值,如果水质恶化将影响鱼类产卵和孵化。《渔业水质标准》(GB 11607—1989)对鱼类水质要求包括,淡水 pH 值 6.5~8.5,溶解氧连续 24 h 中,16 h 以上必须大于 5 mg/L(对应Ⅲ类标准)。《地表水环境质量标准》(GB 3838—2002)依据地表水水域环境功能和保护目标,规定Ⅱ类适用于珍稀水生生物栖息地、鱼虾类产卵场、仔稚幼鱼的索饵场等;Ⅲ类适用于鱼虾类越冬场、洄游通道、水产养殖区等渔业水域及游泳区。

伊洛河流域入黄口河段分布有国家级水产种质资源保护区,它们对水质及水量过程的要求较高。本书认为,维持伊洛河口水产种质资源保护区核心区的黄河鲤正常繁育所需的水质为Ⅲ类,维持鱼类良好产卵生存状态下所需的水质为Ⅱ类。

6.1.6.2 自净需水模型构建

1. 计算河段选取

研究范围为伊洛河流域及小浪底以下黄河干流河段。黄河干流为小浪底至入海河口,全长 895.7 km;伊洛河为伊河陆浑水库坝址断面至洛河交汇处,洛河为故县水库坝址断面至入黄口。伊洛河流域自净水量研究范围和模型河网构建详见图 6.1-9。

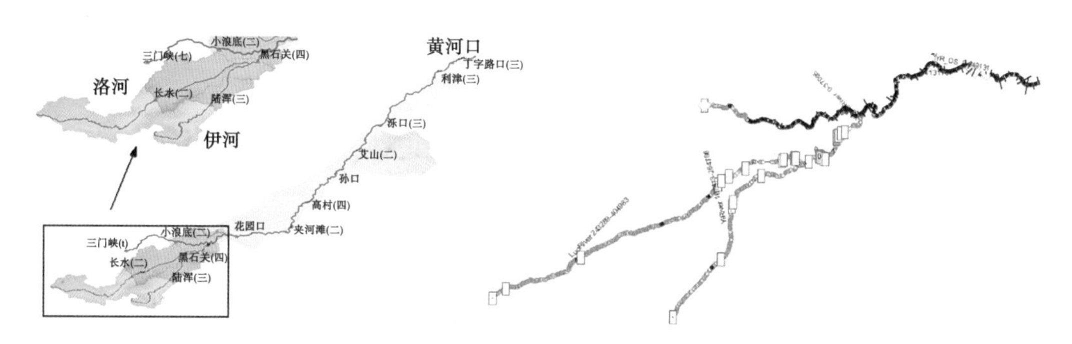

图 6.1-9 伊洛河流域自净水量研究范围和模型河网构建

2. 入河排污口调查与设置

流域污染源达标排放后河流接纳的污染物量及其时空分布的量化标准是计算自净需水的前提。为准确了解伊洛河纳污现状,流域入河排污口调查数据表明,伊洛河共接纳废污水量 2.8 亿 m^3/a,COD 量 1.8 万 t/a,氨氮量 0.1 万 t/a。其中,洛河纳污量占 3/4,伊河纳污量占 1/4。伊洛河的纳污特点是:纳污量 80%以上集中在洛阳、偃师及巩义河段,超标因子为 COD、BOD_5 和氨氮等,主要来源于生活排污。因此,伊洛河水质沿程变化趋势是:河流经过城镇后,受人为排污影响,水质变差。将调查到的 37 个入河排污口以点源形式设置于模型,给定排污流量及浓度值。

6.1.6.3 计算结果分析

1. 水功能区环境目标条件下的自净水量确定

分别以现状排污与排污控制两种情景模式,推算主要控制断面满足水质目标所需的自净水量,结果见表 6.1-2。通过分析可知,在现状排污条件下,伊洛河入黄断面黑石关要确保满足汛期 11.50 m³/s、非汛期 14.00 m³/s，能保证入黄满足Ⅳ类水质目标要求，即 COD≤30 mg/L，氨氮≤1.5 mg/L。

表 6.1-2　现状排污与排污控制条件下自净水量　　单位：m³/s

断面名称	现状排污条件				排污控制条件（小于限排量）			
	汛期		非汛期		汛期		非汛期	
	COD	氨氮	COD	氨氮	COD	氨氮	COD	氨氮
故县水库	3.36	3.00	4.56	3.60	0.48	0.06	1.20	0.12
陆浑水库	2.24	2.00	3.04	2.40	0.32	0.03	0.82	0.09
黑石关	11.50	10.80	14.00	11.90	6.60	5.90	9.00	6.00

在排污控制条件下（入河情景模拟所有排污口满足一级 A 达标排放标准，该条件下，经计算 COD、氨氮入河控制量分别小于 1.87 万 t、1 055 t，满足限制排污总量控制要求），伊洛河入黄断面黑石关要确保满足汛期 6.60 m³/s、非汛期 9.00 m³/s，能保证入黄满足水质目标要求。

2. 生态功能性需水条件下的自净水量确定

1）基本维持鱼类正常繁育的自净水量

（1）模拟条件设置。

现状洛河故县、长水，伊河陆浑水库断面水质满足Ⅱ类标准，背景浓度选取伊河、洛河Ⅱ类水质目标上限浓度，推算入河排污口达标排放浓度下，黑石关基本能维持黄河鲤 4—6 月正常繁育期间，水质目标达到Ⅲ类（COD 20 mg/L、氨氮 1 mg/L）所需的自净水量。

（2）预测结果。

经模拟预测，伊洛河主要控制断面自净水量见表 6.1-3。从计算结果看，在达标纳污水平条件下，入黄口把口站黑石关断面汛期 COD、氨氮自净水量为 13.62 m³/s、9.60 m³/s。按照偏严格确定，在控制排污条件下，黑石关 4—6 月应满足 13.62 m³/s，才能基本维持黄河鲤正常繁育所需的水质要求。

表 6.1-3　基本维持鱼类正常繁育的自净水量　　单位：m³/s

断面名称	COD	氨氮
故县水库	4.62	2.26
陆浑水库	3.08	1.52
黑石关	13.62	9.60

2）维持鱼类良好生存状态下的自净水量

（1）模拟条件设置。

同样，背景浓度选取伊河、洛河Ⅱ类水质目标上限浓度，推算入河排污口达标排放浓度下，黑石关断面维持黄河鲤等代表鱼类良好生存状态，4—6 月正常繁育期间，水质目标达到Ⅱ类(COD 15 mg/L、氨氮 0.5 mg/L)所需的自净水量。

(2)预测结果。

经模拟预测,伊洛河主要控制断面自净水量见表 6.1-4。通过计算结果分析,在达标纳污水平条件下,入黄口把口站黑石关断面汛期 COD、氨氮自净水量为 22.70 m^3/s、35.80 m^3/s。按照偏严格确定,在控制排污条件下,黑石关 4—6 月应满足 35.80 m^3/s,为能够维持黄河鲤繁殖期良好生存状态下的自净水量。

表 6.1-4　维持鱼类良好繁育状态的自净水量　　单位:m^3/s

断面名称	COD	氨氮
故县水库	10.20	18.00
陆浑水库	6.80	12.00
黑石关	22.70	35.80

6.1.7　竞争用水条件下生态-环境需水耦合研究

通过对伊洛河生态功能定位、水文情势变化、敏感对象分布等分析,结合竞争性用水河流特点,以河流社会功能和自然功能均衡发挥为目标,将河流生态系统保护要求划分为两个等级:①最小生境,即维持河道生态系统现状不恶化,为关键性物种如鱼类提供最小生存空间;②适宜生境,为维持水生态系统完整性,河道水文情势能满足鱼类正常生存繁殖的水文、水力学要求,生态系统呈健康状态。在此基础上,本书建立了伊洛河入黄口河段生态-水文响应概念性模型,基于栖息地模拟法确定了维持良好水生生境的生态水量需求,基于流量恢复法确定的生态流量过程要求,基于 MIKE 11 水环境模型计算了多情景目标协控下的自净水量需求,构建了不同等级生境保护目标条件下多要素、多情景、多目标条件下的生态需水研究。考虑到现有水资源条件及新形势下流域生态环境保护的要求,提出了伊洛河不同保护目标条件下的生态流量及其过程要求(见表 6.1-5)。

表 6.1-5　伊洛河黑石关断面生态流量综合确定

生长发育阶段	时段划分	生态流量及过程		
		最小/(m^3/s)	适宜/(m^3/s)	流量过程
繁殖期	4—6 月	14	30	5 月上中旬产生峰值不低于 70 m^3/s,历时 6~7 d 的脉冲流量
生长期	7—10 月	12	—	7—8 月产生峰值不小于 120 m^3/s,历时 7~10 d 的脉冲流量
越冬期	11 月至翌年 3 月	9	—	

利用实测日均径流资料对现阶段生态流量目标满足状况进行评价,1956—2018 年生态流量月均满足程度为 94.9%,日均满足程度为 89.8%;2000—2018 年生态流量月均满足程度为 95.6%,日均满足程度为 89.1%。多年平均条件下生态流量满足程度均大于 85%,可以认为本次确定的伊洛河生态流量目标基本是合理可行的。同时,对于竞争性用水河流,生态流量的确定需要以河流自然功能与社会功能基本均衡发挥为目标,营造自然或类自然的栖息生境条件,以使有限的水资源达到最优的生态环境效果。考虑到天然条件下(1956—1980 年)生态流量日均满足程度为 91.7%,因此采用 92%作为黑石关断面生态流量的保证率。

6.2 水盐交汇驱动下黄河河口—近海生态需水

黄河是河口—近海水域独特咸淡水交互生态界面塑造和维护的主导因素,河流冲淡水对近岸盐度时空分布具有最直接的影响,正是由于黄河淡水提供的低盐水环境,使得黄河河口海域成为大量海洋生物的产卵场、索饵场和育幼场,黄河河口渔业资源群系对入海淡水有重大需求。

黄河河口—近海生态需水研究基于水文变化的生态限度法(ELOHA)理念和途径,通过开展不同水文变化程度下对应的区域生态响应研究,综合确定黄河河口—近海生态需水。主要研究思路为:基于黄河河口近—海水域长期生态环境多要素同步观测基础上,建立近海水域生态系统食物链及营养级结构关系;应用关键种理论,研究提出黄河河口—近海水域生态保护目标;分析主要保护对象鱼类产卵生物学特征及关键影响因素,研究鱼类产卵集中期适宜盐度阈值范围;运用长期连续近海生物多样性调查基础数据和近海环境数据,系统分析黄河入海径流量与近海盐度、近海生态状况、近海水质以及近海健康程度之间的量化响应关系,构建具有生物学基础的黄河入海径流与近海生态状况的数量关系曲线,综合确定黄河河口—近海生态需水研究。

6.2.1 河口—近海水域生态系统多要素同步监测

本书以黄河河口—近海河海交互区为重点,依据《海洋调查规范》(GB 12763—2007),按照典型性、代表性、均匀性和连续性的监测布点原则,在 2011 年、2015 年、2016 年等历年历次近海水生态长期同步监测基础上,结合黄河入海径流扩散影响规律,以黄河现行流路入海口为主,兼顾刁口河故道入海口,以黄河河口为中心沿等深线扇形区域建立黄河河口—近海水域生态观测站网,布设 66 个生态观测点位,分别于 2018 年、2019 年系统开展了近海生物要素和生境要素同步监测,见图 6.2-1。

本次结合工作要求,确定以下内容为主要调查对象:水温、盐度、水深、pH 值、COD、DO、BOD_5、无机氮、磷酸盐、叶绿素 a、浮游生物的种类组成、浮游生物的生物量组成和分布、密度组成和分布等。样品的现场采集、保存、测定和分析等过程参照《海洋监测规范》(GB 17378—2007)、《海洋调查规范》(GB 12763—2007)、《海洋生物生态调查技术规程》等技术规范与标准进行。

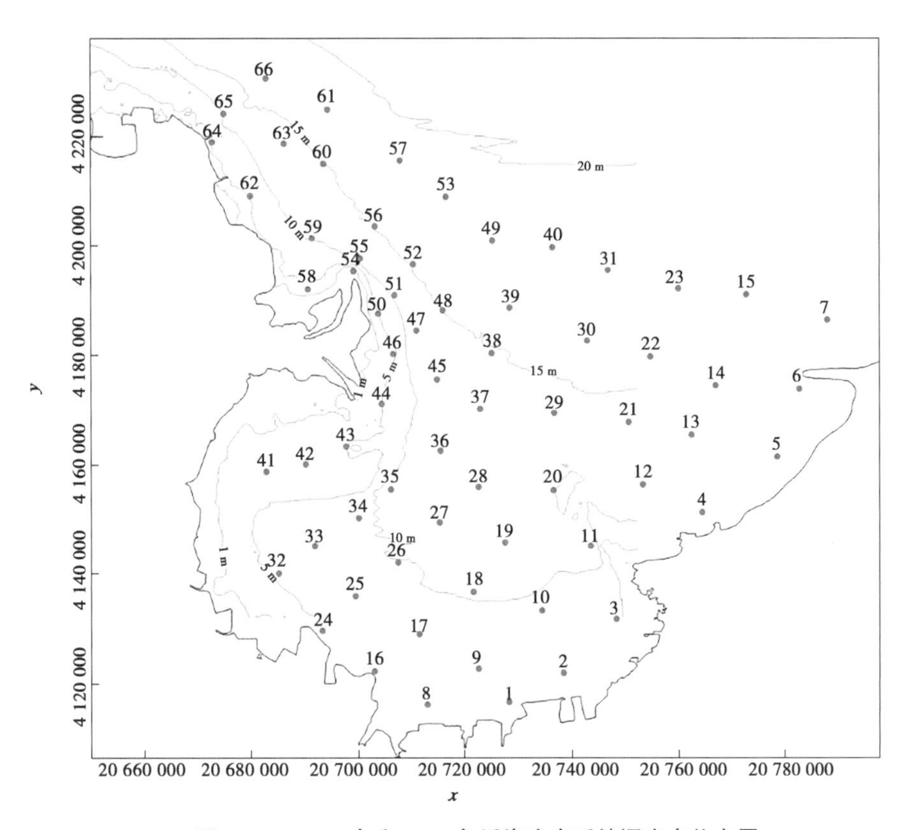

图6.2-1　2018年和2019年近海生态系统调查点位布置

6.2.2　黄河河口—近海代表鱼类及需水规律研究

6.2.2.1　黄河河口鱼类调查结果

历史上黄河河口海域鱼类资源较丰富，是多种洄游性鱼类的索饵场或者繁殖生长地。据朱鑫华等调查研究，该海域有多达114种鱼类，隶属于分类学中的15个目50个科，鲈形目占有较大比例，暖温洄游性种类占优势。20世纪60年代，该海域主要捕获鱼类是小黄鱼和带鱼等底层鱼类；90年代初期，中上层鱼类中的鳀、赤鼻棱鳀和斑鰶的渔获量所占比例有大幅度提高。

本书研究分别于2018年和2019年的5—6月进行了黄河口鱼类调查，受当年禁渔期影响，主要对近海鱼卵仔稚鱼进行了调查。结果显示，鱼卵仔稚鱼共出现22个种，隶属于6目13科22属；其中以鲈形目最多，共11种；其次为鲱形目5种。鲉形目和鲻形目各2种。鲽形目和颌针鱼目种类数最少，各仅1种。鱼卵为5目10科15种，仔稚鱼为5目6科10种。共采获鱼卵312 354粒，其中日本鳀占总数的85.3%，斑鰶7.22%，绯䲗2.43%，赤鼻棱鳀1.71%，鲬1.23%，蓝点马鲛0.90%，叫姑鱼0.69%，短吻红舌鳎0.19%，鮻0.11%；其余种类低于0.1%。

6.2.2.2　基于营养级结构关系理论的保护对象识别

黄河河口及邻近海域属于河流生态系统与海洋生态系统生态交错区域，生物种类繁多,生态系统结构和功能复杂。本次运用关键种概念筛选对黄河河口—近海水域生态系统结构和功能具有关键性作用的关键物种,从维持近海水域生态系统健康、生态功能和物种多样性保护等角度,综合确定该水域的优先保护对象。

黄河河口—近海水域顶级消费者有鲈鱼、孔鳐、牙鲆、半滑舌鳎、蓝点马鲛、对虾和梭子蟹、黄姑鱼等(见图6.2-2)。从维护生态系统结构和功能稳定性的角度,将处于营养级结构顶端的鲈鱼、孔鳐、牙鲆、半滑舌鳎、蓝点马鲛、对虾和梭子蟹、黄姑鱼等物种作为近海生态系统保护的关键物种。结合渔业资源捕捞对物种多样性保护的生存压力分析,蓝点马鲛及其主要饵料——鳀鱼、莱州湾对虾、半滑舌鳎、蓝点马鲛、三疣梭子蟹等面临较大的压力胁迫作用。综合生态系统关键物种筛选和物种生存压力分析,本书认为黄河河口—近海水域具有优先保护价值的物种是蓝点马鲛、鳀、对虾、半滑舌鳎、三疣梭子蟹,因此上述物种列为主要保护对象。

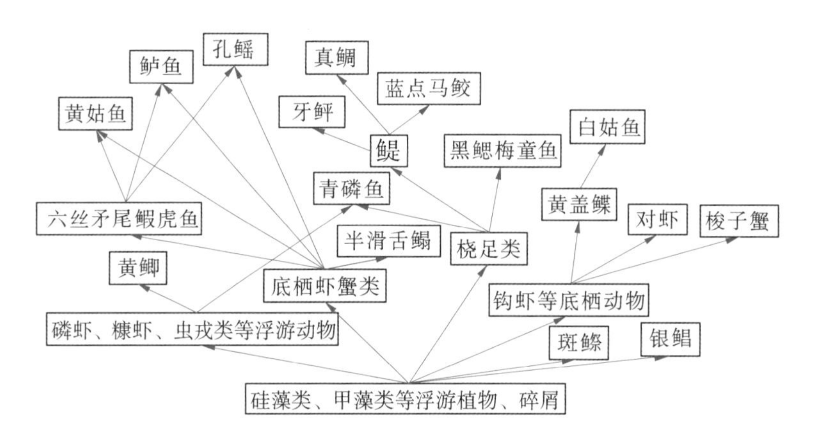

图6.2-2　黄河河口—近海水域生态系统食物链及营养级结构关系

6.2.2.3　近海水域主要鱼类生物学特性研究

黄河河口—近海水域渔业资源群系的主要种类均具有低盐河口近岸产卵的特性。受黄河冲淡水影响的黄河河口—近海水域,构成了黄渤海区渔业资源生物最重要的产卵场和育肥场。在黄河河口—近海水域已观测有39种鱼类在该水域产卵,且大多数为洄游性鱼类。产卵期主要在升温季节,当4—6月水域平均水温上升到15℃以上时,产卵种类增加,并且有超过40种以上的幼鱼在该水域育肥。该水域鱼卵、仔稚鱼种类和数量对整个黄渤海区渔业资源的补充具有重要意义。黄河河口—近海水域的低盐水特征使生活在该水域的广盐性鱼类用于渗透调节的能量降低,极大地提高了鱼类幼体的生存率。生活史早期的鱼卵、仔稚鱼是生活史最脆弱的阶段,早期成活率又直接调控渔业种群资源补充量。因此,盐度对于黄河河口—近海水域鱼类种群生存具有关键作用,是控制黄渤海区海洋资源生物分布和资源量的最重要调节因素。

本书研究识别的黄河河口—近海水域保护对象——蓝点马鲛、鳀、对虾、半滑舌鳎和三疣梭子蟹,均为具有低盐河口近岸产卵特性的洄游生物种类。其中,多数近海生物种类的主要产卵期集中在4—6月,适应盐度范围主要集中在27‰~31‰,见表6.2-1。

表 6.2-1　黄河河口—近海水域保护对象的生态习性

保护对象	产卵期	产卵习性	适宜盐度范围	
			盐度/‰	说明
鳀	2—6 月	产卵场主要分布在河流冲淡水的前锋和外海高盐水等多种径流交汇，产卵盛期中心产卵场位于河流冲淡水形成的低盐水舌附近	22.5~30.5	鳀卵分布区的盐度范围
			20~30.37	鳀鱼卵和仔稚鱼分布区 4—5 月表层盐度范围
			23~31	鳀鱼卵和仔稚鱼分布区 6 月表层盐度范围
			25~30	鳀鱼卵和仔稚鱼分布区 7 月表层盐度范围
			24~31	鳀鱼卵和仔稚鱼分布区 8 月表层盐度范围
			29.5~32.35	鳀鱼卵和仔稚鱼分布区 9—10 月表层盐度范围
			27~31	产卵初期的盐度范围
			28~31	产卵盛期的盐度范围
			28~31	产卵末期的盐度范围
蓝点马鲛	4—6 月	黄河河口附近海域是主要产卵场之一	28~31	产卵期在 5 月至 6 月中旬
对虾	5—6 月	对虾产卵场主要分布在有河流注入的近海水域，产卵温度为 13~23 ℃。幼虾在水深 5 m 以内的咸淡水交汇的低盐高温区觅食	22~28	产卵场的盐度范围

续表 6.2-1

保护对象	产卵期	产卵习性	适宜盐度范围	
			盐度/‰	说明
半滑舌鳎		在河口海域 10 m 左右范围的咸淡水混合区产卵,在近海水域生长,洄游距离较短,盐度对其生长影响十分显著	27~30	产卵场的盐度范围
			29~32	产卵场的盐度范围
			30~32	产卵盛期的盐度范围
			31~32	卵子密集区盐度范围
			14~37	幼鱼生存临界盐度范围
			22~29	适宜生长盐度范围
			26	最适宜生长盐度范围
三疣梭子蟹	3—6 月	主要生活在近海水域,洄游距离较短,产卵温度范围为 14~21 ℃	16—30	适宜产卵的盐度范围

6.2.3 水盐梯度变化下黄河入海径流量与近海生态关系研究

6.2.3.1 黄河近海盐度与入海径流响应关系研究

本书在 2010 年、2011 年、2015 年、2016 年等历年黄河河口—近海水域生态多要素同步调查监测成果基础上,开展 2018 年黄河河口—近海水域盐度监测(见图 6.2-3)。黄河河口盐度垂向分布主要表现为表层<中层<底层,表明黄河入海径流主要以表层异轻羽状流向外扩散。黄河径流影响范围主要集中在盐度范围 20‰~31‰区域,盐度大于 31‰为外海高盐水,盐度小于 20‰为河流淡水控制范围。在黄河径流影响范围中,盐度范围 20‰~27‰区域主要为受黄河径流控制的过渡区,盐度范围 27‰~31‰区域主要为黄河淡水和海洋高盐水的混合区域。小于 31‰的低盐水体的分布范围在表层、中层、底层基本一致,向海一侧主要分布在 8 m 等深线以浅的区域。黄河河口近海水域在黄河河口附近存在低盐中心,主要由黄河入海径流所带来的冲淡水的直接影响所致。

本书以盐度 27‰等值线为基准, Pearson 相关关系显著性检验结果表明近海水域的低盐区域面积与黄河入海径流(包括年径流量、汛期径流量、非汛期径流量、4—6 月径流量和对应月份的径流量)均具有显著的相关性,进一步说明黄河河口—近海水域的低盐区面积受黄河入海径流控制作用显著(见表 6.2-2)。

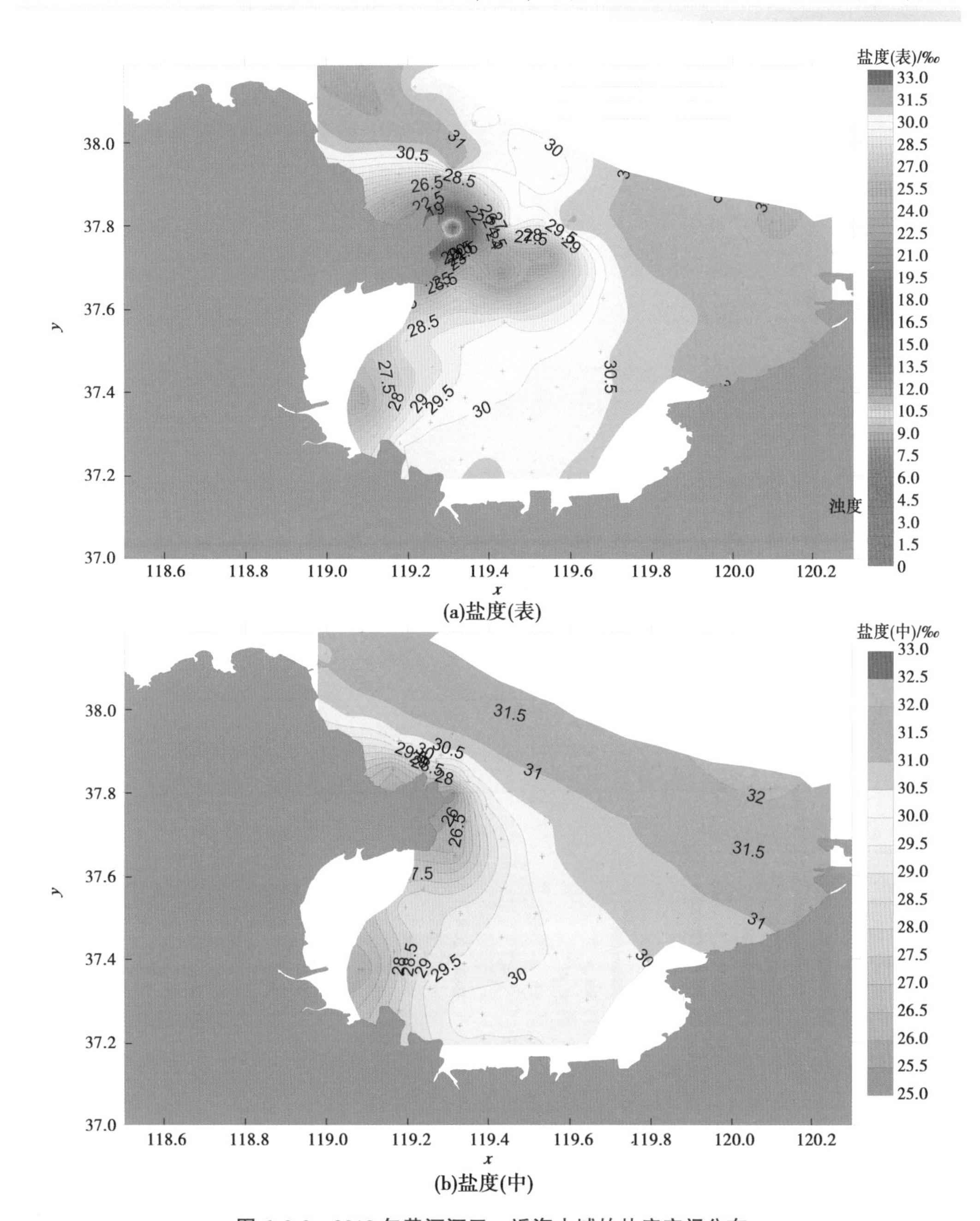

(a)盐度(表)

(b)盐度(中)

图 6.2-3　2018 年黄河河口—近海水域的盐度空间分布

表 6.2-2　黄河入海径流与近海水域低盐区面积相关性检验结果

相关系数	年径流量	汛期径流量	非汛期径流量	4—6 月径流量	对应月份径流量
低盐区面积	0.85*	0.83*	0.81*	0.52*	0.86*

注：* 表示 Pearson 相关性检验结果显示在 0.05 水平上均显著相关。

1958—2018 年近海水域低盐区面积的变化趋势显示，1958—1976 年低盐区面积较大，平均面积高达 4 719 km²。1980—1989 年低盐区面积较上一阶段虽有所下降，但依然维持在较高的水平,平均面积为 1 380 km^2。1998—2003 年低盐区面积最低,平均面积仅有 78 km^2。2004 年以后,低盐区面积有所恢复,其中 2006 年至今低盐区平均面积为 381 km^2。与黄河径流量变化趋势对应分析低盐区面积受黄河入海径流量影响显著,即 1958—2003 年,随着径流量的持续减少,低盐区面积不断下降,在 20 世纪 90 年代黄河入海径流量达到最低水平,2006 年以后随着径流量的增加,低盐区面积有所恢复。

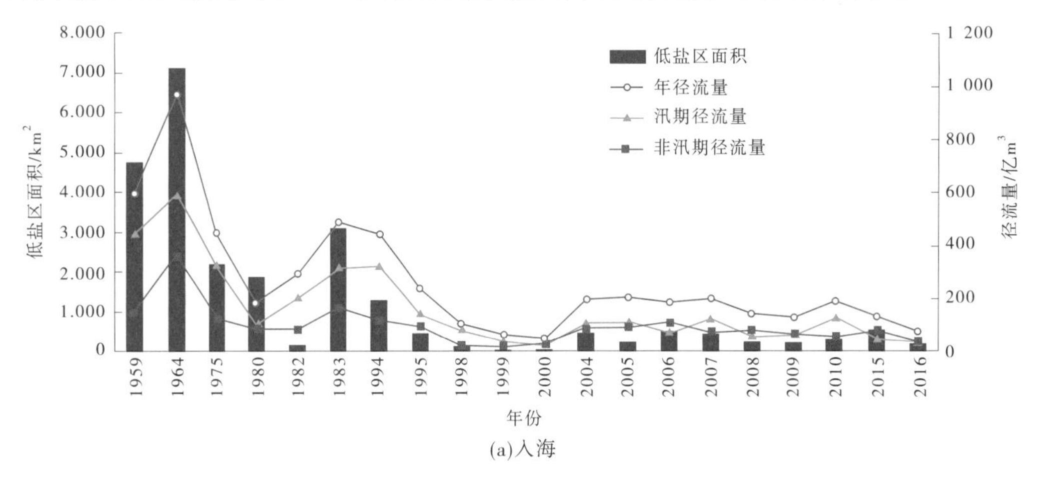

(a)入海

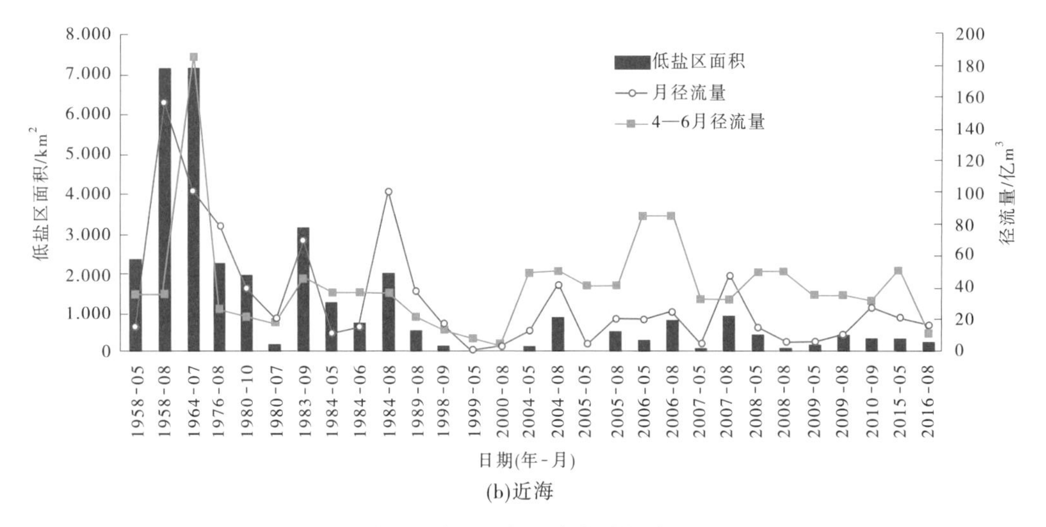

(b)近海

图 6.2-4　黄河入海径流与近海水域低盐区面积关系

采用线性方程拟合分析,结果表明低盐区面积与黄河入海径流量呈现出良好的线性关系,径流量对低盐区变化的解释比例高达 50%~70%,进一步说明黄河河口—近海水域低盐区面积变化受到黄河入海径流的主要控制。对比分析黄河全年、汛期、非汛期和 4—6 月入海径流量对黄河近海低盐区的影响效应差异并不显著,说明黄河近海低盐区面积大小主要受到径流量大小的影响,与具体时段的关系不显著,见图 6.2-5、图 6.2-6。

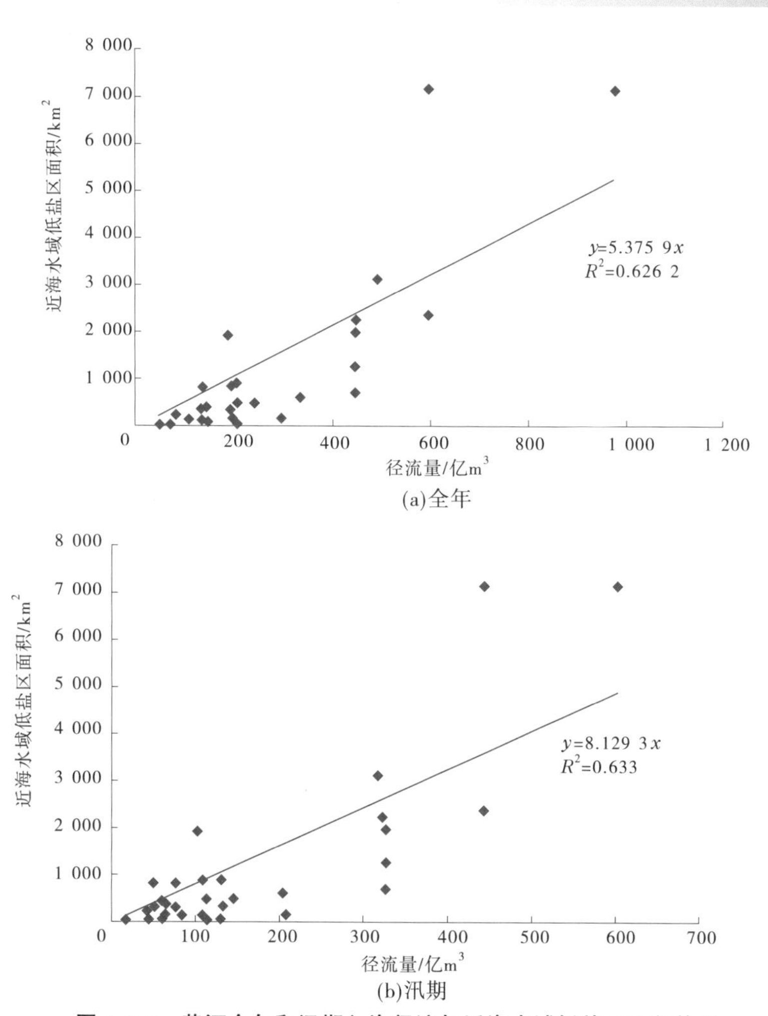

(a)全年

(b)汛期

图6.2-5　黄河全年和汛期入海径流与近海水域低盐区面积关系

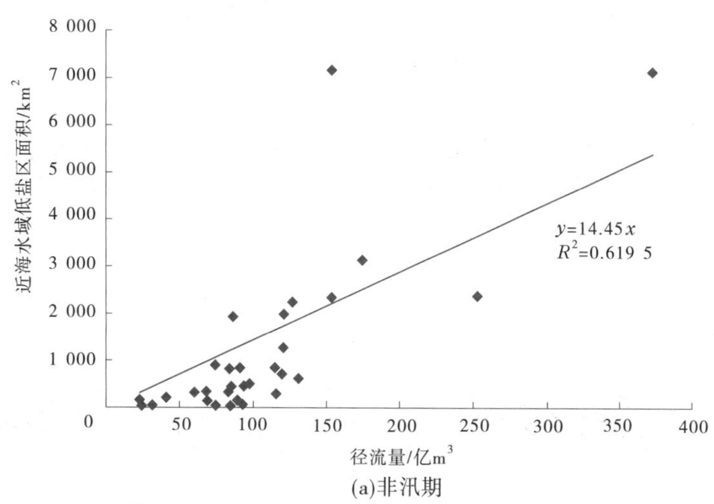

(a)非汛期

图6.2-6　黄河非汛期和4—6月入海径流与近海水域低盐区面积关系

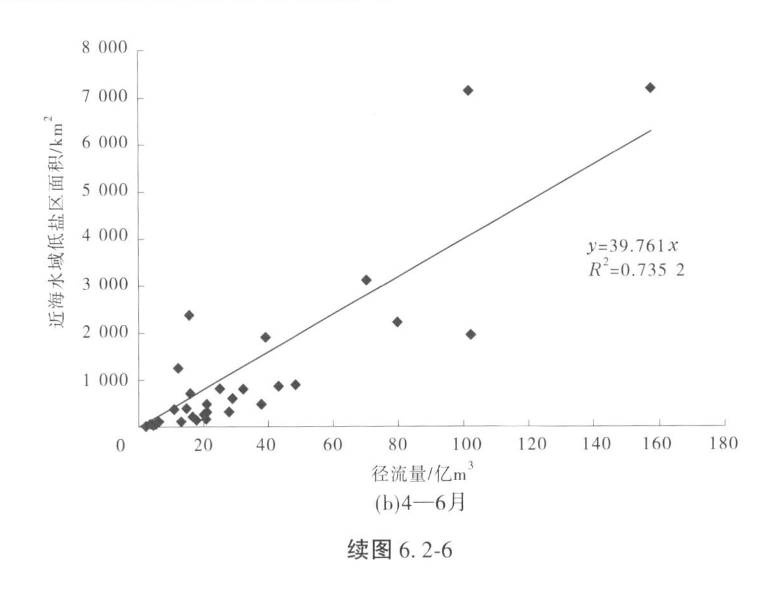

(b)4—6月

续图 6.2-6

6.2.3.2 黄河入海径流、近海盐度与鱼卵仔稚鱼密度的响应关系

鱼卵和仔稚鱼主要分布在临近黄河现行流路河口和刁口河河口区域的海域，从空间分布上看，近海水域鱼卵和仔稚鱼的分布与黄河入海径流有密切的关系（见图 6.2-7），对比近海盐度的空间分布，鱼卵和仔稚鱼的分布区域也是盐度较低的区域，说明黄河入海径流所塑造的咸淡水混合区域是鱼卵、仔稚鱼生存和发育的主要场所。空间分布上，鱼卵密度和仔稚鱼密度与近海盐度表现出高度的一致性，鱼卵密度和仔稚鱼密度主要分布在一定盐度范围的水域，见图 6.2-8。

通过 Pearson 相关关系显著性检验统计分析鱼卵密度、仔稚鱼密度与黄河河口近海水域水深、温度、盐度和悬浮物等主要环境因子之间的相关性（见表 6.2-3），结果表明在黄河河口—近海水域水体 5 个环境因子中，温度和盐度对鱼卵密度有显著的影响。同时，

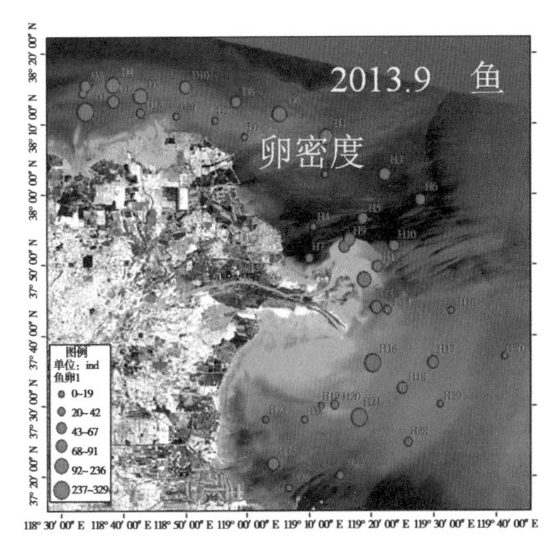

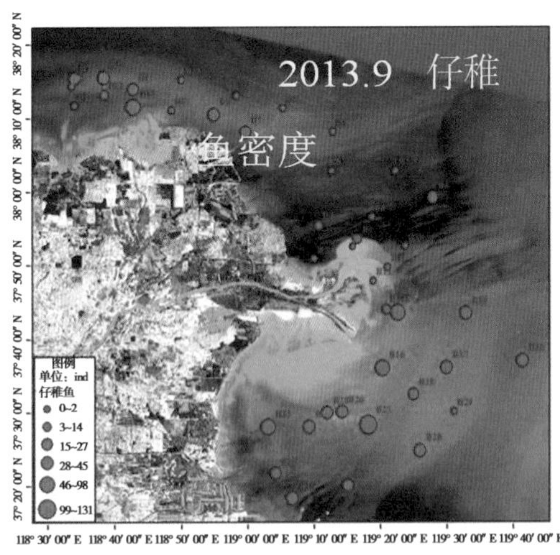

图 6.2-7 黄河河口—近海水域鱼卵密度和仔稚鱼密度的空间分布

续图 6.2-7

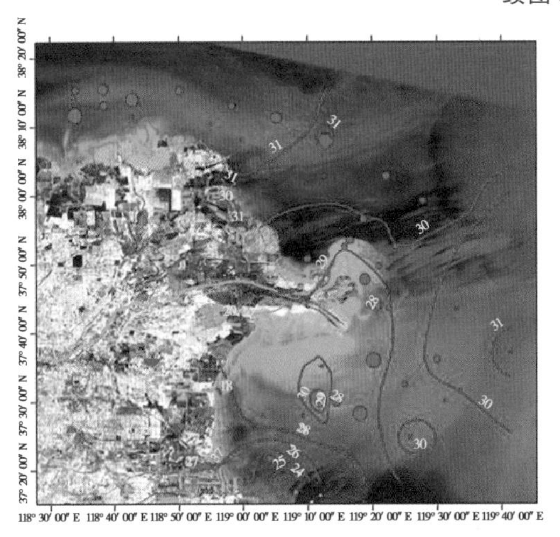

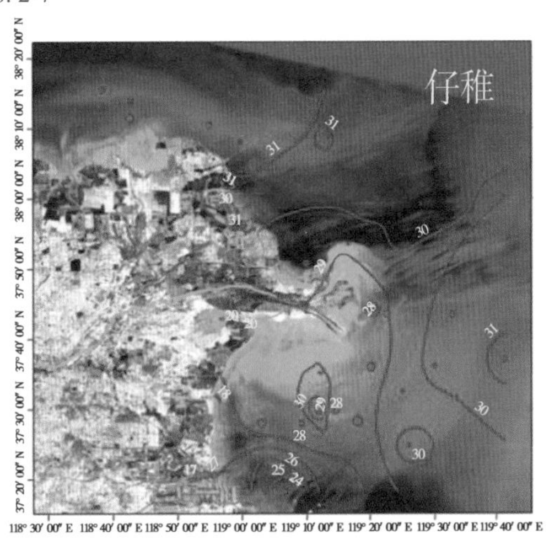

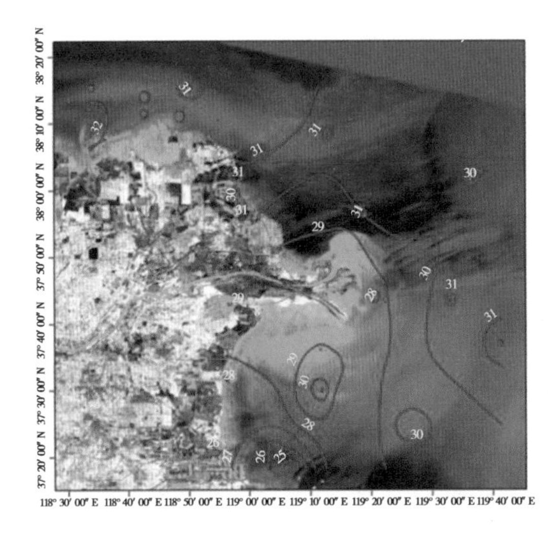

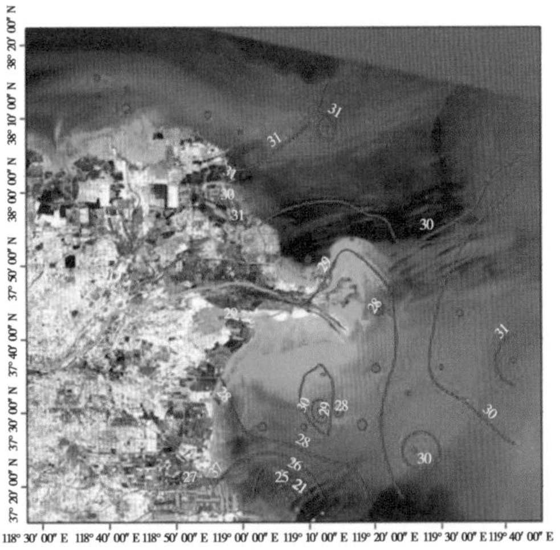

图 6.2-8 鱼卵密度、仔稚鱼密度与盐度关系空间分布

盐度对仔稚鱼密度影响显著。近海盐度对鱼类生活史早期的鱼卵、仔稚鱼的生存有重要影响,进而影响调控渔业种群资源补充量,是控制海洋资源生物分布和资源量的最重要因素。

表 6.2-3 近海水域主要环境因子与鱼卵密度、仔稚鱼密度相关性

相关系数	水深	温度	盐度	悬浮物	低盐区面积
鱼卵密度	0.041	0.501*	0.677*	0.136	0.48*
仔稚鱼密度	0.162	0.065	0.517*	0.127	0.46*

注:* 表示显著相关。

黄河河口—近海水域鱼卵密度、仔稚鱼密度的时间变化趋势及其与黄河入海径流量表现出一致的变化趋势,说明黄河入海径流对鱼卵和仔稚鱼具有明显的影响。但是由于生物因子对生物的影响并非单一的、孤立存在的,而是相互联系和制约的,在个别年度,如 2014 年和 2015 年,鱼卵密度和仔稚鱼密度高低与径流量大小并不完全一一对应,见图 6.2-9。

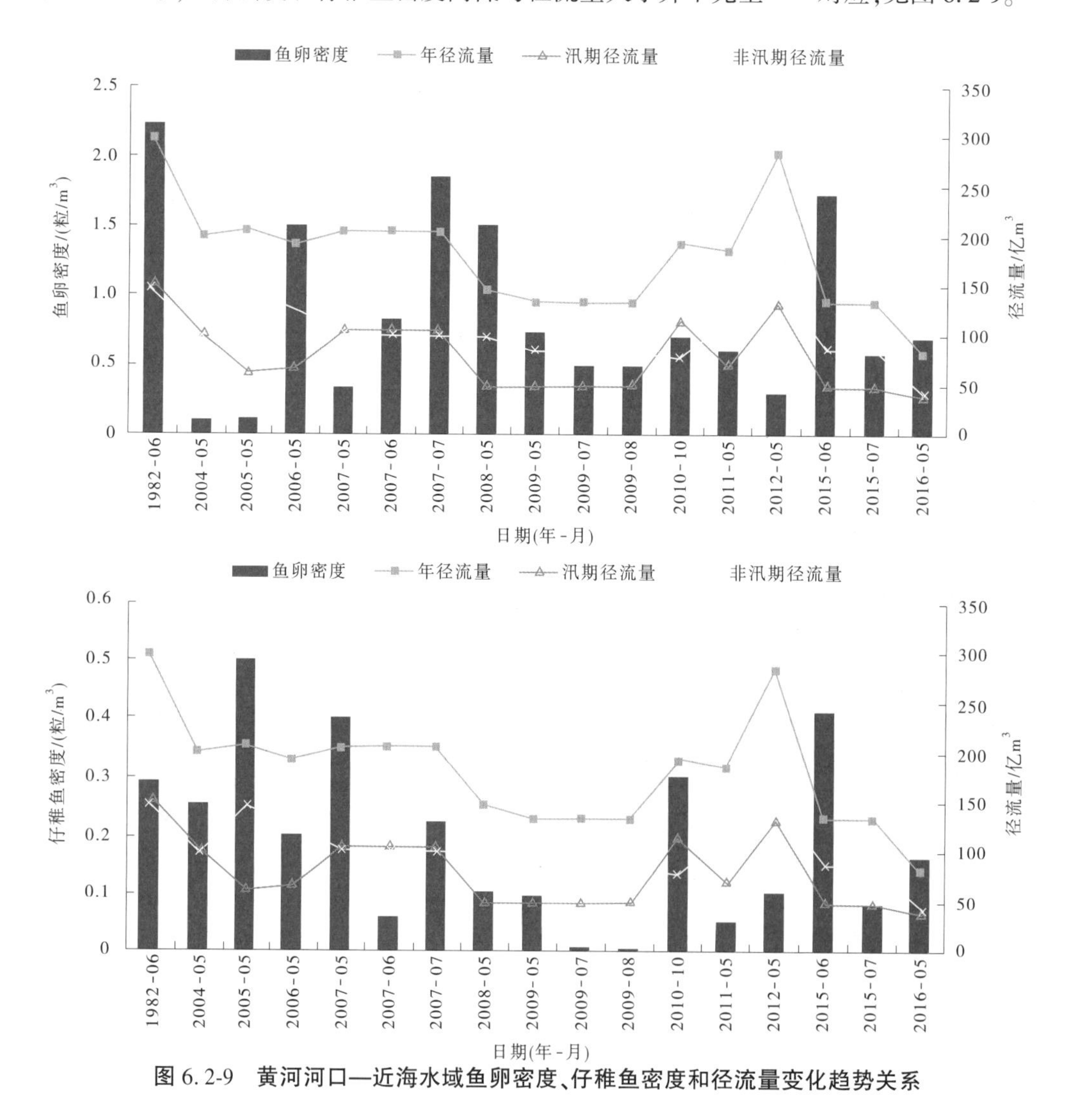

图 6.2-9 黄河河口—近海水域鱼卵密度、仔稚鱼密度和径流量变化趋势关系

6.2.3.3　黄河入海径流与近海鱼类种类数量的响应关系研究

黄河河口—近海鱼类种类数量自20世纪80年代以来,相同月份调查的物种数持续下降,如5月调查的鱼类物种数量,20世纪80年代为59种,90年代为44种,2018年为11种,生物多样性衰退较为明显。尽管1988年秋季开始底拖网全部退出该水域,但仍未遏制渔业资源量严重衰退的趋势,渔获量依然呈大幅度下降的趋势。与此同时,黄河入海径流量自20世纪80年代开始也逐渐降低,与鱼类种类数量下降的关系较为密切。此外,影响近海鱼类种类及多样性的因素众多,大量的研究表明,该海域水环境污染、过度捕捞及黄河入海径流不断减少是鱼类资源量下降的主要原因。

6.2.3.4　黄河入海水量及物质通量与河口近海水质的响应关系研究

黄河河口—近海水域水质与黄河入海径流量之间没有一致的变化关系(见图6.2-10),说明在2001年以后的黄河入海水量水质条件下,黄河入海径流量并非黄河河口—近海水质的主导因素。

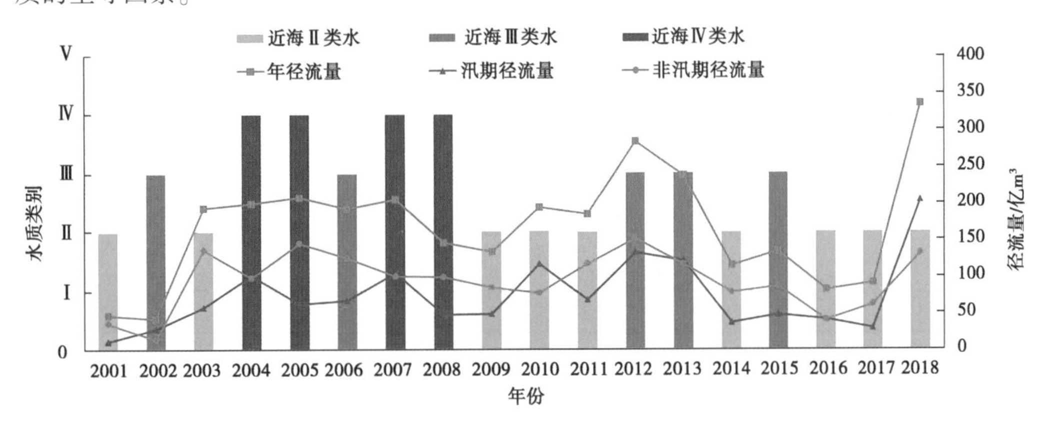

图6.2-10　黄河入海径流与近海水质的关系

黄河河口近海水域水质与黄河入海水质之间也没有一致的变化关系(见图6.2-11),说明在2001年以后的黄河入海水量水质条件下,黄河入海径流量也不是黄河河口—近海

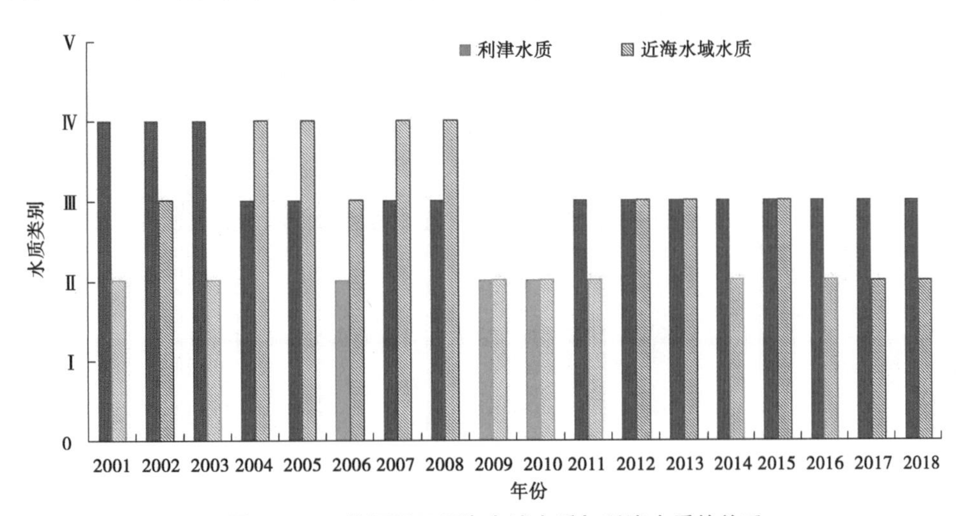

图6.2-11　黄河河口近海水域水质与利津水质的关系

水质的主导因素。有研究表明,黄河河口—近海水质可能受到严重污染的入海河流、沿岸排污和海洋动力等其他因素更为显著的影响。

COD、氨氮和总磷的入海通量变化趋势均呈现出明显的降低趋势,说明在黄河径流内的相应物质进入黄河河口—近海水域的通量在持续下降,对于改善黄河河口—近海水域水质起到了促进的作用。

6.2.3.5 黄河入海水量与近海健康程度的响应关系研究

2006 年以后,黄河入海径流量均维持在一定的水平,黄河河口—近海水域均维持在亚健康的状态(见图 6.2-12),说明黄河河口—近海水域的健康状况受到了黄河入海水量的显著影响。

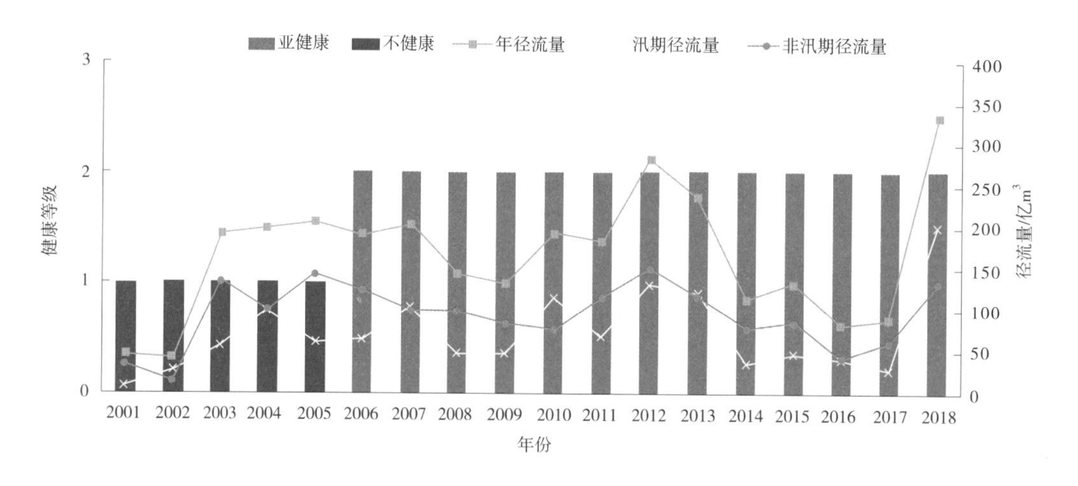

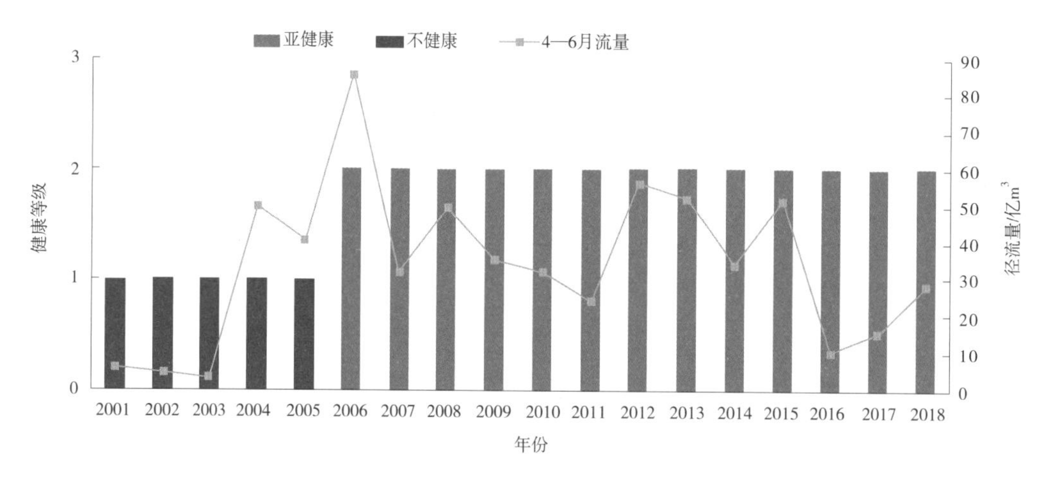

图 6.2-12 黄河河口近海健康状况与黄河及近海水质的关系

6.2.4 水盐交汇驱动下黄河河口—近海生态需水研究

黄河河口—近海生态需水是确定适宜的黄河入海水量水质条件,满足黄河河口—近海水域生态保护及恢复目标对径流条件的需求,即维持一定范围的低盐区域,促进黄河河口—近海水域水质基本稳定在Ⅱ类水质，保持黄河河口及近海水域处于亚健康状态。根据黄河河口近海关键物种的生态习性，确定生态保护关键期为4—6月。因此，本书在全年、非汛期黄河入海生态水量的基础上，进一步提出生态保护关键期的生态水量。根据河口生态保护要求，结合黄河重大水资源配置工程，本书提出维持黄河河口—近海生态相对良好状况的生态水量。同时，考虑黄河水资源情势变化及近期水资源禀赋条件，提出在近海生态基本可接受水平下的黄河河口—近海生态水量，在2个层面上分别提出黄河河口—近海生态水量。

本书以维持维护关键物种适宜生境条件、满足河口—近海水域功能区的水质要求和维持较为理想的健康水平为目标，在开展大量近海生态调查、探索建立黄河入海水量水质与近海生态健康状况的对应关系基础上，结合黄河入海水量长期变化趋势，初步提出黄河河口-近海水域的生态需水量结果为在近海水质为Ⅱ类水质条件下，按照黄河河口—近海水域的不同保护要求，提出满足黄河河口—近海水域生态功能的黄河入海水量控制标准。

本书以1950—2018年黄河入海实测径流量分析黄河入海径流量的长期演变趋势，总体上呈现出逐渐下降的趋势。根据黄河入海径流量趋势性变化，可分为1950—1959年、1960—1979年、1980—1985年、1986—1989年、1990—2003年和2004—2018年等阶段。从各阶段径流量变化来看，1950—1959年黄河年均入海径流量最多，而后各个阶段逐渐减少，到1990—2002年达到最低水平，2003—2018年的黄河入海径流量有所恢复。汛期、非汛期及4—6月均呈现出一致变化趋势。

综合本次研究成果，根据黄河河口—近海水域生态保护需求，当维持河口—近海水域盐度27‰等值线低盐区面积为1 380 km^2，维持黄河河口—近海水域水质为Ⅱ类水质，黄河河口—近海水域处于亚健康水平，近海生态总体维持较为良好的状态，依据入海水量与近海生态的响应关系研究基础，基于水文变化的生态限度法（ELOHA）理念和途径，对应的生态水量为193亿 m^3。对于资源性缺水的黄河流域生态水量，在实现南水北调西线等重大水资源配置和调度工程布局条件下，该项指标可作为黄河河口—近海水域生态水量的远期目标标准，见表6.2-4。

表6.2-4　黄河河口—近海水域生态相对良好水平下生态水量远期目标

保护要求	控制要素及其指标	生态水量指标
代表物种生境要求	维持河口—近海水域盐度27‰等值线低盐区面积为1 380 km^2	维持河口—近海水域水质为Ⅱ类水质条件下，黄河利津断面入海水量：全年193亿 m^3，其中非汛期93亿 m^3、汛期100亿 m^3
近海水质要求	维持河口—近海水域水质为Ⅱ类水质	
近海健康水平	维持河口—近海水域处于亚健康水平	

结合黄河水资源近期情势状况，考虑到水资源支撑条件和可实现水平，根据黄河河口—近海生态保护要求，维持黄河河口—近海水域低盐区面积为380 km^2左右时，黄河河口—近海生态基本处于可接受的状态。按照水文变化的生态限度法（ELOHA）理念和途径，在可接受的条件下，当维持河口—近海水域盐度27‰等值线低盐区面积为380 km^2，

维持河口—近海水域水质为Ⅱ类水质,河口—近海水域处于亚健康水平,根据入海水量与近海生态的响应关系研究基础,基于水文变化的生态限度法(ELOHA)理念和途径,对应的全年生态水量确定为106亿 m^3。该项指标作为现实条件下维持黄河河口—近海水域基本生态状况的生态水量控制性标准,见表6.2-5。

表6.2-5　现实条件下黄河河口—近海水域生态水量控制标准

<table>
<tr><th>保护要求</th><th>控制要素及其指标</th><th>生态水量指标</th></tr>
<tr><td>代表物种
生境要求</td><td>维持河口—近海水域盐度27‰等值线低盐区面积为380 km^2</td><td rowspan="3">维持河口—近海水域水质为Ⅱ类水质条件下,黄河利津断面入海水量:全年106亿 m^3,其中非汛期60亿 m^3、汛期46亿 m^3</td></tr>
<tr><td>近海水质要求</td><td>维持河口—近海水域水质为Ⅱ类水质</td></tr>
<tr><td>近海健康水平</td><td>维持河口—近海水域处于亚健康水平</td></tr>
</table>

综上所述,本书运用ELOHA技术方法,以维持维护关键物种适宜生境条件、满足河口—近海水域功能区的水质要求和维持较为理想的健康水平为目标,结合黄河入海水量长期变化趋势,综合确定河口—近海水域的生态水量远期目标标准全年为193亿 m^3;在现实条件下生态需水量结果为在近海水质为Ⅱ类水质条件下,满足河口—近海水域基本生态功能的黄河入海水量控制标准全年为106亿 m^3。

黄河河口—近海水域是一个十分复杂的生态系统,长期连续的水生态监测和深入的机制分析是科学合理确定生态水量的基础,也是河口—近海生态系统保护及恢复的科学基础。有研究表明,黄河入海径流量有近1.7年的水龄,本书也揭示出在一定时段范围内黄河径流量对近海盐度具有调控作用。因此,后续研究可在以往长期近海生态监测的基础上,继续开展生态连续监测工作,进一步加强黄河径流量与近海海温-盐度-深度关系及生态响应机制研究,探索不同时段黄河入海水量调控的量化效果及评估研究,也为本次成果进行适应性科学调整和动态评估进行检验。

6.3　小　结

本章以黄河水资源实际条件为约束,突出生态需水机制研究,突出可操作、可实施的实践性要求,揭示了黄河典型支流及河口—近海生态需水规律,综合运用水环境模型、栖息地模型、ELOHA等技术方法,以水文水资源、水环境和水生态等多学科综合调查为基础,建立了水文情势变化和生态系统响应关系,主要结论如下:

(1)以伊洛河为典型竞争性用水河流,在河流生态系统结构及功能分析的基础上,针对不同河流生态需水组成部分,分别运用水环境和水生态模型及流量过程恢复法开展了水文、生态、环境相互作用下的河流生态需水计算,提出了竞争性用水河流的生态环境需水技术方法和指标。

(2)在传统河流物理栖息地模型的基础上,基于水动力学与水环境数值模型建立了伊洛河一维和二维相耦合的水生生物栖息地模型,拓展和改进了以往黄河流域栖息地模型的应用范围和模拟条件，计算了指示性鱼类种群栖息地适应性指数与不同流量条件下河段水深、流场及关键水质因子的响应关系，考虑水质、水量、水生态全因子要素，对伊洛河口鱼类栖息地提出了水生生态用水需求。

(3)基于系统的黄河河口—近海水域水文-环境-生态监测数据，构建了近海水域食物链及营养级结构关系，运用关键途径识别代表性鱼类及其产卵特性，构建了黄河河口—近海水域径流-盐度-生态量化响应关系，揭示了水盐交互驱动下黄河河口入海径流与生态系统的生态需水作用机制，建立了黄河河口—近海水域水文过程改变生态限度生态需水定量评估方法。

(4)围绕近海显著水盐梯度变化特征，在近海水域生物与生境要素多期同步监测的基础上，调查分析黄河入海径流量与近海盐度时空分布的关系，探索黄河近海区域盐度梯度时空变化特征受黄河入海径流量控制的作用机制，进而提出具有生物学意义的黄河河口—近海生态保护目标，并结合黄河入海径流变化情势，探索确定了基于不同生态保护目标下的黄河需水结果及过程。

第7章 结论与展望

7.1 主要成果

开展了变化环境下流域水文非一致性计算及区域水循环模拟，黄河流域经济社会用水变化特征及演变规律分析，在此基础上，诊断需水驱动因子，提出了多因子驱动与多要素胁迫的流域需水精细预测技术，开展了黄河干流及典型支流生态需水核算及机制分析，为黄河流域经济社会需要及生态环境需水计算提供了依据。具体成果有：

(1)分析了黄河流域各个水资源三级区降水、蒸发、径流等水文气象要素历史变化规律和特征。以黄河流域1980—2015年六期土地利用类型图为基础，分析了黄河流域近30年土地利用类型变化特征。针对典型流域构建了水循环模拟模型，解析了区域水资源量的时空变化特征。为今后开展考虑径流非一致性的水资源评价、配置和调度工作以及变化环境下水资源的预报预测及不确定性评估工作提供技术支撑。

(2)分析了黄河流域近30年供用水量的历史变化规律，基于信息熵理论分析了流域用水结构的时空变化特征，利用生态位及其熵值模型分析比较了黄河流域用水结构与发达国家的差异。为进一步开展经济社会发展与水资源消耗的关联分析，定量描述流域经济社会发展与水资源利用之间的复杂关系提供研究基础。

(3)诊断了需水驱动因子，初步揭示了变化环境下多因子驱动和多要素胁迫的黄河流域经济社会需水预测机制，初步构建了多因子驱动和多要素胁迫的经济社会需水预测模型，并利用构建的模型预测了黄河各个二级区未来30年的经济社会需水量。为进一步开展未来黄河流域水资源量变化态势与水资源需求情势的平衡分析，研判流域及区域水资源安全格局提供技术支撑。

(4)依据对生态需水保证对象的分析研究，选取黄河兰州、下河沿、头道拐、龙门及花园口断面，基于MIKE构建了栖息地模型，耦合水文参照系统特征值的修正栖息地模拟结果来进行生态需水评估，计算了以兰州鲇和黄河鲤为指示物种的关键断面不同时期的生态需水及全过程的生态需水。为进一步研究河流生态需水过程奠定了基础。同时，为黄河水量调控和补水方案的制定提供标准和依据，可应用于其他河流生态需水的核算和调控。

(5)针对河道外生态需水，选取典型黄河中游部分区域，基于FAO生态需水定额核算方法，改进了K_s的系数确定方法，计算了生态需水及其变化特征。进一步分析了景观格局变化对植被生态需水的影响机制。对生态系统恢复和保护(景观规划或土地利用规划等)以及流域水资源的合理配置具有重要的意义。为进一步研究干旱半干旱区域的生态系统生态需水过程提供帮助，为黄河水量调控提供依据。

(6)考虑到河漫滩湿地的生态需水无法及时满足带来的生态系统影响，选取黄河中游部分河漫滩湿地为研究区域,分别从内容和数值分析角度分析了生态系统服务的功能和总体特征的变化。对探究生态需水无法满足带来的生态系统服务价值变化和影响程度具有重要意义,为进一步研究流域生态需水变化对生态系统和经济社会的影响程度提供理论依据。

(7)针对伊洛河典型区初步建立了代表物种黄河鲤繁殖期对不同环境因子的适宜度曲线。开展了黄河口近海生态系统调查,研究了黄河河口—近海水域代表物种的生态习性及其栖息生境,解析了水盐梯度变化下黄河入海水量与近海生态的响应关系,初步确定了黄河河口—近海生态需水量。为进一步提出竞争性用水条件下黄河典型支流重要断面生态需水量,揭示水盐交汇驱动下河口—近海生态系统的生态需水机制,提出黄河河口—近海生态需水量及过程提供依据。

7.2 创新点

基于变化的土地利用类型,建立了黄河流域分布式流域水文模型,结合未来气候情景,分析了气候变化对流域水资源的影响;诊断流域经济社会需水的驱动因子和胁迫要素,开展景观格局变化对生态系统需水的影响机制分析,基于监测资料建立了黄河鲤繁殖期对不同环境因子的适宜度曲线,初步揭示了变化环境下流域经济社会和生态需水的机制。在此基础上,构建了多因子驱动和多要素胁迫的经济社会层次化需水预测模型以及河流生态需水预测模型框架,精细预测了未来黄河流域各行业各层次需水量。

(1)结合不同排放情景下的全球气候模式结果(GCMs),采用区域气候模式(RCM)对其进行动力降尺度,结合分布式水文模型和非平稳序列统计模型,对变化环境下的流域水循环过程进行动态评估,并构建流域水资源动态评价模型体系,分析不同区域降水、蒸发、径流等水文气象要素的历史演变特征,诊断水文要素的一致性,明晰不同阶段降水-径流响应关系;建立黄河分布式流域水文模型,解析水资源形成与转化过程,预测未来黄河流域广义水资源量演变趋势。

(2)分析黄河流域不同时期流域或区域的用水量、用水结构、用水效率变化特征,揭示流域用水演变规律;分析主要行业经济社会指标变化特征,研究流域经济增长、产业结构与布局、城镇化、人口红利、节水水平等演变规律,进而研究不同地区、行业的经济社会需水物理机制,提出多因子驱动和多要素胁迫的流域需水机制理论,诊断流域需水的驱动因子,揭示变化环境下流域经济社会需水机制;识别流域需水的响应与胁迫要素,结合系统动力学建立考虑物理机制的经济社会需水预测模型,预测未来流域经济社会需水变化趋势。

(3)针对干流生态需水,基于 MIKE 构建了栖息地模型,耦合水文参照系统特征值的生态需水评估方法,考虑了河流生态完整性,为进一步研究全河的生态需水奠定了基础,为黄河水量调控和补水方案的制定提供标准与依据。针对河道外生态需水,基于 FAO 生态需水定额核算方法,改进了 K_s 的系数确定方法,计算了生态需水及其变化特征。进一步分析了景观格局变化对植被生态需水的影响机制,对生态系统恢复和保护(景观规划或土地利用规划等)以及流域水资源的合理配置具有重要的意义。基于多目标权衡分析的生态缺水效应,能够量化缺水产生的生态损失,权衡研究确定河漫滩湿地生态需水水位、流量等目标,保障不同等级生态需水过程造成的生态服务功能的变化。

(4)提出水文、生态、环境相互作用下的河流生态环境需水技术方法和指标。以伊洛河为典型竞争性用水河流,在河流生态系统结构及功能分析的基础上,针对不同河流生态需水组成部分,分别运用水环境和水生态模型及流量过程恢复法开展了水文、生态、环境相互作用下的河流生态需水计算,提出了竞争性用水河流的生态环境需水技术方法和指标。建立了多目标情景下的水环境和水生态耦合模型。在传统河流物理栖息地模型的基础上,基于水动力学与水环境数值模型建立了伊洛河一维和二维相耦合的水生生物栖息地模型,对伊洛河口鱼类栖息地提出了水生生态用水需求。

(5)建立了河口近海生态需水机制与定量评估方法。本书基于系统的黄河河口—近海水域水文-环境-生态监测数据,构建了近海水域食物链及营养级结构关系,运用关键种途径识别代表性鱼类及其产卵特性,构建了黄河河口—近海水域径流-盐度-生态量化响应关系,揭示了水盐交互驱动下黄河河口—入海径流与生态系统的生态需水作用机制,建立了黄河河口—近海水域水文过程改变生态限度生态需水定量评估方法。提出了基于合理保护目标的近海生态需水结果及过程。本书围绕近海显著水盐梯度变化特征,在近海水域生物与生境要素多期同步监测的基础上,调查分析黄河入海径流量与近海盐度时空分布的关系,探索黄河近海区域盐度梯度时空变化特征受黄河入海径流量控制的作用机制,进而提出具有生物学意义的黄河河口—近海生态保护目标,并结合黄河入海径流变化情势,探索确定了基于不同生态保护目标下的黄河需水结果及过程。

7.3 展 望

重点开展水文-环境-生态复杂作用下黄河生态需水预测技术研究和成果集成;构建水循环模型,定量衡量气候和人类活动对流域广义水资源量的影响;深入研究流域需水量精细预测技术和方法;利用不同模式的气候情景数据,预测未来黄河流域水资源量变化态势与水资源需求情势,提出未来区域水资源供需演变趋势和安全格局。

参考文献

[1] Delworth T, Knutson T. Simulation of early 20th century global warming[J]. Science, 2000, 287: 2246-2250.

[2] Vinnikov K, Grody N. Global warming trend of mean tropospheric temperature observed by satellites[J]. Science, 2003, 302: 269-72.

[3] Masson-Delmotte V, Zhai P, Pörtner H O, et al. Summary for Policymakers. In: Global Warming of 1.5 ℃. An IPCC Special Report on the impacts of global warming of 1.5 ℃ above pre-industrial levels and related global greenhouse gas emission pathways, in the context of strengthening the global response to the threat of climate change, sustainable development, and efforts to eradicate poverty[R]. IPCC, 2018.

[4] Shukla P R, Skea J, Calvo Buendia E, et al. Technical Summary. In: Climate Change and Land: an IPCC special report on climate change, desertification, land degradation, sustainable land management, food security, and greenhouse gas fluxes in terrestrial ecosystems[R]. IPCC, 2019.

[5] Liu M, Tian H. China's land cover and land use change from 1700 to 2005: Estimations from high-resolution satellite data and historical archives[J]. Global Biogeochemical Cycles, 2010, 24(3):1-18.

[6] 高志强, 刘纪远, 庄大方. 我国耕地面积重心及耕地生态背景质量的动态变化[J]. 自然资源学报, 1998(1): 92-96.

[7] 徐翔宇. 气候变化下典型流域的水文响应研究[D]. 北京:清华大学,2012.

[8] 何慧娟, 史学丽. 1990—2010 年中国土地覆盖时空变化特征[J]. 地球信息科学学报, 2015, 17(11): 1323-1332.

[9] 马荣华, 杨桂山, 段洪涛,等. 中国湖泊的数量、面积与空间分布[J]. 中国科学:地球科学, 2011, 41(3):394-401.

[10] Feng W, Zhong M, Lemoine J-M, et al. Evaluation of groundwater depletion in North China using the Gravity Recovery and Climate Experiment (GRACE) data and ground-based measurements[J]. Water Resources Research, 2013, 49: 2110-2118.

[11] 丁宏伟, 张荷生. 近 50 年来河西走廊地下水资源变化及对生态环境的影响[J]. 自然资源学报, 2002(6):691-697.

[12] Milly P, Betancourt J, Falkenmark M, et al. On Critiques of "Stationarity is Dead: Whither Water Management?"[J]. Water Resources Research, 2015, 51.

[13] 葛全胜, 戴君虎, 何凡能,等. 过去 300 年中国土地利用、土地覆被变化与碳循环研究[J]. 中国科学(D 辑:地球科学), 2008(2):197-210.

[14] 张建云, 章四龙, 王金星,等. 近 50 年来中国六大流域年际径流变化趋势研究[J]. 水科学进展, 2007(2): 230-234.

[15] 张建云, 贺瑞敏, 齐晶,等. 关于中国北方水资源问题的再认识[J]. 水科学进展, 2013, 24(3): 303-310.

[16] 夏军, 翟金良, 占车生. 我国水资源研究与发展的若干思考[J]. 地球科学进展, 2011, 26(9):905-915.

[17] 孙宇飞, 肖恒. 把水资源作为最大刚性约束的哲学思维分析和推进策略研究[J]. 水利发展研究, 2020, 20(4):11-14.

[18] 尚晓三. 安徽省近10年用水结构变化特征分析[J]. 人民长江,2017,48(18):45-49.

[19] Richter B, Baumgartner J, Wigington R, et al. How much water does a river need? [J]. Freshwater Biology, 1997, 37(1): 231-249.

[20] Norris R H, Thoms M C. What is river health? [J]. Freshwater Biology, 1999, 41(2): 197-209.

[21] Norris R H, Hawkins C P. Monitoring river health[J]. Hydrobiologia, 2000, 435(1/3): 5-17.

[22] 高继卿, 杨晓光, 董朝阳,等. 气候变化背景下中国北方干湿区降水资源变化特征分析[J]. 农业工程学报, 2015, 31(12): 99-110.

[23] 宁亮, 钱永甫. 中国年和季各等级日降水量的变化趋势分析[J]. 高原气象, 2008(5):1010-1020.

[24] 王炳钦, 江源, 董满宇,等. 1961—2010年北方半干旱区极端降水时空变化[J]. 干旱区研究, 2016,33(5): 913-920.

[25] 翟盘茂, 潘晓华. 中国北方近50年温度和降水极端事件变化[J]. 地理学报, 2003(增刊):1-10.

[26] 郭志梅, 缪启龙, 李雄. 中国北方地区近50年来气温变化特征及其突变性[J]. 干旱区地理, 2005(2):176-182.

[27] 史尚渝, 王飞, 金凯,等. 基于SPEI的1981—2017年中国北方地区干旱时空分布特征[J]. 干旱地区农业研究, 2019,37(4): 215-222.

[28] 刘昌明, 张丹. 中国地表潜在蒸散发敏感性的时空变化特征分析[J]. 地理学报, 2011, 66(5): 579-588.

[29] 周志鹏, 孙文义, 穆兴民,等. 2001—2017年黄土高原实际蒸散发的时空格局[J]. 人民黄河, 2019, 41(6):76-80,84.

[30] 姜大膀, 富元海. 2 ℃全球变暖背景下中国未来气候变化预估[J]. 大气科学, 2012, 36(2):234-246.

[31] 李博, 周天军. 基于IPCC A1B情景的中国未来气候变化预估:多模式集合结果及其不确定性[J]. 气候变化研究进展, 2010,6(4): 270-276.

[32] Chen L, Frauenfeld O. Surface Air Temperature Changes over the Twentieth and Twenty-First Centuries in China Simulated by 20 CMIP5 Models[J]. Journal of Climate, 2014, 27: 3920-3937.

[33] Zhang Y, Xu Y, Dong W, et al. A future climate scenario of regional changes in extreme climate events over China using the PRECIS Climate Model[J]. Geophysical Research Letters, 2006, 332: L24702.

[34] Chen H. Projected change in extreme rainfall events in China by the end of the 21st century using CMIP5 models[J]. Chinese Science Bulletin, 2013, 58.

[35] Zhou B, Wen Q, Xu Y, et al. Projected changes in temperature and precipitation extremes in China by the CMIP5 Multimodel Ensembles[J]. Journal of Climate, 2014, 27: 6591-6611.

[36] 吕允刚, 杨永辉, 樊静,等. 从幼儿到成年的流域水文模型及典型模型比较[J]. 中国生态农业学报, 2008(5): 1331-1337.

[37] 陈洋波, 朱德华. 小流域洪水预报新安江模型参数优选方法及应用研究[J]. 中山大学学报(自然科学版),2005(3):93-96.

[38] 陈仁升, 康尔泗, 杨建平,等. 水文模型研究综述[J]. 中国沙漠, 2003(3):15-23.

[39] 王中根, 刘昌明, 吴险峰. 基于DEM的分布式水文模型研究综述[J]. 自然资源学报, 2003(2): 168-173.

[40] 刘闻, 曹明明, 邱海军. 气候变化和人类活动的水文水资源效应研究进展[J]. 水土保持通报, 2012, 32(5): 215-219,264.

[41] 张成凤, 杨晓甜, 刘酌希,等. 气候变化和土地利用变化对水文过程影响研究进展[J]. 华北水利水电大学学报(自然科学版), 2019, 40(4):46-50.

[42] Kramer R, Soden B. The sensitivity of the hydrological cycle to internal climate variability versus anthropogenic climate change[J]. Journal of Climate, 2016, 29: 3661-3673.

[43] Neitsch S L, Arnold J G, Kiniry J R, et al. SWAT 2009 理论基础[M]. 郑州:黄河水利出版社,2012.

[44] 神祥金, 周道玮, 李飞,等. 中国草原区植被变化及其对气候变化的响应[J]. 地理科学, 2015,35(5):622-629.

[45] Richardson A, Keenan T, Migliavacca M, et al. Climate change, phenology, and phenological control of vegetation feedbacks to the climate system[J]. Agricultural and Forest Meteorology, 2013, 169: 156-173.

[46] Theurillat J P, Guisan A. Potential Impact of Climate Change on Vegetation in the European Alps: A Review[J]. Climatic Change, 2001, 50: 77-109.

[47] Deshmukh A, Singh R. A Whittaker-Biome based framework to account for the impact of climate change on catchment behavior[J]. Water Resources Research, 2019.

[48] 张树磊. 中国典型流域植被水文相互作用机理及变化规律研究[D]. 北京:清华大学,2018.

[49] 李娟. 梯田措施对泾河流域水沙变化的影响研究[D]. 兰州:西北农林科技大学,2015.

[50] 王金星, 张建云, 李岩,等. 近 50 年来中国六大流域径流年内分配变化趋势[J]. 水科学进展, 2008(5):656-661.

[51] 毕彩霞, 穆兴民, 赵广举,等. 渭河流域气候变化与人类活动对径流的影响[J]. 中国水土保持科学, 2013,11(2): 33-38.

[52] 李志, 刘文兆, 郑粉莉,等. 黄土塬区气候变化和人类活动对径流的影响[J]. 生态学报, 2010, 30(9):2379-2386.

[53] 师忱, 袁士保, 史常青,等. 滦河流域气候变化与人类活动对径流的影响[J]. 水土保持学报, 2018,32(2):264-269.

[54] Kong D, Miao C, Wu J, et al. Impact assessment of climate change and human activities on net runoff in the Yellow River Basin from 1951 to 2012[J]. Ecological Engineering, 2016, 91: 566-573.

[55] Wang S, Yan M, Yan Y, et al. Contributions of climate change and human activities to the changes in runoff increment in different sections of the Yellow River[J]. Quaternary International, 2012, 282: 66-77.

[56] Yuan Z, Yan D, Yang Z, et al. Attribution assessment and projection of natural runoff change in the Yellow River Basin of China[J]. Mitigation and Adaptation Strategies for Global Change, 2016.

[57] 杨大文, 张树磊, 徐翔宇. 基于水热耦合平衡方程的黄河流域径流变化归因分析[J]. 中国科学: 技术科学, 2015, 45(10): 1024-1034.

[58] 王贺年, 张曼胤, 崔丽娟,等. 气候变化与人类活动对海河山区流域径流的影响[J]. 中国水土保持科学, 2019,17(1):102-108.

[59] Liu Q, Yang Z, Cui B, et al. Temporal trends of hydro-climatic variables and runoff response to climatic variability and vegetation changes in the Yiluo River basin, China[J]. Hydrological Processes, 2009, 23(21): 3030-3039.

[60] 王国庆. 气候变化对黄河中游水文水资源影响的关键问题研究[D]. 南京:河海大学, 2006.

[61] 欧春平, 夏军, 王中根,等. 土地利用/覆被变化对 SWAT 模型水循环模拟结果的影响研究:以海河流域为例[J]. 水力发电学报, 2009, 28(4):124-129.

[62] 贺瑞敏, 张建云, 鲍振鑫,等. 海河流域河川径流对气候变化的响应机理[J]. 水科学进展, 2015, 26(1):1-9.

[63] 王莺, 张强, 王劲松,等. 基于分布式水文模型(SWAT)的土地利用和气候变化对洮河流域水文影

响特征[J]. 中国沙漠, 2017, 37(1):175-185.
[64] Giorgi F, Mearns L. Approaches to the simulation of regional climate change: A review[J]. Reviews of Geophysics, 1991, 29: 191-216.
[65] Leavesley G. Modeling the effects of climate change on water resources—A review[J]. Climatic Change, 1994, 28: 159-177.
[66] Liang X, Lettenmaier D P, Wood E,et al. A simple hydrologically based model of land-surface water and energy fluxes for general-circulation models[J]. J. Geophys. Res. ,1994,99:14415-14428.
[67] 张磊,王春燕, 潘小多. 基于区域气候模式未来气候变化研究综述[J]. 高原气象, 2018,37(5): 1440-1448.
[68] Mechoso C R, Arakawa A. Numerical Models:General Circulation Models[M]. Oxford:Academic Press, 2015.
[69] 董敏, 吴统文, 王在志,等. 北京气候中心大气环流模式对季节内振荡的模拟[J]. 气象学报, 2009,67(6):912-922.
[70] Chervin R. On the simulation of climate and climate change with General Circulation Models[J]. Journal of The Atmospheric Sciences, 1980, 37: 1903-1913.
[71] Gosling S, Arnell N. A global assessment of the impact of climate change on water scarcity[J]. Climatic Change, 2013, 0165-0009.
[72] Luo M, Liu T, Frankl A,et al. Defining spatiotemporal characteristics of climate change trends from downscaled GCMs ensembles: how climate change reacts in Xinjiang, China:spatiotemporal characteristics of climate change trends—XinJiang[J]. International Journal of Climatology, 2018.
[73] 陈杰, 许崇育, 郭生练,等. 统计降尺度方法的研究进展与挑战[J]. 水资源研究, 2016, 5(4): 299-313.
[74] Glenn E P, Nagler P L, Shafroth P B,et al. Effectiveness of environmental flows for riparian restoration in arid regions: a tale of four rivers[J]. Ecological Engineering, 2017, 106: 695-703.
[75] Kendy E, Flessa K W, Schlatter K J,et al. Leveraging environmental flows to reform water management policy: lessons learned from the 2014 Colorado River Delta pulse flow[J]. Ecological Engineering, 2017, 106: 683-694.
[76] Pitt J, Kendy E. Shaping the 2014 Colorado River Delta pulse flow: rapid environmental flow design for ecological outcomes and scientific learning[J]. Ecological Engineering, 2017, 106: 704-714.
[77] Wurbs R A, Hoffpauir R J. Environmental flow requirements in a water availability modeling system[J]. Sustainability of Water Quality and Ecology, 2017(9-10):9-21.
[78] Gomez J, De La Maza C, Melo Ó. Restoring environmental flow: buy-back costs and pollution-dilutionas a compliance with water quality standards[J]. Water Policy, 2014, 16(5): 864-879.
[79] Koster W M, Amtstaetter F, Dawson D R,et al. Morrongiello J R. Provision of environmental flows promotes spawning of a nationally threatened diadromous fish[J]. Marine and Freshwater Research, 2017, 68(1): 159-166.
[80] Wu M, Chen A. Practice on ecological flow and adaptive management of hydropower engineering projects in China from 2001 to 2015[J]. Water Policy, 2018, 20(2): 336-354.
[81] 李昌文. 基于改进 Tennant 法和敏感生态需求的河流生态需水关键技术研究[D]. 武汉: 华中科技大学, 2015.
[82] 习近平. 在黄河流域生态保护和高质量发展座谈会上的讲话[J]. 求是, 2019(20): 4-11.
[83] 李欣, 赵凤遥, 李晓春. 黄河流域 1998~2007 年供用水状况分析[J]. 河南水利与南水北调, 2009

(9):45-47.
[84] 胡鞍钢, 王亚华. 如何看待黄河断流与流域水治理:黄河水利委员会调研报告[J]. 管理世界, 2002(6):29-34, 45.
[85] 田家怡, 王民. 黄河断流对三角洲附近海域生态环境影响的研究[J]. 海洋环境科学, 1997, 16(3):59-65.
[86] 王立红. 黄河断流对下游生态环境的影响研究[J]. 山东师大学报:自然科学版, 2000, 15(4):418-421.
[87] 何宏谋, 王煜, 陈红莉. 黄河断流对河口地区生态环境的影响[J]. 海岸工程, 2000, 19(4):41-46.
[88] 蒲飞. 黄委实施 2020 年黄河生态调度:协同推进流域生态保护和高质量发展. 中国水利[J/OL]. [2020-04-01]. http://www.chinawater.com.cn/newscenter/ly/huangh/202004/t20200401_747795.html.
[89] Wu H,Wang X, Shahid S, et al. Changing characteristics of the water consumption structure in Nanjing City, Southern China [J]. Water, 2016, 8(8):314-327.
[90] 朱丽姗,肖伟华,侯保灯,等. 社会水循环通量演变及驱动力分析:以保定市为例[J]. 水利水电技术,2019,50(10):10-17.
[91] 商玲,李宗礼,于静洁. 宁波市用水结构分析[J]. 水利水电技术,2013,44(9):12-16.
[92] 陈园,孔祥仟,王通,等. 基于洛伦兹曲线和基尼系数的惠州市用水结构分析[J]. 人民珠江,2020,41(3):37-41,65.
[93] 张洪波,兰甜,王斌. 基于洛伦茨曲线和基尼系数的榆林市用水结构时空演化及其驱动力分析[J]. 华北水利水电大学学报(自然科学版),2018, 39(1):15-24.
[94] 焦士兴,王腊春,李静,等. 基于生态位及其熵值模型的用水结构研究:以河南省安阳市为例[J]. 资源科学,2011,33(12):2248-2254.
[95] 胡德秀,熊江龙,刘铁龙,等. 基于生态位及其熵值模型的陕西省渭河流域用水结构特征[J]. 水利水电技术,2018,49(11):137-143.
[96] 白鹏,刘昌明. 北京市用水结构演变及归因分析[J]. 南水北调与水利科技,2018,16(4):1-6,34.
[97] Wu H, Wang X, Shahid S, et al. Changing Characteristics of the water consumption structure in Nanjing City, Southern China [J]. Water, 2016, 8(8):314-327.
[98] 魏榕,王素芬,訾信. 区域用水结构演变研究进展[J]. 中国农村水利水电,2019(10):81-83.
[99] 张士锋,贾绍凤. 黄河流域近期用水特点与趋势分析[J]. 资源科学,2002(2):1-5.
[100] 马翔堃,陈发斌. 甘肃省黄河流域现状用水及存在问题浅析[J]. 地下水,2018,40(6):186-188.
[101] 刁艺璇,左其亭,马军霞. 黄河流域城镇化与水资源利用水平及其耦合协调分析[J]. 北京师范大学学报(自然科学版),2020,56(3):326-333.
[102] 李雪梅,程小琴. 生态位理论的发展及其在生态学各领域中的应用[J]. 北京林业大学学报,2007(增刊):294-298.
[103] 秦立春,傅晓华. 基于生态位理论的长株潭城市群竞合协调发展研究[J]. 经济地理,2013,33(11):58-62.
[104] 高雪莉,张剑,杨德伟,等. 基于生态位理论的厦门市耕地数量演变及驱动力研究[J]. 中国生态农业学报(中英文),2019,27(6):941-950.
[105] 施丽姗,张曼. 基于生态位理论的福建省用水结构研究[J]. 水资源与水工程学报,2014,25(6):109-112.
[106] Prerna P, Dhanraj N B, Shilpa D, et al. Hybrid models for water demand forecasting[J]. Journal of

Water Resources Planning and Management, 2021,147(2):1-13.

[107] Zapata O. More water please, It's getting hot! The effect of climate on residential water demand[J]. Water Economics and Policy, 2015,1(3):1550007.

[108] Payetburin R, Bertoni F, Davidsen C, et al. Optimization of regional water-power systems under cooling constraints and climate change[J]. Energy,2018,155:484-494.

[109] 黄航行,李思恩.1968—2018年民勤地区参考作物需水量的年际变化特征及相关气象影响因子研究[J].灌溉排水学报,2019,38(12):63-67.

[110] 李析男,赵先进,王宁,等.新设国家经济开发区需水预测:以贵安新区为例[J].武汉大学学报(工学版),2017,50(3):321-326,339.

[111] 郭磊,黄本胜,邱静,等.基于趋势及回归分析的珠三角城市群需水预测[J].水利水电技术,2017,48(1):23-28.

[112] 李晶晶,李俊,黄晓荣,等.系统动力学模型在青白江区需水预测中的应用[J].环境科学与技术,2017,40(4):200-205.

[113] Peña-Guzmán C,Melgarejo J,Prats D, Forecasting water demand in residential,commercial, and industrial zones in Bogotá, Colombia, using least-squares support vector machines[J]. Mathematical Problems in Engineering, 2016,5712347.

[114] Wang Xiaojun, Zhang Jianyun, Shahid S. Forecasting industrial water demand in Huaihe River Basin due to environmental changes[J]. Mitigation and Adaptation Strategies for Global Change, 2017,23(4):469-483.

[115] 秦欢欢.气候变化和人类活动影响下北京市需水量预测[J].人民长江,2020,51(4):122-127.

[116] 赵勇,李海红,刘寒青,等.增长的规律:中国用水极值预测[J/OL].水利学报:1-13[2021-01-29]. https://doi.org/10.13243/j.cnki.slxb.20200457.

[117] 郭强,李文竹,刘心.基于贝叶斯BP神经网络的区间需水预测方法[J].人民黄河,2018,40(12):76-80.

[118] 王海锋,贺骥,庞靖鹏,等.需水预测方法及存在问题研究[J].水利发展研究,2009,9(3):19-22,24.

[119] He Yanhu, Yang Jie, Chen Xiaohong, et al. A two-stage approach to basin-scale water demand prediction[J]. Water Resources Management, 2018, 32(2):401-416.

[120] 吴丹,王士东,马超.基于需求导向的城市水资源优化配置模型[J].干旱区资源与环境,2016,30(2):31-37.

[121] Sun Yuhuan, Liu Ningning, Shang Jixia, et al. Sustainable utilization of water resources in China: A system dynamics model[J]. Journal of Cleaner Production, 2017(142): 613-625.

[122] 朱洁,王烜,李春晖,等.系统动力学方法在水资源系统中的研究进展述评[J].水资源与水工程学报,2015,26(2):32-39.

[123] 金菊良,陈梦璐,郦建强,等.水资源承载力预警研究进展[J].水科学进展,2018,29(4):583-596.

[124] Hoekema D J, Sridhar V. A system dynamics model for conjunctive management of water resources in the Snake River Basin[J]. American Water Resources Association,2013,49(6): 1327-1350.

[125] 张腾,张震,徐艳.基于SD模型的海淀区水资源供需平衡模拟与仿真研究[J].中国农业资源与区划,2016,37(2):29-36.

[126] 粟晓玲,谢娟,周正弘.基于SD变化环境下农业水资源供需平衡模拟[J].排灌机械工程学报,2020,38(3):285-291.

[127] 刘家宏,王建华,李海红,等.城市生活用水指标计算模型[J].水利学报,2013,44(10):1158-

1164.

[128] 何霄嘉.黄河水资源适应气候变化的策略研究[J].人民黄河,2017,39(8):44-48.

[129] 杜朝阳,钟华平,于静洁.可持续水资源系统机制研究[J].水科学进展,2013,24(4):581-588.

[130] Tennant D L. Instream flow regimens for fish, wildlife, recreation and related environmental resources [J]. Fisheries ,1976, 1(4): 6-10.

[131] Ardisson P L, Bourget E. A study of the relationship between freshwater runoff andbenthos abundance: a scale-oriented approach[J]. Estuarine, Coastal and Shelf Science, 1997, 45(4): 535-545.

[132] Tharme R E. A global perspective on environmental flow assessment: emerging trends in the development and application of environmental flow methodologies for rivers[J]. River Research and Applications, 2003, 19(5/6):397-441.

[133] Mathews R, Richter B D. Application of the indicators of hydrologic alteration software in environmental flow setting[J]. Journal of the American Water Resources Association, 2007, 43(6): 1400-1413.

[134] Kim H C, Montagna P A. Implications of Colorado River (Texas, USA) freshwater inflow to benthic ecosystem dynamics: a modeling study[J]. Estuarine, Coastal and Shelf Science, 2009, 83(4): 491-504.

[135] 丰华丽, 王超, 李剑超. 河流生态与环境用水研究进展[J]. 河海大学学报, 2002, 30(3): 19-23.

[136] 张丽, 李丽娟, 梁丽乔,等. 流域生态需水的理论及计算研究进展[J]. 农业工程学报, 2008, 24(7): 307-312.

[137] 冯夏清, 章光新. 湿地生态需水研究进展[J]. 生态学杂志, 2008, 27(12): 2228-2234.

[138] 彭涛, 陈晓宏, 陈志和,等. 河口生态需水理论与计算研究进展[J]. 水资源保护, 2010, 26(2): 77-82.

[139] 崔真真, 谭红武, 杜强. 流域生态需水研究综述[J]. 首都师范大学学报(自然科学版), 2010, 31(2): 70-74, 87.

[140] 崔瑛, 张强, 陈晓宏,等. 生态需水理论与方法研究进展[J]. 湖泊科学, 2010, 22(4): 465-480.

[141] 靳美娟. 生态需水研究进展及估算方法评述[J]. 农业资源与环境学报, 2013, 30(5): 53-57.

[142] 李丽娟, 郑红星. 海滦河流域河流系统生态环境需水量计算[J]. 地理学报, 2000, 55(4): 495-500.

[143] 严登华, 何岩, 邓伟,等. 东辽河流域坡面系统生态需水研究[J]. 地理学报, 2002, 57(6): 685-692.

[144] Jin X, Yan D H, Wang H, et al. Study on integrated calculation of ecological water demand for basin system[J]. Science China Technological Sciences, 2011, 54(10): 2638-2648.

[145] 唐克旺, 王浩, 王研. 生态环境需水分类体系探讨[J]. 水资源保护, 2003, 19(5): 5-8.

[146] 严登华, 王浩, 王芳,等. 我国生态需水研究体系及关键研究命题初探[J]. 水利学报, 2007, 38(3): 267-273.

[147] 李九一, 李丽娟, 姜德娟,等. 沼泽湿地生态储水量及生态需水量计算方法探讨[J]. 地理学报, 2006, 61(3): 289-296.

[148] 刘昌明, 门宝辉, 赵长森. 生态水文学: 生态需水及其与流速因素的相互作用[J]. 水科学进展, 2020, 31(5): 765-774.

[149] 中华人民共和国水利部办公厅. 水利部关于做好河湖生态流量确定和保障工作的指导意见[J]. 中国水利,2020(15):1-2.

[150] 张文鸽, 黄强, 蒋晓辉. 基于物理栖息地模拟的河道内生态流量研究[J]. 水科学进展, 2008, 19(2): 192-197.

[151] 崔树彬，宋世霞. 黄河三门峡以下水环境保护研究[R]. 郑州：黄河流域水资源保护局，2002.
[152] 郝伏勤，黄锦辉，高传德，等. 黄河干流生态与环境需水量研究综述[J]. 水利水电技术，2006，37(2)：60-63.
[153] 黄锦辉，郝伏勤，高传德，等. 黄河干流生态环境需水量初探[J]. 人民黄河，2004，26(4)：26-27，32.
[154] 王高旭，陈敏建，丰华丽，等. 黄河中下游河道生态需水研究[J]. 中山大学学报(自然科学版)，2009，48(5)：125-130.
[155] 马广慧，夏自强，郭利丹，等. 黄河干流不同断面生态径流量计算[J]. 河海大学学报(自然科学版)，2007，35(5)：496-500.
[156] 陈朋成. 黄河上游干流生态需水量研究[D]. 西安：西安理工大学，2008.
[157] 许拯民，韩宇平，王培燕. 黄河宁夏段河道基本生态环境需水量研究[J]. 人民黄河，2009，31(5)：74-76.
[158] 刘晓燕. 黄河环境流研究[M]. 郑州：黄河水利出版社，2009.
[159] 赵麦换，张新海，张晓华. 黄河河道内生态环境需水量分析[J]. 人民黄河，2011，33(11)：58-60.
[160] 蒋晓辉，何宏谋，曲少军，等. 黄河干流水库对河道生态系统的影响及生态调度[M]. 郑州：黄河水利出版社，2012.
[161] 尚文绣，彭少明，王煜，等. 面向河流生态完整性的黄河下游生态需水过程研究[J]. 水利学报，2020，51(3)：367-377.
[162] 刘晓燕，王瑞玲，张原锋，等. 黄河河川径流利用的阈值[J]. 水利学报，2020，51(6)：631-641.
[163] 常炳炎，薛松贵，张会言. 黄河流域水资源合理分配和优化调度研究[M]. 郑州：黄河水利出版社，2002.
[164] 石伟，王光谦. 黄河下游生态需水量及其估算[J]. 地理学报，2002，57(5)：595-602.
[165] 倪晋仁，金玲，赵业安，等. 黄河下游河流最小生态环境需水量初步研究[J]. 水利学报，2002(10)：1-7.
[166] Yang Z F, Sun T, Cui B S, et al. Environmental flow requirements for integrated water resources allocation in the Yellow River Basin, China[J]. Communications in Nonlinear Science and Numerical Simulation, 2009, 14(5): 2469-2481.
[167] 沈国舫. 生态环境建设与水资源的保护和利用[J]. 中国水利，2000(8)：26-30.
[168] 沈珍瑶，杨志峰，贾超. 黄河流域地表水资源开发利用阈值研究[EB/OL]. 北京：中国科技论文在线，2005.
[169] 李国英. 黄河的重大问题及其对策[J]. 水利水电技术，2002，33(1)：12-14.
[170] 崔保山，李英华，杨志峰. 基于管理目标的黄河三角洲湿地生态需水量[J]. 生态学报，2005，25(3)：606-614.
[171] 赵欣胜，崔保山，杨志峰. 黄河流域典型湿地生态环境需水量研究[J]. 环境科学学报，2005，25(5)：567-572.
[172] 张长春，王光谦，魏加华. 基于遥感方法的黄河三角洲生态需水量研究[J]. 水土保持学报，2005，19(1)：149-152.
[173] 水利部黄河水利委员会设计院. 黄河水资源利用[R]. 郑州：水利部黄河水利委员会设计院，1986.
[174] 王新功，徐志修，黄锦辉，等. 黄河河口淡水湿地生态需水研究[J]. 人民黄河，2007，29(7)：33-35.

[175] 孙涛, 杨志峰. 河口生态环境需水量计算方法研究[J]. 环境科学学报, 2005, 25(5): 573-579.

[176] Sun T, Yang Z F, Cui B S. Critical environmental flows to support integrated ecological objectives for the Yellow River Estuary, China[J]. Water Resources Management, 2008, 22(8): 973-989.

[177] 拾兵, 李希宁, 朱玉伟. 黄河口滨海区生态需水量研究[J]. 人民黄河, 2005, 27(10): 76-77.

[178] 程晓明, 李庆银, 李存才. 黄河三角洲湿地生态需水量研究[J]. 山东水利科技论坛, 2006(00): 590-594.

[179] 王新功, 魏学平, 韩艳丽,等. 黄河河口生态保护目标及其生态需水研究[J]. 水利科技与经济, 2009, 15(9): 792-795, 797.

[180] 刘晓燕, 连煜, 可素娟. 黄河河口生态需水分析[J]. 水利学报, 2009, 40(8): 956-961, 968.

[181] 连煜, 王新功, 黄翀,等. 基于生态水文学的黄河口湿地生态需水评价[J]. 地理学报, 2008, 63(5): 451-461.

[182] 卓俊玲, 葛磊, 史雪廷. 黄河河口淡水湿地生态补水研究[J]. 水生态学杂志, 2013, 34(2): 14-21.

[183] 司源, 王远见, 任智慧. 黄河下游生态需水与生态调度研究综述[J]. 人民黄河, 2017, 39(3): 61-64,69.

[184] Pang A P, Sun T, Yang Z F. Economic compensation standard for irrigation processes to safeguard environmental flows in the Yellow River Estuary, China[J]. Journal of Hydrology, 2013, 482: 129-138.

[185] 于守兵, 凡姚申, 余欣,等. 黄河河口生态需水研究进展与展望[J]. 水利学报, 2020,51(9): 1101-1110.